中等职业教育国家规划教材（电子电器应用与维修专业）

电机与控制

（第3版）

姚　勇　邸敏艳　主编

U0256548

电子工业出版社

Publishing House of Electronics Industry

北京 · BEIJING

内 容 简 介

本书共分 10 个项目。每个项目讲授一种类型电机，包括变压器、直流电机、三相异步电机、单相串激电动机、单相异步电机、同步电机、控制电机等。为方便学生理解和加深记忆，每种电机讲完基本工作原理后，都要讲授 1～3 种电器与之对应，包括电力变压器；洗衣机电动机、电风扇用电动机；电冰箱、空调器压缩机用电动机；电动工具、厨房设备专用电动机；汽车启动机、汽车发电机；以及美容保健、办公自动化用电动机等，同时配以简单的控制线路。项目的最后配有此种电机的常见故障；检修、验收方法；最后一个项目综合了全书的主要内容设立了 6 个试验任务。为方便教学还配有多媒体课件、电子教案、习题答案辅助教学。

本书可作为中职学校电子电工、机电一体化、应用电子技术、自动控制、仪器仪表测量、数控加工等专业的教学用书，也可作为相关专业的培训教材或相关工程技术人员的技术参考及学习用书。

图书在版编目（CIP）数据

电机与控制 / 姚勇，邸敏艳主编. —3 版. ——北京：电子工业出版社，2013.7
中等职业教育国家规划教材. 电子电器应用与维修专业
ISBN 978-7-121-20869-0

Ⅰ. ①电… Ⅱ. ①姚… ②邸… Ⅲ. ①电机－控制系统－中等专业学校－教材 Ⅳ. ①TM301.2

中国版本图书馆 CIP 数据核字（2013）第 148385 号

策划编辑：杨宏利
责任编辑：郝黎明　　文字编辑：裴　杰
印　　刷：北京雁林吉兆印刷有限公司
装　　订：北京雁林吉兆印刷有限公司
出版发行：电子工业出版社
　　　　　北京市海淀区万寿路 173 信箱　邮编　100036
开　　本：787×1 092　1/16　印张：13.75　字数：352 千字
版　　次：2002 年 7 月第 1 版
　　　　　2013 年 7 月第 3 版
印　　次：2024 年 12 月第 22 次印刷
定　　价：26.00 元

凡所购买电子工业出版社图书有缺损问题，请向购买书店调换。若书店售缺，请与本社发行部联系，联系及邮购电话：（010）88254888，88258888。
质量投诉请发邮件至 zlts@phei.com.cn，盗版侵权举报请发邮件至 dbqq@phei.com.cn。
本书咨询联系方式：（010）88254592，bain@phei.com.cn。

前　言

随着科学技术的不断发展，随着电力电子技术、微电子技术及现代控制理论的发展，中小功率电机在工农业生产及人们的日常生活中都有极其广泛的的应用。特别是家用电器、家用汽车的迅速发展，更需要人们学会认识、辨别这些中小功率电动机。又由于这些电动机的发展及广泛的应用，它的使用、控制、保养和维护工作也越来越重要。为此，我们本着以培养新世纪社会需要的高素质劳动者和中初级专门人才为出发点编写和修订本教材。

本书修订后共分为 10 个项目 38 个任务。以项目教学法的编写方式，以任务为导向，每个项目包括【知识学习】、【知识应用】、【任务实施】、【自我测评】、【习题练习】等内容。

【知识学习】：讲授某种类型电机的结构、型号、工作原理、用途以及电动机的启动、制动和调速等，包括变压器、直流电机、三相异步电机、单相串激电动机、单相异步电机、同步电机、控制电机等。此部分由邸敏艳、王艳红编写。

【知识应用】：为方便学生对某种电机的理解加深记忆，每种电机讲完基本工作原理后，都要讲授 1～3 种电器与之对应，包括电力变压器；洗衣机电动机、电风扇用电动机；电冰箱、空调器压缩机用电动机；电动工具、厨房设备专用电动机；汽车启动机、汽车发电机；以及美容保健、办公自动化用电动机等，同时配以简单的控制线路。此部分由姚勇、王艳红编写。

【任务实施】：每个项目的最后配有此种电机的常见故障；检修、验收方法；最后一个项目还综合了全书的主要内容设立了 6 个试验任务。这些内容通过学生的具体实施，更准确地把握此种电机。此部分由邸敏艳、姚勇编写。

本次修订在内容选编以及写法上有了很大的突破。内容上突出了理论联系实际，传统教材往往把电机单独进行讲解，学生看不到实际应用，不易理解抽象的理论推导。本教材利用的是项目教学法，强调学习情境，使学生有目的有要求地去学习电机知识，比传统填鸭式教学有了很大的改善，且每个任务前后均附有学习目标、学习要求提示及习题、自我测评等内容。第八、第九两个项目是知识扩展的内容，教师可根据学生基础选择不同的内容讲授。为方便教学还配有多媒体课件、电子教案、习题答案辅助教学。请有此需要的读者登录华信教育资源网（www.hxedu.com.cn）免费注册后进行下载。

本次修订主要增加了电机在实际中的具体应用，主要内容如下：

任务 2.1.3　　变压器的参数、型号和绕组组别

任务 2.1.5　　变压器参数测定

本书可作为中职学校电子电工、机电一体化等专业的教学用书，也可作为相关专业的培训教材或相关工程技术人员的技术参考及学习用书。全书由姚勇、邸敏艳统稿。

姚勇、邸敏艳

2013 年 6 月

电机与控制技术学习前的知识准备

任务 1.1　电机与控制技术发展回顾与展望

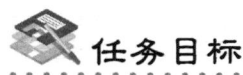 任务目标

了解电机发展历史，掌握电机发展与控制应用的方向。

1.1.1　电机的分类

在国民经济及家用电器中所应用的电机是多种多样的，但其基本工作原理都基于法拉第电磁感应定律和安培力定律。因此，其构成的一般原理为：采用相应的导磁和导电材料构成能相互进行电磁感应的磁路和电路，以产生感应电势和电磁转矩，从而达到转换能量形态的目的。

电机的分类方法很多。对于常用电机，如按其结构形式及其产生感应电势和电磁转矩的电磁感应方式来看，可进行如下形式的分类：

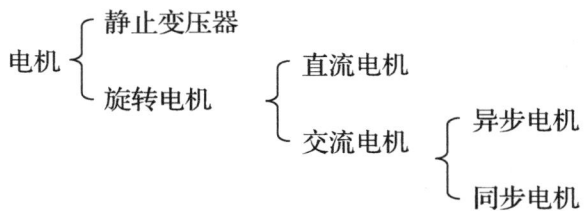

对于上述各类电机，如果按其功能来分类，可分为发电机、电动机、变压器、变频器、移相器和控制电机。

（1）发电机：用于把机械能转换成电能。

（2）电动机：用于把电能转换成机械能。

（3）变压器、变频器、移相器：分别用于改变电源电压、频率和相位。

（4）控制电机：作为控制系统中的控制元件或执行元件。

1.1.2 电机与控制技术发展回顾与展望

1800 年伏特发明电池，是电机出现的开端，电动机的诞生和发展在这之后可以分成几个阶段。从 1820 年到整个 19 世纪，发现了电磁现象以及相关的各种法则，诞生了交流电机的原形，并确立了电机的工业运用。从 20 世纪初直到 1970 年，是电动机的成长和成熟期，有刷直流电机、感应电动机、同步电动机和步进电动机等各种电机相继诞生，半导体驱动技术和电子控制概念的引入，带来变频驱动的实用化。从 70 年代到 20 世纪末期，计算机技术的飞跃发展为发展高性能驱动带来了机会，随着设计、评价、测量、控制、功率半导体、轴承、磁性材料、绝缘材料、制造加工技术的不断进步，电动机本体经历了轻量化、小型化、高效化、高力矩输出、低噪声振动、高可靠、低成本等一系列变革，相应的驱动和控制装置也更加智能化和程序化。进入 21 世纪，在以多媒体和互联网为特征的信息时代，电动机和驱动装置继续发挥支撑作用，向节约资源、环境友好、高效节能运行的方向发展。

任务 1.2 电磁学的基本知识与基本定律

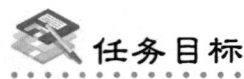 任务目标

1．复习电机内部主要涉及的基本物理量和电磁定律，深刻理解这些电磁定律在电机内部具体体现怎样的物理概念。

2．掌握磁性材料有哪些特点与特性。

从能量角度看，旋转电机是一种机电能量转换装置。电动机借助内部电磁场将输入的电能转换为机械能输出。发电机则相反，它由原动机（如汽轮机、柴油机或汽油机等）提供动力（动能）借助内部电磁场将输入的机械能转换为电能输出。因此，电磁场在电机内部起到了相当重要的作用。为了熟悉和掌握电机的运行理论与特性，就必须首先了解有关电磁学的基本知识与电磁学定律。

一般来讲，对于电磁场的分析有两种方法：一种是采取场的分析方法；另一种是采取路的分析方法。前者是一种微观分析方法，它通过偏微分方程，并借助有限元等方法具体分析某一单元或某一点的电磁场情况，这种方法较为准确，但计算量较大。后者是一种宏观分析方法，它将闭合磁力线所经过的路径看做由几段均匀磁路组成的，然后将磁路问题等效为电路问题，最终统一求解电路。尽管这种方法在准确性方面存在一定的限制，但由于其计算简单，计算精度也足以满足大部分工程实际需要，因而得到广泛应用。本教材主要采用路的分析方法，通过将有关磁路问题转换为电路问题获得有关电机的等效电路，然后借助等效电路对电机的性能进行分析和计算。为此，本项目首先需要回顾有关电磁学的基本知识与电磁学定律。

1.2.1 电路的基本定律

1. 基尔霍夫电流定律

基尔霍夫电流定律（KCL）指出：电路中流入某一节点电流的代数和等于零，即

$$\sum_{k=1}^{n} i_k = 0 \qquad (1-1)$$

式（1-1）表明：在电路中，电流是连续的，流入某一节点的电流之和等于流出该节点的电流之和。

2. 基尔霍夫电压定律

基尔霍夫电压定律（KVL）指出：电路中任一闭合回路电压的代数和为零，即

$$\sum_{k=1}^{m} U_k = 0 \qquad (1-2)$$

式（1-2）表明：在电路中，任一闭合回路的电势之和全部由无源元件消耗的压降所平衡。

1.2.2 铁磁材料的基本特性

电机是以磁场为媒介，利用电磁感应作用实现能量转换的。因此，作为构成电机磁路的铁磁材料，其性能的优劣对电机性能的好坏起着关键作用。下面将介绍铁磁材料的基本特性，为今后研究电机的磁路和运行特性打下基础。

1. 铁磁材料的导磁性

在电机中，常用的铁磁材料有铁、钴、镍以及它们的合金；而常见的非铁磁材料有空气和变压器（电容器）油。用 μ_{Fe} 来表示铁磁材料的导磁系数；用 μ_0 表示非铁磁材料的导磁系数，μ_0 可视为常量。通常 μ_{Fe} 为 μ_0 的 2 000～6 000 倍。因此，在同样大小的电流下，铁芯线圈的磁通比空心线圈的磁通大得多。在非铁磁材料中，由于导磁系数 μ_0 为一常量，因此磁感应强度（磁通密度）B 与磁场强度 H 表现为线性关系（$B = \mu_0 H$）；而在铁磁材料中，由于 μ_{Fe} 是一个变量，因此 B 与 H 的关系表现为非线性关系。通常，把描述铁磁材料 B-H 关系的曲线称为铁磁物质的磁化曲线，如图 1.1 所示。实验结果表明，铁磁物质的磁化规律具有图中曲线所表现的基本特点。在磁化初期随着 H 的增加，B 缓慢增加，如图 1.1 中 Oa 段所示；之后，随着 H 的增加，B 迅速增加，如图 1.1 中 ab 段所示；再之后，随着 H 的增加，B 的增加又会慢下来，如图 1.1 中 bc 段所示；过 c 点之后，随着 H 的增加，B 基本不变。通常，把过 b 点之后这种 H 增加时，B 的增加变缓直至基本不变的现象称为磁饱和。

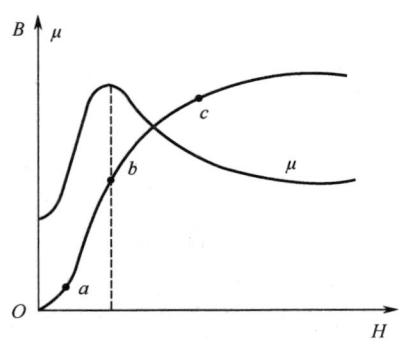

图 1.1　铁磁材料的磁化曲线

2．磁滞现象和磁滞损耗

如图 1.2 所示，在测取铁磁物质的磁化曲线时，当 H 由零上升到某个最大值 H_m 时，B 是沿着磁化曲线 O-1 上升；当 H 由 H_m 下降到零时，B 不是沿着 O-1 下降，而是沿着另一条曲线 1-2 变化。当 H 由零变到 $-H_m$，即进行反向磁化时，B 沿着曲线 2-3-4 变化。当 H 由 $-H_m$ 上升到零时，B 沿着曲线 4-5 变化。当 H 再由零上升到 H_m 时，B 沿着 5-6-1 上升，又几乎回到了 1 点。 这样反复磁化一个循环时，就得到一个闭合回线 1-2-3-4-5-6-1，该回线称为铁磁材料的磁滞回线。不同的铁磁材料有不同的磁滞曲线。同一铁磁材料，H_m 越大，则磁滞回线的面积越大。

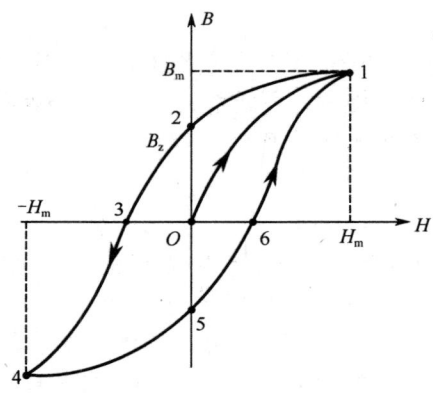

图 1.2　磁滞回线

从磁滞回线可以看出，上升磁化曲线与下降曲线并不重合，下降时，B 的变化总是滞后于 H 的变化，当 H 下降到零时，B 不是下降到零，而是下降到某一个数值 B_z，这种现象称为磁滞， B_z 称为剩余磁感应强度。

磁滞损耗：在铁磁材料处于交变磁场作用下反复磁化的过程中，磁畴之间不停地相互摩擦，从而产生能量消耗，这种能量消耗称为磁滞损耗。磁滞回线面积越大，损耗越大。实验表明，交变磁化时，磁滞损耗 p_h 与磁通的交变频率 f 成正比，与磁通密度的幅值 B_m 的 α 次方成正比，即：

$$p_h \propto f B_m^{\alpha} \qquad\qquad (1\text{-}3)$$

对常用的硅钢片，当 B=1.0～1.5T 时，$\alpha \approx 2$。由于硅钢片的磁滞回线面积较小，因此电机的铁芯大都采用硅钢片。

3．涡流损耗

如图 1.3 所示，依据电磁感应定律，当铁芯内的磁通发生交变时，铁芯内将产生感应电势和感应电流。这些电流将在铁芯内部围绕磁通呈漩涡状流动，称为涡流。涡流在铁芯中引起的损耗称为涡流损耗。设 I_w 和 E_w 分别为涡流和产生涡流的电势，r_w 为涡流回路的等效电阻，则涡流损耗 p_w 可用式（1-4）表示：

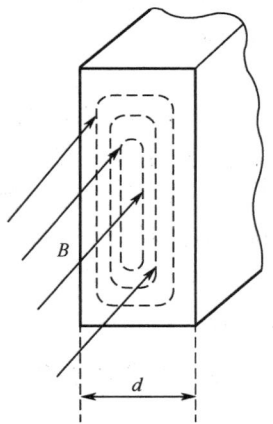

$$p_w = I_w^2 r_w = \left(\frac{E_w}{r_w}\right)^2 r_w = \frac{E_w^2}{r_w} \qquad (1\text{-}4)$$

由于感应电势 E 与磁通交变频率 f 和磁通幅值成正比，而后者又与磁通密度的幅值 B_m 成正比，于是涡流损耗与 $f^2 B_m^2$ 成正比，即 $p_w \propto \frac{f^2 B_m^2}{r_w}$。进一步分析表明，对于电工钢片，涡流损耗还与其厚度 d 的平方成正比，故得：

$$p_w \propto \frac{f^2 B_m^2 d^2}{r_w} \qquad (1\text{-}5)$$

图 1.3　硅钢片中的涡流

由式（1-5）可见，为了减小涡流损耗，首先是减小钢片的厚度。所以，电工钢片通常做成 0.5mm 和 0.35mm 厚。对于中高频电路，甚至做成 0.2mm 和 0.1mm 厚。其次是增加涡流回路的电阻，为此电工钢片中常加入 4%左右的硅，变成硅钢片，用以提高电阻系数。

在研究电机和变压器时，通常把磁滞损耗和涡流损耗合并在一起，统称为铁芯损耗，简称铁耗。单位质量的铁损通常用式（1-6）计算：

$$p = p_{1/50}\left(\frac{f}{50}\right)^{\beta} B_m^2 \quad (\text{W/kg}) \qquad (1\text{-}6)$$

式中，$p_{1/50}$ 为铁损系数，表示当 B_m=1T、f=50Hz 时，每千克硅钢片的损耗；β=1.2～1.6。

1.2.3　电机学中常用的基本电磁定律

1．法拉第电磁感应定律

设有一个单匝线圈放置在磁场中，不论什么原因（如线圈本身的移动或转动、磁场强度自身发生变化等），只要引起该线圈相交链的磁通 Φ 随时间发生变化，则在该线圈中必然有感应电势 e 产生，这种现象称为电磁感应。如果把感应电势的正方向与磁通的正方向规定符合右手螺旋关系，则感应电势可表示为：

$$e = -\frac{\mathrm{d}\Phi}{\mathrm{d}t} \qquad (1\text{-}7)$$

式（1-7）是法拉第电磁感应定律的数学描述。

如果上述线圈不是单匝的，而是 N 匝，那么，磁通量发生变化时，每匝中都将产生感应电势。由于匝与匝之间是相互串联的，整个线圈的总电势就应等于各匝线圈所产生的电势之和。令 $\Phi_1, \Phi_2, \cdots, \Phi_w$ 分别是通过各匝线圈的磁通量，则：

$$e = -\frac{d\Phi_1}{dt} - \frac{d\Phi_2}{dt} - \cdots - \frac{d\Phi_w}{dt} = -\frac{d}{dt}(\Phi_1 + \Phi_2 + \cdots + \Phi_w) = -\frac{d\psi}{dt} \qquad (1\text{-}8)$$

式中，$\psi = \Phi_1 + \Phi_2 + \cdots + \Phi_w$ 称为全磁通或匝链数，简称磁链。如果穿过每匝线圈的磁通量相同，均为 Φ，则：

$$\Psi = N\Phi$$

上述电磁感应定律的物理含义可解释为：由电磁感应产生的电势与线圈的匝数和磁通的变化率成正比。式（1-7）右边的负号表明，如果在感应电势的作用下有电流在线圈中流过，则该电流产生的磁通起着阻碍磁通变化的作用。当磁通增加时，它企图减少磁通；而当磁通减少时，则企图增加磁通。这个规律通常被称为楞次定律。

在式（1-7）中，当磁通的单位为韦伯（Wb），时间的单位为秒（s）时，则电势的单位为伏特（V）。

2．电磁力定律

由实验表明，当一载流导体处在磁场中，该导体将受到一个作用力。由于该力是磁场和电流相互作用产生的，因此称其为电磁力。若磁场与导体相互垂直，则作用在导体上的电磁力为：

$$f = Bli \qquad (1\text{-}9)$$

式中　　B——载流导体处磁通密度（T）；

　　　　i——导体中的电流（A）；

　　　　l——导体在磁场中的有效长度（m）；

　　　　f——作用在导体上的电磁力（N）。

电磁力的方向可由左手定则确定：如图 1.4 所示，把左手掌平直伸开，大拇指与其余四指垂直，磁力线由掌心穿过，四指指向电流方向，则大拇指所指方向就是电磁力的方向 。在旋转电机中，作用在转子载流导体上的电磁力将使转子受到一个力矩（力乘转子半径）的作用，该力矩称为电磁转矩。电磁转矩在电机的能量形态转换过程中起着重要作用，在后面的任务中将详细介绍。

3．全电流定律

设空间有 n 根载流导体，导体中的电流分别为 $I_1, I_2, I_3, \cdots$，则沿任一闭合路径 l 的磁场强度 H 的线积分等于该闭合回路所包围的导体电流的代数和，即：

$$\oint_l \vec{H} \cdot d\vec{l} = \sum I \qquad (1\text{-}10)$$

该定律称为全电流定律。ΣI 是回路所包围的全部电流。在式（1-8）中，若导体电流的方向与积分路径的方向符合右手螺旋关系，该电流取正号，反之取负号。 对图 1.5 所示的电流方向，I_1 和 I_2 应取正号。而 I_3 应取负号。

在图 1.5 中，绘了另一条积分路径 l'，根据全电流定律有：

$$\oint_{l'} \vec{H}' \cdot d\vec{l}' = \oint_l \vec{H} \cdot d\vec{l}$$

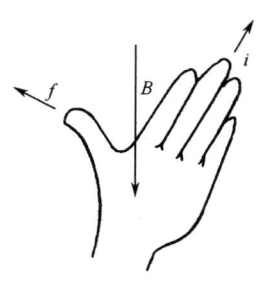

图1.4 左手定则

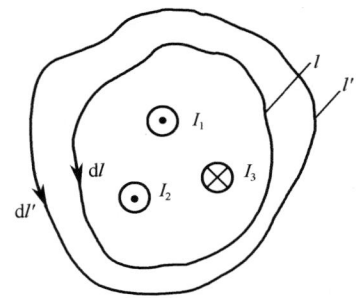

图1.5 全电流定律

把全电流定律应用到电机和变压器中的多段磁路时，可改写成：

$$\sum_{1}^{n} H_k l_k = \Sigma I = WI = F \tag{1-11}$$

式中 H_k——第 k 段磁路的磁场强度（A/m）；

l_k——第 k 段磁路的平均长度（m）；

$F=WI$——磁势（A）。

式（1-11）中每一段的 Hl 值称为该段磁路上的磁压降，而 WI 是作用在整个磁路上的磁势，在电机中就是励磁绕组的安匝数。因此，式（1-11）表明：作用在磁路上的总磁势等于各段磁路的磁压降之和。

4．磁路欧姆定律

若将磁路分为 n 段，则磁路欧姆定律可由式（1-12）描述：

$$F = \Sigma H_k l_k = \Sigma \frac{B_k}{\mu_k} l_k = \Sigma \frac{1}{\mu_k} \frac{\Phi}{A_k} l_k = \Phi \Sigma \frac{1}{\mu_k} \frac{l_k}{A_k} = \Phi \Sigma R_{mk} \tag{1-12}$$

式中 A_k——第 k 段磁路的截面积（m^2）；

$R_{mk} = \dfrac{1}{\mu_k} \dfrac{l_k}{A_k}$——第 k 段磁路的磁阻（H^{-1}）。

由式（1-12）可见，磁路的磁通等于作用在磁路上的总磁势 F 除以磁路的总磁阻 R_m。而磁路的磁阻主要决定于磁路的几何尺寸和所用材料的导磁系数。磁路材料的导磁系数越大，则磁阻越小，所以电机的磁路采用铁磁材料。值得注意的是，磁路的构成除铁磁材料外，还包括气隙。即使气隙很小，但由于 $\mu_o \ll \mu_{Fe}$，因此气隙磁阻仍然是整个磁路磁阻的主要部分。

5．磁路基尔霍夫定律

磁路的基尔霍夫定律，如图1.6所示。

（1）磁路的基尔霍夫第一定律：

$$\Phi_A + \Phi_B + \Phi_C = 0 \tag{1-13}$$

式（1-13）表明流入磁路节点的磁通的代数和应等于零。

（2）磁路的基尔霍夫第二定律：

$$\sum F_i = \sum I_k \tag{1-14}$$

式（1-14）表明沿着任一闭合回路，其总磁压等于总磁势。

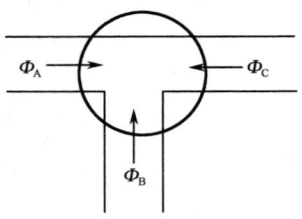

图 1.6　磁路基尔霍夫定理

1.2.4　交流铁芯线圈电路

铁芯线圈分为两种，直流铁芯线圈和交流铁芯线圈。直流铁芯线圈通直流电来励磁（如直流电机的励磁线圈、电磁吸盘及各种直流电器的线圈），交流铁芯线圈通交流电来励磁（如交流电机、变压器及各种交流电器的线圈）。分析直流铁芯线圈比较简单，因为直流电流产生的磁通是恒定的，在线圈和铁芯中不会感应出电动势，在一定电压 U 下，线圈中的电流 I 只和线圈本身的电阻 R 有关，功率损耗也只有 RI^2。而交流铁芯线圈在电磁关系、电压电流关系以及功率损耗等方面比直流铁芯线圈要复杂得多。

1.　电磁关系

图 1.7 是一通以交流电的电磁线圈，磁通势 Ni 产生的磁通，有两部分，通常把沿铁芯闭合的那部分磁通 Φ 称为主磁通，把沿非铁磁材料闭合的那部分磁通 Φ_σ 称为漏磁通。一般情况下，漏磁通占总磁通的 0.1%～0.2%，主、漏磁通分别产生两个感应电动势：主磁电动势 e 和漏磁电动势 e_σ。主磁通与励磁电流之间是非线性关系，而漏磁通与励磁电流之间为线性关系，即：

$$L_\sigma = \frac{N\Phi_\sigma}{i} = 常数 \tag{1-15}$$

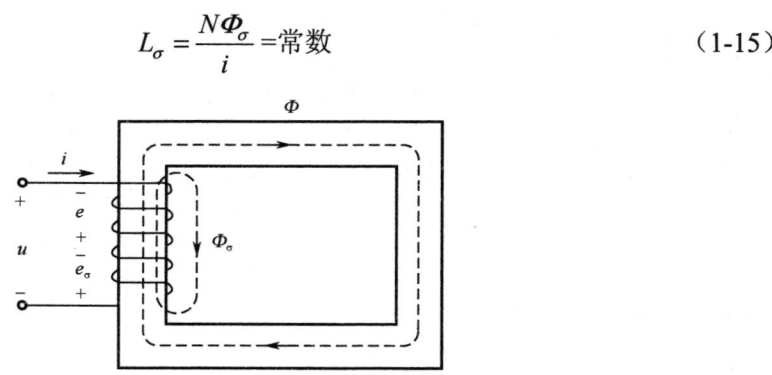

图 1.7　铁芯线圈的交流电路

2.　电压电流关系

根据基尔霍夫电压定律，可列出铁芯线圈交流电路电压方程：

$$u + e + e_\sigma = Ri$$

即：

$$u = Ri + (-e_\sigma) + (-e) = Ri + L_\sigma \frac{\mathrm{d}i}{\mathrm{d}t} + (-e) \qquad (1\text{-}16)$$

通常 u 所加的是正弦交流电，在正弦电压作用下，式（1-16）可用向量表示，即：

$$\dot{U} = R\dot{I} + (-\dot{E}_\sigma) + (-\dot{E}) = R\dot{I} + \mathrm{j}X_\sigma\dot{I} + (-\dot{E}) \qquad (1\text{-}17)$$

式中　R——铁芯线圈的电阻；

$X_\sigma = \omega L_\sigma$——铁芯线圈的漏磁感抗。

至于主磁电动势，由于主磁感抗不是常数，所以应按下面的方法计算。

设主磁通时间按正弦规律变化，即：

$$\Phi = \Phi_\mathrm{m} \sin \omega t \qquad (1\text{-}18)$$

式中　Φ_m——主磁通的幅值。

$$e = -N\frac{\mathrm{d}\Phi}{\mathrm{d}t} = -N\frac{\mathrm{d}(\Phi_\mathrm{m}\sin\omega t)}{\mathrm{d}t} = \omega N\Phi_\mathrm{m}\sin\left(\omega t - \frac{\pi}{2}\right)$$
$$= 2\pi f N\Phi_\mathrm{m}\sin\left(\omega t - \frac{\pi}{2}\right) = E_\mathrm{m}\sin\left(\omega t - \frac{\pi}{2}\right) \qquad (1\text{-}19)$$

式中，$E_\mathrm{m} = 2\pi f N\Phi_\mathrm{m}$，是主磁电动势的幅值，电势的有效值为：

$$E = \frac{E_\mathrm{m}}{\sqrt{2}} = \frac{2\pi f N\Phi_\mathrm{m}}{\sqrt{2}} = 4.44 f N\Phi_\mathrm{m} \qquad (1\text{-}20)$$

又由于线圈电阻 R 和漏磁感抗 X_σ 通常较小，因而它们两端的电压降也较小，与主磁电动势比较起来，可以忽略不计，于是：

$$\dot{U} \approx -\dot{E}$$

即

$$U = 4.44 f N\Phi_\mathrm{m} \qquad (1\text{-}21)$$

以上是电机学中常用的基本电磁定律，后面任务中经常用到，希望加强记忆。

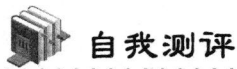 自我测评

电机与变压器学习中涉及哪些基本电磁定律？试说明它们在电机中的主要作用。

变压器的认识与应用

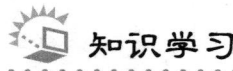 知识学习

任务 2.1　变压器的认识学习

变压器是一种静止的电气设备。它是利用电磁感应作用把一种电压的交流电能变换成频率相同的另一种电压的交流电能。变压器是电力系统中的重要设备,它在电能检测、控制等诸方面也得到广泛的应用。另外,变压器还有变换电流、变换阻抗、改变相位和电磁隔离等作用。

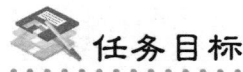 任务目标

1. 掌握变压器的基本结构和工作原理。
2. 具有变压器的参数、型号选择和绕组组别判别的能力。
3. 了解其他类型变压器。

2.1.1　变压器的分类

由于变压器应用很广泛,因此变压器的种类很多,且各种类型的变压器在其结构和性能上的差异也很大。通常,变压器可按其用途、结构特征、相数和冷却方式进行分类。

1. 按用途分类

按照用途分类,变压器可分为电力变压器、仪用变压器、试验变压器和特种变压器。
(1) 电力变压器:用于输配电系统的升、降电压。
(2) 仪用变压器:如电压互感器、电流互感器,用于测量仪表和继电保护装置。
(3) 试验变压器:能产生高压,对电气设备进行高压试验。
(4) 特种变压器:如电炉变压器、整流变压器、调整变压器等。

2．按绕组形式分类

按照绕组形式分类，变压器可分为双绕组变压器、三绕组变压器和自耦变压器。

（1）双绕组变压器：用于连接电力系统中的两个电压等级。

（2）三绕组变压器：一般用于电力系统区域变电站中，连接三个电压等级。

（3）自耦变压器：用于连接不同电压的电力系统，也可作为普通的升压或降压变压器用。

3．按相数分类

按照相数分类，变压器可分为单相变压器和三相变压器。

（1）单相变压器：用于单相负荷和三相变压器组。

（2）三相变压器：用于三相系统的升、降电压。

4．按冷却方式分类

按照冷却方式分类，变压器可分为干式变压器和油浸式变压器。

（1）干式变压器：依靠空气对流进行冷却，一般用于局部照明、电子线路等小容量变压器。

（2）油浸式变压器：依靠油作冷却介质，如油浸自冷、油浸风冷、油浸水冷、强迫油循环。

2.1.2 变压器的基本结构和工作原理

1．变压器的基本结构

变压器包括电路和磁路两大部分。变压器的电路部分是绕组，磁路部分是铁芯。铁芯和套在它上面的绕组构成了变压器的器身。油浸式电力变压器的外形结构如图 2.1 所示。

下面简要介绍变压器各主要部件的结构。

（1）铁芯。铁芯是变压器的磁路部分。为减少铁芯内的磁滞损耗和涡流损耗，通常铁芯用含硅量较高的、厚度为 0.35mm 或 0.5mm、表面涂有绝缘漆的热轧或冷轧硅钢片叠装而成。铁芯分为铁柱和铁轭两部分，铁柱上套有绕组线圈，铁轭则是作为闭合磁路之用，铁柱和铁轭同时作为变压器的机械构件。

铁芯结构有两种基本形式：心式和壳式。如图 2.2 和图 2.3 分别示出单相心式和壳式变压器的铁芯和绕组。心式铁芯的结构特点是：心柱被绕组所包围，铁轭靠着绕组的顶面和底面，而不包围绕组的侧面。其结构比较简单，绕组的装配及绝缘也较容易，因而绝大部分国产变压器均采用心式结构。

（2）绕组：绕组是变压器的电路部分。一般采用绝缘纸包的铝线或铜线绕成。为了节省铜材，我国变压器线圈大部分是采用铝线的。

在变压器中，接于高压电网的绕组称为高压绕组，电压低的绕组称为低压绕组。从高、低绕组之间的相对位置来看，变压器绕组可分为同心式和交叠式两种不同的排列方式。

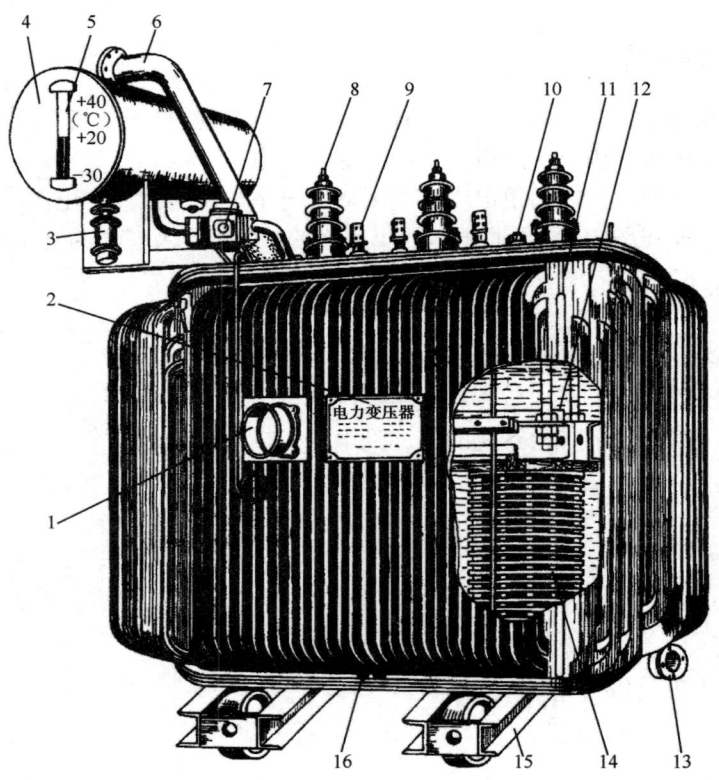

1—信号式温度计；2—铭牌；3—吸湿器；4—储油柜；5—油表；6—安全气道；7—气体继电器；8—高压套管；
9—低压套管；10—分接开关；11—油箱；12—铁芯；13—放油阀门；14—线圈及绝缘；15—小车；16—接地板

图 2.1　油浸式电力变压器的外形结构

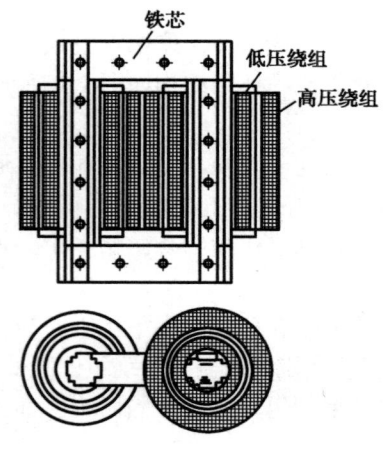

图 2.2　单相心式变压器

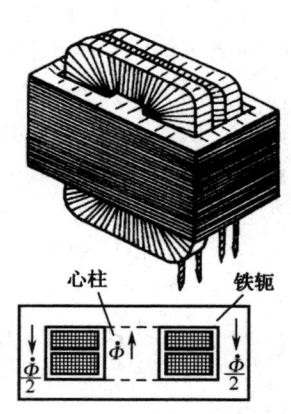

图 2.3　单相壳式变压器

同心式绕组的高、低压线圈同心地套装在外面，如图 2.2 所示。对于一些大容量的低压大电流变压器，由于低压绕组引出线的工艺困难，往往把低压绕组套装在高压绕组外面。为了便于绕组散热和绝缘，在高、低压组之间留有油道。

交叠式绕组都做成饼式，其高、低压绕组交互放置，如图 2.3 和图 2.4 所示。为了便于绝缘，一般最上和最下的两组绕组都是低压绕组。交叠式绕组的主要优点是漏电抗小，机械强度高，引线方便。通常，较大型的电炉变压器绕组采用此种结构。

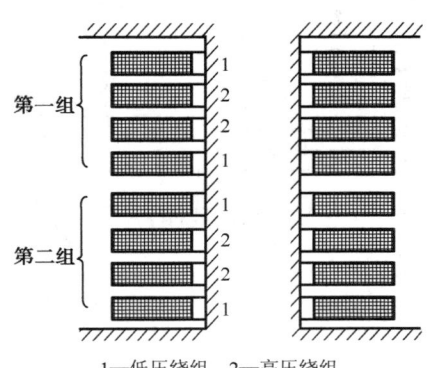

1—低压绕组；2—高压绕组

图 2.4　交叠式绕组

（3）其他结构部件。变压器除铁芯和绕组等主要部件外，典型的油浸式电力变压器还有储油柜、油箱和气体继电器等，下面分别做简单介绍。

① 储油柜。储油柜安装在油箱上部，它通过连接管与油箱相通。油柜内的油面高度随变压器油的热胀冷缩而变动。

② 油箱。变压器的油箱结构与变压器的容量大小有关。对于小容量变压器，由于油箱自身面积已能满足散热的需要，因此多采用平板式油箱。对于中等容量变压器的油箱，为了增加散热面积，一般在油箱四周加焊冷却用的扁形油管。容量大于 10 000kVA 的变压器，采用风吹冷却散热器。

③ 气体继电器。在油箱和储油柜之间的连接管中装有气体继电器。当变压器发生故障时，内部绝缘物汽化，使气体继电器动作，发出预报信号或使其跳闸。

2．变压器的基本工作原理

变压器是利用电磁感应原理从一个电路向另一个电路传递电能或传输信号的一种电器。以电力变压器为例简要阐述变压器的工作原理如下。

（1）单相变压器

图 2.5 是单相变压器的原理图，为了便于分析，将高压绕组和低压绕组分别画在两边。与电源相连的称为原绕组，与负载相连的称为副绕组。原、副绕组的匝数分别为 N_1 和 N_2。当原绕组接上交流电压 u_1 时，原绕组中便有电流 i_1 通过。原绕组的磁通势 N_1i_1 产生的磁通绝大部分通过铁芯而闭合，从而在副绕组中感应出电动势。如果副绕组接有负载，那么副绕组中就有电流 i_2 通过。副绕组的磁动势 N_2i_2 也产生磁通，其绝大部分也通过铁芯而闭合。因此，铁芯中的磁通是一个由原、副绕组的磁通势共同产生的合成磁通，它称为主磁通，用 Φ 表示。主磁通穿过原绕组和副绕组而在其中感应出的电动势分别为 e_1 和 e_2。此外，原、副绕组的磁通势还分别产生漏磁通 $\Phi_{\sigma 1}$ 和 $\Phi_{\sigma 2}$（仅与本绕组相铰链），从而在各自的绕组中分别产生漏磁电动势 $e_{\sigma 1}$ 和 $e_{\sigma 2}$。

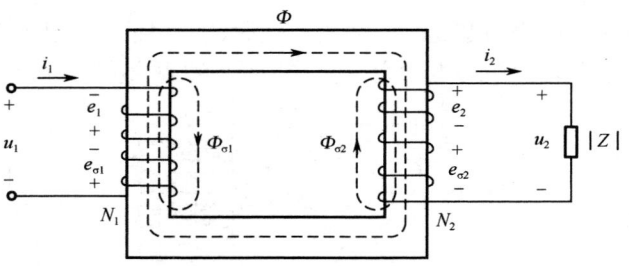

图 2.5　变压器的原理图

上述的电磁关系可表示如下：

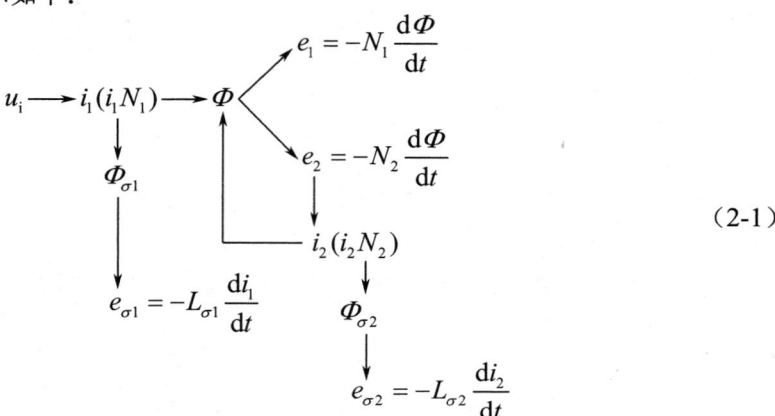

$$（2-1）$$

下面分别讨论变压器的电压变换、电流变换及阻抗变换原理。

① 电压变换：参看式（2-1），根据基尔霍夫电压定律，对原绕组电路可列出电压方程：

$$u_1 + e_1 + e_{\sigma 1} = R_1 I_1$$

即

$$u_1 = R_1 i_1 + (-e_{\sigma 1}) + (-e_1) \qquad（2-2）$$

通常原绕组上所加的是正弦交流电，在正弦电压作用下，式（2-2）可用向量表示，即：

$$\dot{U}_1 = R_1 \dot{I}_1 + (-\dot{E}_{\sigma 1}) + (-\dot{E}_1) = R_1 \dot{I}_1 + jX_1 \dot{I}_1 + (-\dot{E}_1) \qquad（2-3）$$

式中，R_1 和 X_1 分别为原绕组的电阻和原边漏磁感抗，由于原绕组的电阻 R_1 和漏磁感抗 X_1 较小，因而它们两端的电压降也较小，与主磁电动势 E_1 比较起来，可以忽略不计。

于是

$$\dot{U} \approx -\dot{E}$$

即

$$U = 4.44 f N \Phi_{\mathrm{m}} \qquad（2-4）$$

同理，对于副绕组电路可列出：

$$e_2 + e_{\sigma 2} = R_2 i_2 + u_2$$

即

$$e_2 = -e_{\sigma 2} + R_2 i_2 + u_2 \qquad（2-5）$$

如用向量表示，则为：

$$\dot{E}_2 = R_2 \dot{I}_2 + (-\dot{E}_{\sigma 2}) + U_2 = R_2 \dot{I}_2 + jX_2 \dot{I}_2 + \dot{U}_2 \qquad（2-6）$$

式中，R_2 和 X_2 分别为副绕组的电阻和副边漏磁感抗，$\dot{U}_2$ 为副绕组的端电压。

在变压器空载时：

$$I_2 = 0$$
$$E_2 = U_{20} \qquad（2-7）$$
$$E_2 = 4.44 N_2 \Phi_{\mathrm{m}}$$

式中，U_{20}是空载时副绕组的端电压，即原边加上额定电压时的副边空载电压，则：

$$\frac{U_{1N}}{U_{20}} \approx \frac{E_1}{E_2} = \frac{N_1}{N_2} = K \qquad (2\text{-}8)$$

式中，K 为变压器的变比。

可见，当电源电压 U_1 一定时，只要改变变压器的变比，就可以得出不同的输出电压 U_2（U_2 一般比 U_{20} 低 5%～10%）。

② 电流变换：由于变压器的效率较高，当不考虑任何损耗时，根据能量守恒原理有

$$S = S_1 = S_2 = U_1 I_1 = U_2 I_2 \qquad (2\text{-}9)$$

式中，U_1、I_1 和 U_2、I_2 分别为原、副绕组的电压和电流的有效值；S_1、S_2 分别为变压器原、副绕组容量；S 为变压器容量或视在功率，其单位是 VA 或 kVA。

则

$$\frac{I_1}{I_2} = \frac{U_2}{U_1} \approx \frac{N_2}{N_1} = \frac{1}{K} \qquad (2\text{-}10)$$

式（2-10）表明变压器原、副绕组的电流之比近似等于它们的匝数比的倒数。变压器中的电流虽然由负载的大小决定，但是原、副绕组中电流的比值是基本不变的。

③ 阻抗变换：在图 2.6 中负载阻抗模$|Z|$接在变压器副边，而图中的虚线框部分可以用一个阻抗模 $|Z'|$ 来等效代替。所谓等效，就是输入电路的电压、电流和功率不变。也就是说，直接接在电源上的阻抗模 $|Z'|$ 和接在变压器副边的阻抗模 $|Z|$ 是等效的。

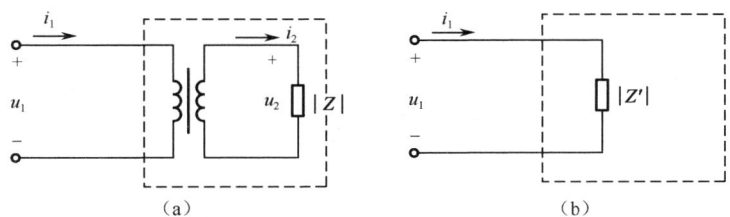

图 2.6   负载阻抗等效变换

两者的关系可通过下面计算得出：

$$\frac{U_1}{I_1} = \frac{\dfrac{N_1}{N_2}U_2}{\dfrac{N_2}{N_1}I_2} = \left(\frac{N_1}{N_2}\right)^2 \frac{U_2}{I_2} \qquad (2\text{-}11)$$

$$|Z'| = \left(\frac{N_1}{N_2}\right)^2 |Z| = K^2 |Z| \qquad (2\text{-}12)$$

匝数比不同，负载阻抗模 $|Z|$ 折算到原边的等效阻抗模 $|Z'|$ 也不同。可以采用不同的匝数比，把负载阻抗模变换为所需要的、比较合适的数值。

（2）三相变压器

当前电力系统中普遍采用三相制。三相交流电的电压变化可以由三台同一型号的单相变压器接成三相变压器组［见图 2.7（a）］，也可以采用三相绕组共用一个铁芯的三相心式变压器［见图 2.7（b）］。在对称负载时，三相变压器的原、副边绕组是对称的三相电路，各相电压和电流的大小相等，相位彼此相差 120°，各相参数也相同。因此对三相变压器的研究与

对三相对称电路的研究一样，可以分析和计算其中的一相，然后直接得出其他两相的结果。于是，有关单相变压器的基本方程、等值电路相量图和运行特性等论述也完全适用于三相变压器。

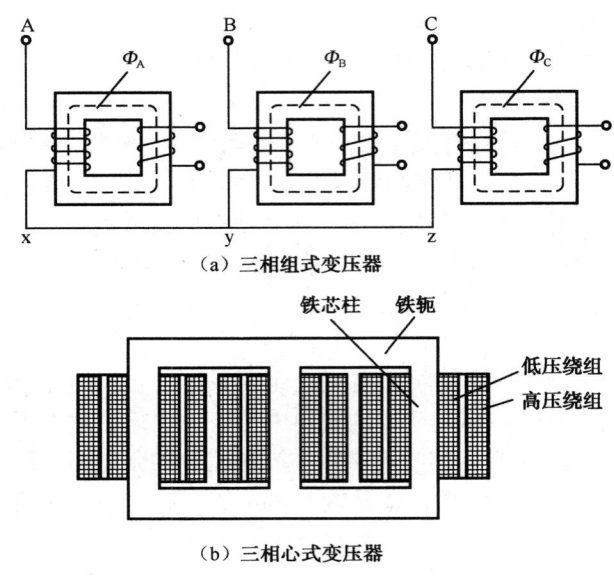

（a）三相组式变压器

（b）三相心式变压器

图 2.7　三相变压器

2.1.3　变压器的参数、型号和绕组组别

1．变压器的参数

（1）额定容量 S_N：额定容量是变压器的额定视在功率，以 VA、kVA 或 MVA 表示。由于变压器效率高，因此通常把原、副边的额定容量设计得相等。

（2）原、副边额定电压 U_{1N}、U_{2N}：原边额定电压是制造厂规定的工作电压，以 V 表示。原边加上额定电压时的副边空载电压称为副边额定电压。对于三相变压器，额定电压是指线电压的额定值。

（3）变压器的变比 K：表示原、副绕组的额定电压之比。

即

$$K = \frac{U_{1N}}{U_{2N}} \tag{2-13}$$

（4）原、副边额定电流 I_{1N}、I_{2N}：根据额定容量和额定电压计算出的线电流称为额定电流，以 A 表示。

对于单相变压器：$I_{1N} = S_N / U_{1N}$；$I_{2N} = S_N / U_{2N}$ \qquad (2-14)

$$\text{对于单相变压器：} I_{1N} = S_N / U_{1N}; \quad I_{2N} = S_N / U_{2N} \tag{2-14}$$

$$\text{对于三相变压器：} I_{1N} = S_N / (\sqrt{3} U_{1N}); \quad I_{2N} = S_N / (\sqrt{3} U_{2N}) \tag{2-15}$$

（5）额定频率 f_N：我国规定的工业频率为 50Hz。

2．变压器的型号

1965 年 10 月 1 日开始，国家标准规定，变压器的型号用汉语拼音字母和几位数字表示。编号原则按照机电部 JB/T3837—1996《变压器类产品型号编制方法》编制，变压器型号示例如图 2.8 所示。

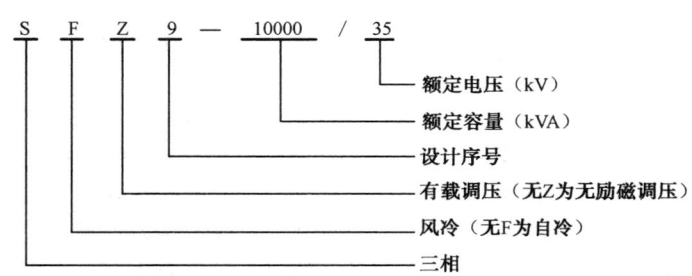

图 2.8　变压器型号示例

例如，SL—180/10 表示三相油浸自冷式铝线双绕组容量为 180kVA、高压侧电压为 10kV的电力变压器；SFPSZ—63000/110 表示三相风冷式强迫油循环铜线三绕组有载调压、容量为63000kVA、高压侧电压为 110kV 的电力变压器。

3．变压器绕组组别

对于单相变压器来说，当同时交链原、副绕组的主磁通发生变化时，原、副绕组中的感应电势存在一定的极性关系，即在任一瞬间，高压绕组的某一端的电位为正时，低压绕组也有一端的电位为正，这两个绕组间同极性的一端称为同名端。用符号"●"标在两个对应的同名端旁。同名端可能是绕组的相同端，如图 2.9（a）所示；也可能在绕组的不同端，如图 2.9（b）所示。

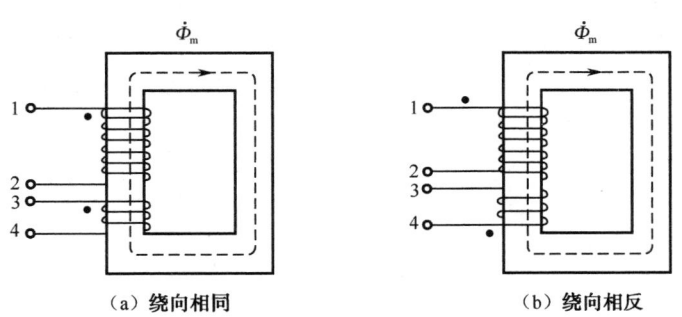

（a）绕向相同　　　　　　　　　　　（b）绕向相反

图 2.9　单相变压器的同名端

变压器的首端和末端有两种不同的标注方法，不同的标注方法所得到的原、副绕组相电势之间的相位差不尽相同。但应注意，感应电势正方向的规定是唯一的，即电势的正方向总是从首端指向末端，如图 2.10 所示。根据同名端的定义和首末端的标注规定可知，如果将原、副绕组的同名端都标为首端（或末端），则原边相电势 $\dot{E}_{AX}$ 与副边相电势 $\dot{E}_{ax}$ 同相位；当原、副绕组的非同名端标注为首端（或末端），则 $\dot{E}_{AX}$ 与 $\dot{E}_{ax}$ 相位相反。

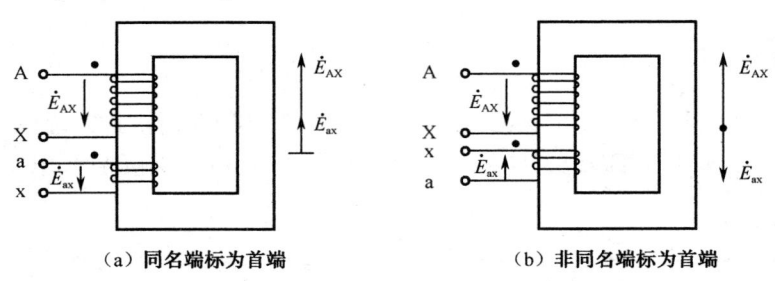

（a）同名端标为首端　　　　　　　（b）非同名端标为首端

图 2.10　单相变压器连接组

为了能形象地表示原、副边电势相量之间的相位关系，采用时钟法描述这种关系。所谓时钟法，就是把原边电势相量看成时钟的长针，副边电势相量看成时钟的短针，把长针指向 12 点，再看短针指在哪一个数字上，把短针指向的这个数字作为连接组的标号。把连接组的标号乘以 30°便是副边电势相量滞后与原边向量的电度角。对于单相变压器，只有两种连接组，即 I/I-12 和 I/I-6。I/I 表示原、副边都是单相绕组，其中斜线左边表示原绕组、斜线右边表示副绕组。12 和 6 表示连接组标号。我国国家标准 GB1094—1971 规定，单相变压器以 I/I-12 或 I/I-0 为标准连接组。

与单相变压器的连接组有所不同，三相变压器的连接组别的表示方法是：大写字母表示一次侧（或原边）的接线方式，小写字母表示二次侧（或副边）的接线方式。Y（或 y）为星形接线，D（或 d）为三角形接线。"YN"表示一次侧为星形带中性线的接线。

三相变压器的连接组标号是用副边线电势向量与原边对应线电势向量之间的相位差来决定的，它不仅与线圈的绕法和首、末端的标注有关，还与三相绕组的连接方式有关，下面就分别介绍三相变压器的常用连接组。

三相变压器接线方式有 4 种基本连接形式："Y,y"、"D,y"、"Y,d" 和 "D,d"。我国只采用 "Y,y" 和 "Y,d"。

（1）Y,y 接法：图 2.11 为 Y,y 连接的三相绕组的连接图。图中将原、副边的同名端标为首端。此时原、副绕组对应各相的电势同相位，并且原、副绕组线电势 $\dot{E}_{AB}$ 和 $\dot{E}_{ab}$ 也同相位，如果把 $\dot{E}_{AB}$ 放在 12 点，则 $\dot{E}_{ab}$ 也指向 12 点，所以这种连接组用 Y,y12 或 Y,y0 表示。

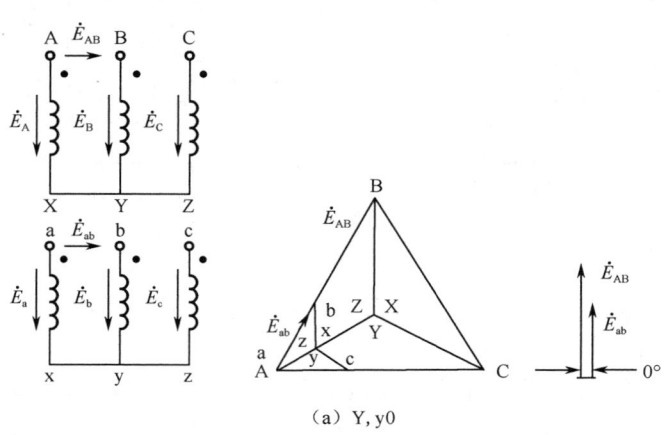

（a）Y,y0

图 2.11　三相变压器 Y,y 连接

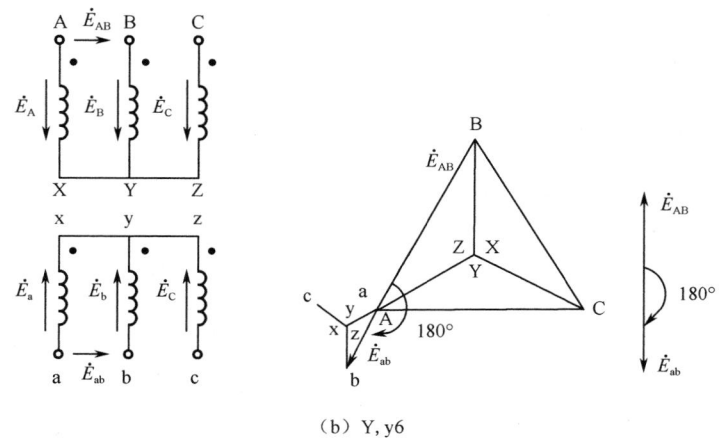

（b）Y, y6

图 2.11 三相变压器 Y,y 连接（续）

若将图 2.11（b）原、副绕组的首端选为非同名端，即把副绕组每相的首、末端对调，则得 Y,y6 连接组。

（2）Y,d 接法：图 2.12 是 Y,d 连接时三相绕组的连接图，将原、副边同名端均标为首端。图 2.12（a）所示的副边各相的串联次序为 a→y→b→z→c→x→a。此时，原、副绕组对应相的相电势为同相位，但原绕组线电势 $\dot{E}_{AB}$ 与副绕组线电势 $\dot{E}_{ab}$ 的相位差为 11×30°=330°。如果把 $\dot{E}_{AB}$ 放在 12 点，则 $\dot{E}_{ab}$ 指向 11 点，因而，此种连接组用 Y,d11 表示。图 2.12（b）所示的副边各相的串联次序为 a→z→c→y→b→x→a，此种连接组为 Y,d1。

（3）三相变压器连接组别判别方法：

① 根据三相变压器绕组连接方式（Y 或 y、D 或 d）画出高、低压绕组接线图（绕组按 A、B、C 相序自左向右排列）；

② 在接线图上标出相电势和线电势的假定正方向；

③ 画出高压绕组电势相量图，根据单相变压器判断同一相的相电势方法，将 A、a 重合，再画出低压绕组的电势相量图（画相量图时应注意三相量按顺相序画）；

④ 根据高、低压绕组线电势相位差，确定连接组别的标号。

Y,y 连接的三相变压器，共有 Yy0、Yy4、Yy8、Yy6、Yy10、Yy2 六种连接组别，标号为偶数；Y,d 连接的三相变压器，共有 Yd1、Yd5、Yd9、Yd7、Yd11、Yd3 六种连接组别，标号为奇数。为了避免制造和使用上的混乱，国家标准对三相双绕组电力变压器规定只有 Yyn0、Yd11、YNd11、YNy0 和 Yy0 五种。

Yyn0 组别的三相电力变压器用于三相四线制配电系统中，供电给动力和照明的混合负载。

Yd11 组别的三相电力变压器用于低压高于 0.4kV 的线路中。

YNd11 组别的三相电力变压器用于 110kV 以上的中性点需接地的高压线路中。

YNy0 组别的三相电力变压器用于原边需接地的系统中。

Yy0 组别的三相电力变压器用于供电给三相动力负载的线路中。

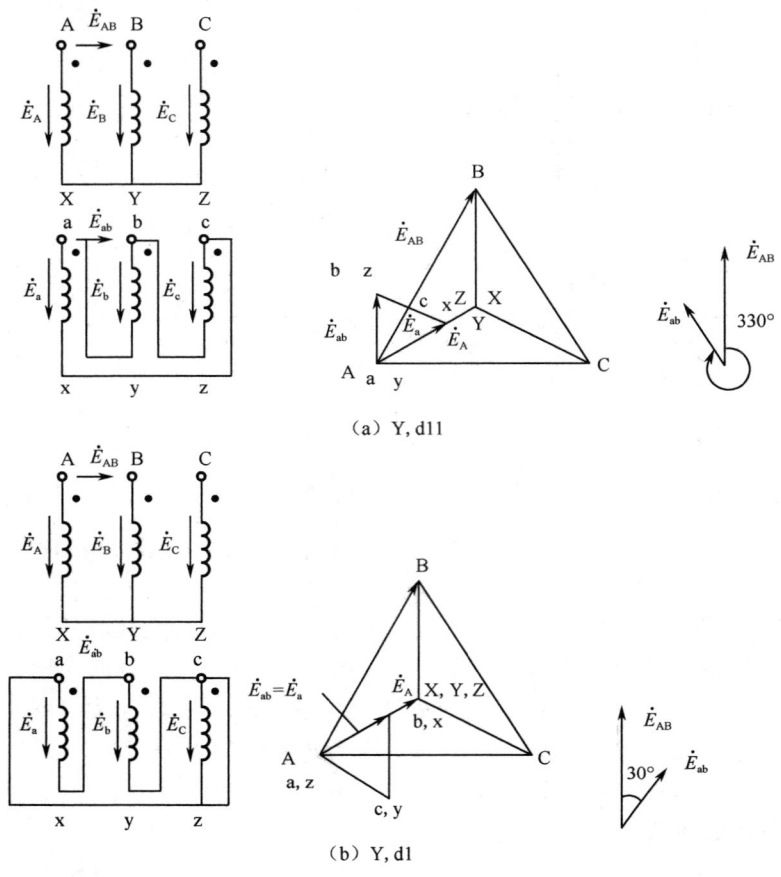

（a）Y, d11

（b）Y, d1

图 2.12　三相变压器 **Y,d** 连接

2.1.4　其他用途变压器

1. 自耦变压器

普通变压器的原、副绕组之间只有磁的联系，而没有电的联系。自耦变压器的特点在于原、副绕组之间不仅有磁的联系，而且还有电的直接联系，副绕组是原绕组的一部分，如图 2.13 所示。

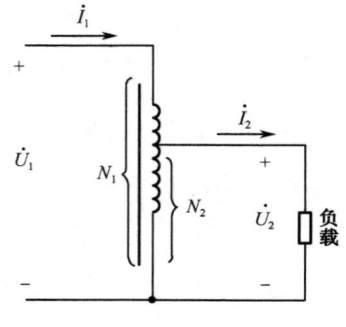

图 2.13　自耦变压器

自耦变压器各物理量正方向的规定与普通双绕组变压器相同。把既作原绕组又作副绕组的那一部分称为公共部分；把仅作原绕组的那一部分称为串联部分。如果忽略漏抗压降，则与普通双绕组变压器一样，原、副绕组电压之比和电流之比也是：

$$\frac{U_{1N}}{U_{2N}} = \frac{E_1}{E_2} = \frac{N_1}{N_2} = K \qquad (2\text{-}16)$$

$$\frac{I_1}{I_2} = \frac{N_2}{N_1} = \frac{1}{K} \qquad\qquad (2\text{-}17)$$

实际上，自耦变压器就是利用一个绕组抽头的办法来实现改变电压的一种变压器。在相同的额定容量下，自耦变压的外形尺寸小，重量轻，效率高，并便于运输和安装。但应注意，由于自耦变压器原、副边之间存在电的直接联系，故当原边有过电压时，会引起副边产生严重的过电压。

2. 电流互感器与电压互感器

电流互感器和电压互感器统称为仪用交流互感器，它们被广泛地应用于电力系统和自动控制系统中，用于获得测量信号、保护信号和反馈信号。

（1）电流互感器

当测量高电压线路中的电流或测量大电流时，如果直接使用仪表进行测量，不但对工作人员很不安全，并且由于测量仪表的绝缘需要大大加强，从而给仪表的制造带来很多困难，因此不宜把仪表直接接入电路进行测量，通常的做法是用一台升压变压器，即电流互感器，将高压线路隔开，或把大电流变小，再用电流表进行测量。

电流互感器的接线图如图 2.14 所示。通常，原绕组由一匝或几匝粗导线组成，串联在被测电路中。副绕组匝数较多，导线较细，所接负载为电流表或瓦特表的电流线圈。由于负载阻抗很小，因此电流互感器相当于短路运行的升压变压器。如果忽略励磁电流，由磁势平衡关系可得：

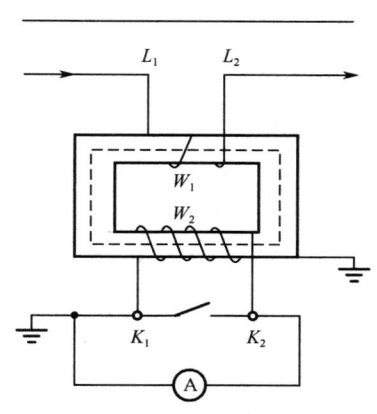

图 2.14　电流互感器

$$\frac{I_1}{I_2} = \frac{N_2}{N_1} = K_i \qquad\qquad (2\text{-}18)$$

即

$$I_1 = \frac{N_2}{N_1}I_2 = K_i I_2 \qquad\qquad (2\text{-}19)$$

于是，利用原、副绕组不同的匝数关系，可将线路上的大电流变为小电流来进行测量。然而，由于互感器内总要有一定的励磁电流，因此所测量出来的电流总会有一定的误差，按照误差的大小，分为 0.2、0.5、1.0、3.0 和 10.0 五个标准等级。例如，1.0 级电流互感器表示额定电流时的误差不超过±1%。电流互感器的原边额定电流的范围为 5～25 000A，副边额定电流均为 5A。

为了安全起见，在使用电流互感器时，其副绕组必须牢固接地，以防止由于绝缘损坏后，原边的高电压传到副边，发生人身事故。另外，电流互感器的副绕组绝对不允许开路，这是因为副边开路时，互感器成为空载运行，此时，原边被测线路电流成为励磁电流，使铁芯内的磁密比额定情况增加许多倍，这一方面将使副边感应出很高的电压，可能使绝缘击穿，同时对测量人员也很危险；另一方面，由于铁芯内磁密增大以后，引起铁损耗大大增加，使铁芯过热，这不仅影响互感器的性能，甚至烧坏互感器。

（2）电压互感器

电压互感器的工作原理与普通双绕组变压器相同。电压互感器的原边接在被测高压上，副边接电压表或瓦特表的电压线圈。由于电压线圈的阻抗都很大，因此电压互感器实质上是空载运行的降压变压器。电压互感器的原理接线图，如图 2.15 所示。

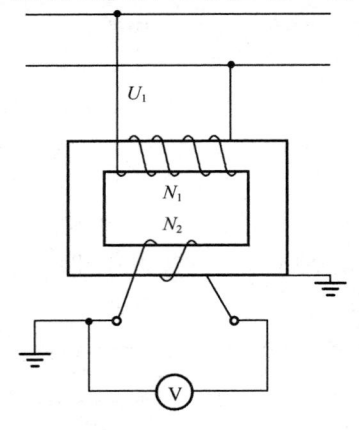

图 2.15　电压互感器

如果忽略漏阻抗压降，则有：

$$\frac{U_1}{U_2} = \frac{N_1}{N_2} = K_v \qquad (2\text{-}20)$$

$$U_1 = K_v U_2$$

因此，利用原、副边不同的匝数比可将线路上的高电压变成低电压来进行测量。为了提高电压互感器的测量精度，必须减小励磁电流和原、副边的漏阻抗，所以电压互感器一般采用性能较好的硅钢片制成，并使铁芯不饱和。

在使用电压互感器时，首先应注意的是副边不允许短路，因为过大的短路电流将使互感器遭到损坏；其次，互感器副绕组的一端以及铁芯必须可靠接地，以保证安全。另外，还应注意，使用电压互感器时，副边不宜接过多的仪表，否则负载阻抗过小将引起较大的漏阻抗压降，从而影响互感器的测量精度。目前，我国生产的电压互感器按其精度分为 0.2、0.5、1.0 和 3.0 等级。

2.1.5　变压器参数测定

变压器的参数对于分析和计算变压器的运行性能是必不可少的。然而，这些参数通常并不标在铭牌或产品目录上。下面就介绍如何通过试验来测取这些参数。

1．空载试验

变压器在空载状态下进行的试验称为空载试验。通过空载试验可测得变比 K、空载电流 I_0、空载损耗 p_0 和励磁阻抗 Z_m。空载试验的原理接线图，如图 2.16 所示。为了安全起见，通常空载试验在低压侧进行。为了测出空载电流和空载损耗随电压变化的关系，外加电压应在一定的范围内调节。在不同的外加电压下，分别测出 I_0、p_0，便可得出曲线 $I_0=f(U_1)$ 和 $p_0=f(U_1)$，如图 2.17 所示。

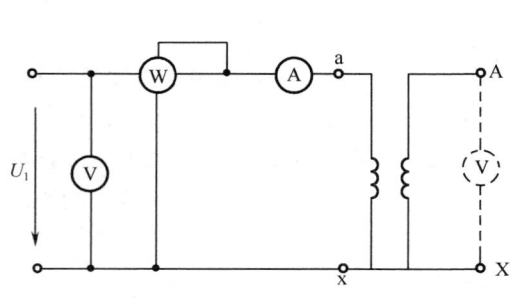

图 2.16　变压器空载试验接线图

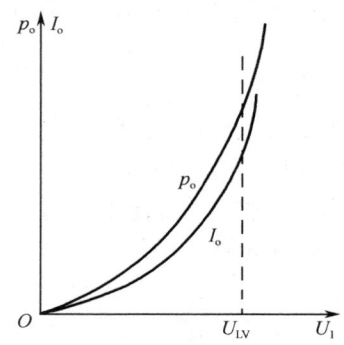

图 2.17　I_0 和 p_0 随 U_1 变化的曲线

变压器空载运行时的总电抗为：

$$Z_0 = Z_1 + Z_m = (r_1 + jx_1) + (r_m + jx_m) \qquad (2\text{-}21)$$

由于电力变压器中，$r_m \gg r_1$，$x_m \gg x_1$，故可以近似地认为 $Z_0 = Z_m = r_m + jx_m$。根据空载试验所得的 U_1、Z_0 和 p_0，可计算出励磁回路参数：

$$\left.\begin{aligned} Z_m &= \frac{U_1}{I_0} \\ r_m &= \frac{p_0}{I_0^2} \\ x_m &= \sqrt{Z_m^2 - r_m^2} \end{aligned}\right\} \qquad (2\text{-}22)$$

应当指出，由于 x_m 与磁路的饱和程度有关，不同电源电压下测得的数值是不同的。为了使测得的参数符合变压器的实际运行情况，故应取额定电压下测得的参数来计算励磁参数。另外，对于在低压侧所测得的 Z_m，如果标在高压边的等值电路中，还必须折算到高压侧，即乘以变比的平方。普通变压器在额定电压时，空载电流约为额定电流的 3%～8%，空载耗损约为额定容量的 0.2%～1.0%。

2．短路试验

变压器副边短路，原边接电源所进行的试验称为短路试验。通过短路试验可测定变压器的短路电阻、短路电抗和短路损耗。短路试验通常在高压侧进行，其试验接线图如图 2.18 所示。由于一般电力变压器的短路阻抗很小，为了避免过大的短路电流损坏变压器绕组，短路试验应降低电压进行。通过调节外加电压，使电流在 0～1.3 倍额定电流范围内变化，可测出短路电流 I_k 和短路损耗 p_k 随外加电压变化的曲线 $I_k = f(U_k)$ 和 $p_k = f(U_k)$，如图 2.19 所示。因为短路阻抗 Z_k 为常数，所以 $I_k = f(U_k)$ 是一条直线，而 $p_k = f(U_k)$ 近似为抛物线。

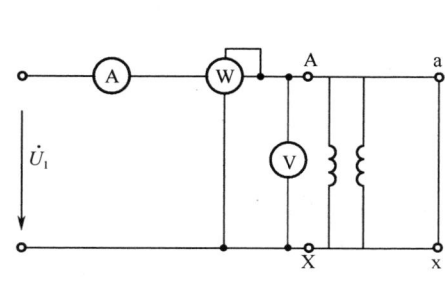

图 2.18 短路试验接线图

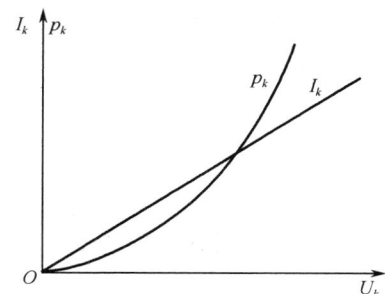

图 2.19 I_k 和 p_k 随 U_k 的变化曲线

由于短路实验时电压很低，因此铁芯中的主磁通很小，故可忽略励磁电流和铁损耗。此时，可认为电源输入的功率 p_k 完全消耗在原、副边的电阻上，即：

$$p_k \approx p_{cu} = I_1^2 r_1 + I_2'^2 r_2' \approx I_k^2 r_k \qquad (2\text{-}23)$$

于是，近似等值电路有：

$$Z_k = \frac{U_k}{I_k}$$
$$r_k = \frac{p_k}{I_k^2}$$
$$x_k = \sqrt{Z_k^2 - r_k^2}$$
$$\left.\right\} \quad (2\text{-}24)$$

由于短路电阻的大小随温度变化，而实验室的温度与变压器运行时的温度往往不同。按国家标准规定，试验所得电阻值必须换算成规定工作温度时的数值。对于油浸式变压器，规定的工作温度为 75℃。于是有：

$$r_{k75℃} = r_{k\theta} \frac{T_0 + 75}{T_0 + \theta}$$
$$Z_{k75℃} = \sqrt{r_{k75℃}^2 + x_k^2}$$
$$\left.\right\} \quad (2\text{-}25)$$

式中　θ——实验时的环境温度；

　　　$r_{k\theta}$——根据实验数据得出的电阻值；

T_0 对于铜线，T_0=234.5℃；对于铝线，T_0=228℃。

短路实验时，当绕组中电流达到额定值，则加在原绕组上的电压为 $U_{KN} = I_{1N}Z_{k75℃}$，此电压为阻抗电压或短路电压。如用原边电压额定值的百分比来表示，则为：

$$U_k = \frac{U_{KN}}{U_{1N}} \times 100\% = \frac{I_{1N}Z_{k75℃}}{U_{1N}} \times 100\% = \frac{Z_{k75℃}}{Z_{1N}} \times 100\% \quad (2\text{-}26)$$

式（2-26）说明，阻抗电压百分比和短路阻抗与原边阻抗额定值的相对值的百分数相等，所以阻抗电压百分比是一个很重要的参数，它在变压器的铭牌上标注。从运行性能考虑，希望阻抗电压百分比小一些，即变压器总的漏阻抗压降小一些，从而使变压器输出电压负载变化波动小一些。但从限制变压器短路电流的角度来看，则希望阻抗电压大一些，这样可使变压器发生短路时，短路电流小一些，一般中小型变压器的 U_k 为 4%～10.5%，大型的变压器的 U_k 为 12.5%～17.5%

 知识应用

任务2.2　变压器在工厂供配电系统中的应用

本任务是在对电力变压器有了一定了解的基础上，研究一下电力变压器在工厂配电系统中的应用，主要讨论一下变压器在供配电系统中的作用、地位，研究电力变压器在工厂配电系统中如何选择，如何运行以及能对变压器常出现的问题做出正确的处理。

任务目标

1. 了解电力变压器在工厂供配电系统中的应用。
2. 具有工厂电力系统变压器容量选择和巡检、异常情况处理的能力。

2.2.1 工厂的供配电系统简介

（1）供配电系统的组成：所谓供配电系统，就是包括不同类型的发电机、配电装置、输配电线路、升压及降压变电所和用户，如图2.20所示。它们组成一个整体，对电能进行不间断生产和分配。

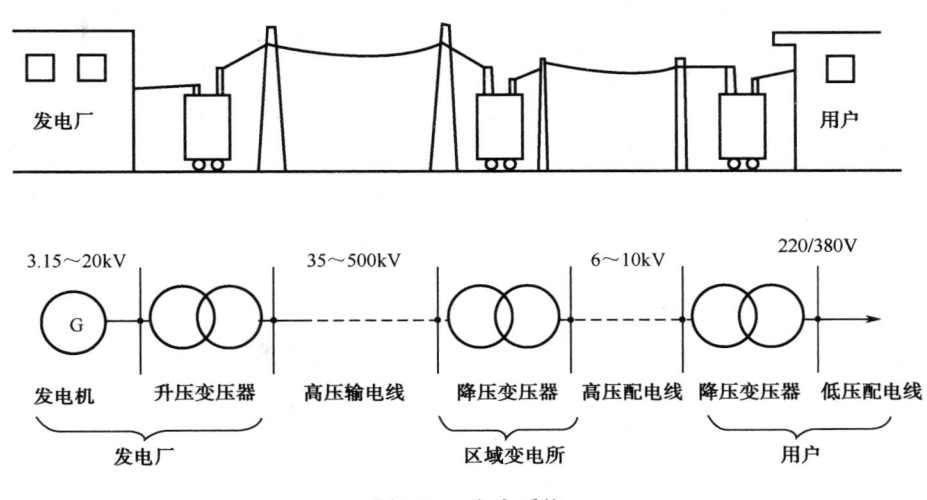

图2.20 电力系统

（2）变配电所的作用：变电所是接收、变换、分配电能的环节，是供电系统中极其重要的组成部分。它是由变压器（有变流器的叫变流站）、配电装置、保护及控制设备、测量仪表，以及其他附属设施（实验、维修、油处理等）及有关建筑物组成的。

2.2.2 变压器的选择

1．降压变电所主变压器的台数选择

（1）应满足用电负荷对可靠性的要求。在一、二级负荷的变电所中，选择两台主变压器，当在技术经济上允许时可以选择多台变压器。

（2）对季节性负荷或昼夜负荷变化大的应采用经济运行方式的变电所，技术经济合理时可取两台变压器。

（3）三级负荷一般选择一台主变压器，负荷较大时也可以采用两台主变压器。

2．降压变电所主变压器容量的选择

装单台变压器时，其额定容量 S_N 应能满足全部用电设备的计算负荷 S_C，考虑负荷的发展应留有一定的裕度，并考虑变压器的经济运行，即：

$$S_N \geq (1.5 \sim 1.4)S_C \tag{2-27}$$

装有两台主变压器时，其中任意一台主变压器容量 S_N 应同时满足以下两个条件。

（1）任一台主变压器单独运行时，应满足总计算负荷的 60%～70% 的要求，即：

$$S_N = (0.6 \sim 0.7)S_C \qquad (2-28)$$

（2）任一台主变压器单独运行时，应能满足全部第一、二级负荷 $S_{C(I+II)}$ 的需要，即：

$$S_N \geqslant S_{C(I+II)} \qquad (2-29)$$

一般来讲，变压器容量和台数的确定是与变电所主接线方案一起确定的，在设计主接线方案时，也要考虑到用电单位对变压器台数和容量的要求。

3．车间变电所变压器台数和容量的确定

车间变电所变压器台数和容量的确定原则和总降压变电所基本相同，即在保证电能质量的要求下，应尽量减少投资、运行费用和有色金属耗用量。

车间变电所变压器台数选择原则，对于二、三级负荷，变电所只设置一台变压器，其容量可根据计算负荷决定。可以考虑从其他车间的低压线路取得备用电源，这不仅在故障下可以对重要的二级电荷供电，而且在负荷极不均匀的轻负荷时，也能使供电系统达到经济运行。对一、二级负荷较大的车间，采用两独立进线，其容量确定和总降压变电所相同。

车间变电所中，单台变压器容量不宜超过 1 000kVA，现在我国已能生产大断流容量的新型低压开关电器，因此，如果车间负荷容量较大、负荷集中且运行合理时，可选用单台容量为 1 250（或 1 600）～2 000kVA 的配电变压器。对装设在二层楼以上的干式变压器，其容量不宜大于 630kVA。

例 2-1　某车间变电所（10kV/0.4kV），总计算负荷为 1 350kVA，其中一、二级负荷为 680kVA。试选择变压器的台数和容量。

解　根据车间变电所台数和容量的选择要求，该车间变电所所有一、二级负荷宜选择两台变压器。

任一台单独运行时，要满足 60%～70% 的负荷，即：

$$S_N = (0.6 \sim 0.7) \times 1 350 = 810 \sim 945kVA$$

且任一台变压器满足 $S_N \geqslant 680kVA$。因此，可选择两台容量均为 1 000kVA 的变压器，具体型号为 S9-1000/10。

2.2.3　变压器的并联运行

变压器的并联运行是指两台或多台变压器的原、副绕组分别接到原边和副边的公共母线上，同时向负载供电。变压器并联运行的优点如下。

（1）提高供电的可靠性。并联运行时如果单台变压器发生故障，可将其切除检修，而不致中断供电。

（2）可以根据负载的大小情况调整投入并联运行变压器的台数，以提高运行效率。

（3）可以减少总的备用容量，并可随用电量的增加而分批投入新的变压器。但是，并联变压器的台数也不宜过多，因为单台大容量变压器的造价要比总容量相同的几台小变压器的造价低，且占地面积小。

变压器并联运行的理想情况如下。

（1）空载时各变压器的副边电势大小相等、相位相同，各变压器之间没有循环电流。此时副绕组中不存在铜损耗。

（2）负载时，各变压器所承担的负载电流应按它们的额定容量成比例地分配，这样可使各台变压器同时具有较高的运行效率，最大限度地利用全部变压器容量。

（3）负载时，各变压器副边电流同相位，总负载电流等于各负载的算术和。于是，在总负载电流一定时，各台变压器所负担的电流最小。

为了达到上述理想的并联运行，并联运行的各台变压器必须具备以下三个条件：

（1）各台变压器的原、副边额定电压相等，即各台变压器的变比相同；

（2）各台变压器的连接组别相同；

（3）各变压器的短路阻抗百分比相等，短路电阻和短路电抗的标幺值也相等。

在上述三个条件中，变比和短路参数允许存在极少量的差异，但第二条必须严格遵守。

2.2.4 电力变压器运行巡视和检查

1．常规巡视

（1）通过仪表监视电压、电流，判断负荷是否在正常范围之内。变压器一次电压变化范围应在额定电压的5%以内。为了避免过负荷情况，三相电流应基本平衡，对于Yyn0接线的变压器，中性线电流不应超过低压线圈额定电流的25%。

（2）监视温度计及温控装置，看油温及温升是否正常。上层油温一般不宜超过85℃，最高不应超过95℃（干式变压器和其他型号的变压器参看各自的说明书）。

（3）冷却系统的运行方式是否符合要求，冷却装置（风扇、油、水）是否运行正常，各组冷却器、散热器温度是否相近。

（4）变压器的声音是否正常。正常的声响为均匀的嗡嗡声，如声响较平常沉重，表明变压器过负荷；如声音尖锐，说明电源电压过高。

（5）绝缘子（瓷瓶、套管）是否清洁，有无破损裂纹、严重油污及放电痕迹。

（6）油枕、充油套管、外壳是否有渗油、漏油现象，有载调压开关、气体继电器的油位、油色是否正常。油面过高，可能是冷却器运行不正常或内部故障（铁芯起火、线圈层间短路等）；油面过低可能有渗油、漏油。变压器油通常为淡黄色，长期运行后呈深黄色。如果颜色变深变暗，说明油质变坏，如果颜色发黑，表明炭化严重，不能使用。

（7）变压器的接地引线、电缆和母线有无过热现象。

（8）外壳接地是否良好。

（9）装置控制箱内的电气设备、信号灯运行是否正常；操作开关，联动开关位置是否正常；二次线端子箱是否严密，有无受潮及进水现象。

（10）变压器室的门、窗、照明应完好，房屋不漏水，通风良好，周围无影响其安全运行的异物（如易燃、易爆和腐蚀性物体）。

2．特殊巡视

当系统发生短路故障或天气突变时需巡视以下几项。

（1）系统发生短路故障时，应立即检查变压器系统有无爆裂、断脱、移位、变形、焦味、烧损、闪络、烟火和喷油等现象。

（2）下雪天气时，检查变压器引线接头部分有无落雪立即融化或蒸发冒气现象，导电部分有无积雪、冰柱。

（3）大风天气时，应检查引线摆动情况和是否搭挂杂物。

（4）雷雨天气时，应检查瓷套管有无放电闪络现象（大雾天气也应进行此项检查），以及避雷器放电记录器的动作情况。

（5）气温骤变时，检查变压器的油位和油温是否正常。

（6）大修及安装的变压器运行几个小时后，应检查散热器排管的散热情况。

2.2.5　变压器的投运和试运行

投运和试运行前需做的一些检查如下。

（1）变压器本体、冷却装置和所有附件无缺陷、不渗油。

（2）轮子的制动装置的牢固性。

（3）油漆完好、相色标志正确、接地可靠。

（4）变压器顶盖上无遗留杂物。

（5）事故排油设施完好，消防设施齐全。

（6）储油柜、冷却装置、净油器等油系统上的油门均打开，油门指示正确。

（7）电压切换装置的位置符合运行要求；有载调压切换装置的远方操作机构动作可靠，指示位置正确。

（8）温度指示正确，整定值符合要求。

（9）冷却装置试运行正常。

（10）保护装置整定值符合规定，操作和联动机构动作灵活、正确。

2.2.6　变压器异常的处理

异常现象种类有响声异常、油温异常、油位异常、保护异常等。对各异常现象的处理方法如下。

1．响声异常

变压器正常运行时，会发出均匀的较低的嗡嗡声。

（1）若嗡嗡声变得沉重且增大，同时上层油温也有所上升，但声音仍是连续的，这表明变压器过载，这时可开启冷却风扇等冷却装置，增强冷却效果，同时适当调整负荷。

（2）若发生很大且不均匀的响声，间有爆裂声和咕噜声，这可能是由于内部层间、匝间绝缘击穿，如果杂有噼啪放电声，很可能是内部或外部的局部放电所致。碰到这些情况，可将变压器停运，消除故障后再使用。

（3）若发生不均匀的振动声，可能是某些零件发生松动，可安排大修进行处理。

2．油温异常

上层油温一般不宜超过 85℃，最高不应超过 95℃。

在同样条件下油温比平时高出 10℃以上，冷却装置运行正常，负荷不变但温度不断上升。

原因：可能是内部故障，如铁芯发热，匝间短路等。

处理：立即停运变压器。

3．油位异常

后果：变压器严重缺油时，内部的铁芯、绕组就暴露在空气中，使绝缘受潮，同时露在空气中的部分绕组因无油循环散热，导致散热不良而引起事故。

原因及处理：

（1）渗漏油，放油后未补充。处理：补油。

（2）负荷低而冷却装置过度冷却。处理：可适当增加负荷或停止部分冷却装置。

（3）在气体继电器窗口中看不见油位。处理：立即停运变压器。

（4）油位过高，可能是补油过多或负荷过大。处理：可放油，适当减少负荷。

4．保护异常

（1）轻瓦斯的动作

处理：可取瓦斯气体分析，如不可燃，放气后继续运行，并分析原因，查出故障；如可燃，则停运，查明情况，消除故障。

（2）重瓦斯动作

处理：不允许强送，需进行内部检查，直至试验正常，才投入运行。

① 渗油漏油，可能是连接部位的胶垫老化开裂，或螺钉松动。

② 套管破裂，内部放电，防爆管破损，严重时引起防爆管玻璃破损。处理：应停用变压器，等待处理。

③ 变压器着火。处理：立即停运变压器。

 自我测评

变压器异常的处理，请在下列表格中填写各种变压器异常的种类、现象、原因及处理方式。

异常种类（每空 10 分）	异常现象（每空 5 分）	异常原因（每空 5 分）	异常处理（每空 5 分）

 **习题** 2

1. 变压器能直接改变直流电压的等级来输送直流电吗？

2. 有一台型号为 SL—560/10，Y/Y_0-12 接法的变压器，额定电压为 10 000/400V，供给照明用电，若接的每盏灯的额定功率 100W，额定电压 200V，三相总共可接多少盏灯？

3. 一台三相变压器额定电压为 10/3.15kV，额定电流为 57.74/183.3A，计算：

（1）变压器额定容量；

（2）若额定负载运行时 $\cos\phi_2$=0.85（滞后），变压器输出的有功功率和无功功率。

4. 有一台三相变压器，额定容量为 S_N=5000kVA，额定电压为 U_{1N}/U_{2N}=10kV/6.3kV，Y,d 接法，试求：

（1）一、二侧绕组的额定电流；

（2）一、二侧绕组的相电压与相电流。

5. 一台单相自耦变压器的数据为 U_1=220V、U_2=180V、I_2=180A，忽略各种损耗和漏抗压降，试求：

（1）自耦变压器的输入电流和公共绕组电流；

（2）输入输出功率。

项目 ③

直流电机的认识与应用

 知识学习

任务 3.1　直流电机的认识学习

直流电机既可作电动机用，也可作发电机用。直流电动机将直流电能转换成机械能而带动生产机械运转。由于直流电动机具有优良的启动性能和调速性能，因此直流电动机得到广泛的应用。

 任务目标

1. 掌握直流电机的基本工作原理、基本计算公式。
2. 认识直流电机的结构，根据额定值和主要系列学会如何选择直流电机。
3. 具有正确操作直流电机的启动、反转和调速的能力。

3.1.1　直流电机的基本结构和分类

1. 直流电机的基本结构

直流电机由定子和转子（电枢）两大部分组成，如图 3.1 与图 3.2 所示。

（1）定子

① 主磁极。主磁极的作用是产生主磁通，它由铁芯和励磁绕组所组成。主磁极铁芯包括极身和极掌两部分。磁极用螺钉固定在磁轭上。磁极上套的线圈称为励磁绕组，其结构如图 3.3 所示。

② 换向极。在两个相邻的主磁极之间有一个小的磁极，构造与主磁极相似，这就是换向极。它由换向极铁芯和换向极绕组组成，如图 3.4 所示。

③ 机座：机座一方面用来固定主磁极、换向极和端盖等部件，另一方面作为电机磁路的一部分。

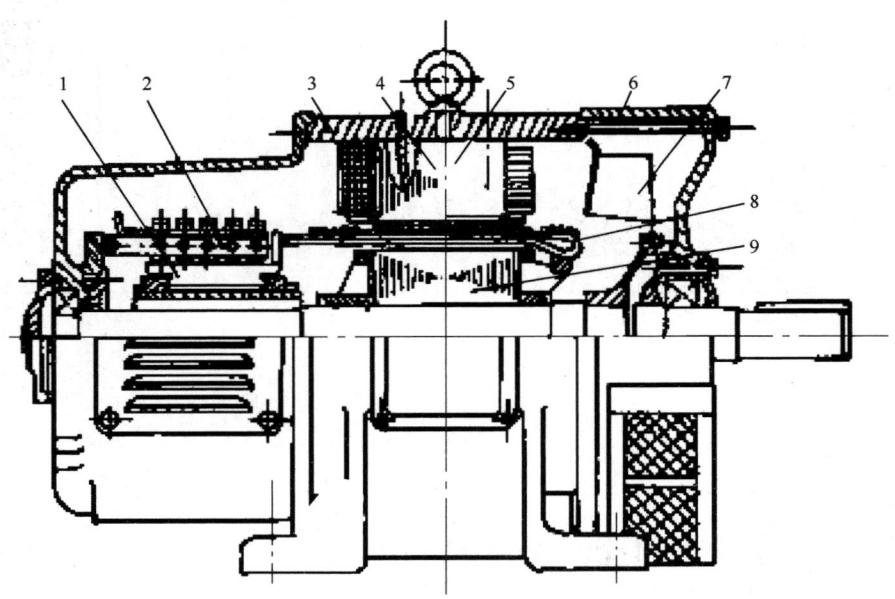

1—换向器；2—电刷装置；3—机座；4—主磁极；5—换向极；6—端盖；7—风扇；8—电枢绕组；9—电枢铁芯

图 3.1　直流电机纵剖面图

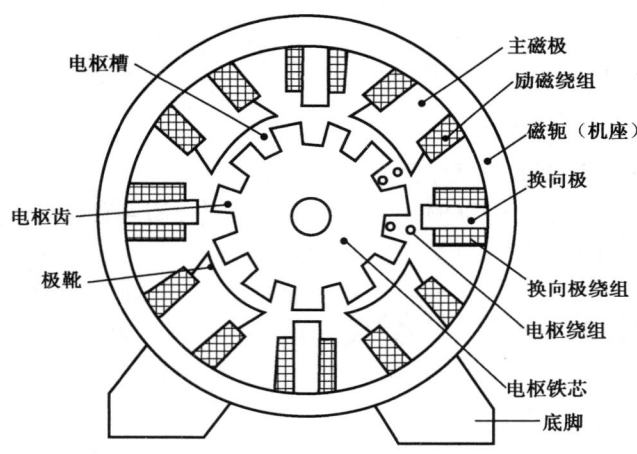

图 3.2　直流电机的结构横剖面图

（2）转子

① 电枢铁芯。电枢铁芯的作用是通过主磁通和安放电枢绕组。

② 电枢绕组。电枢绕组是直流电机主要的部件，感应电动势、电流和电磁力的产生，机械能和电能的相互转换都在这里进行。电枢绕组的结构对电机最基本的参数和性能都有影响。电枢绕组也是比较容易出现故障的地方，它将直接影响到电机的正常运行。由于直流电机的容量和电压等级不同，因而绕组的形式有多种，但最基本的有两种，即单叠绕组和单波绕组。

单叠绕组与单波绕组的主要区别在于并联支路对数的多少。单叠绕组可以通过增加极对数来增加并联支路对数，适用于低电压大电流的电机，单波绕组的并联支路对数 $a=1$，但每条并联支路串联的元件数较多，故适用于小电流及较高电压的电机。

③ 换向器。换向器起到机械整流的作用。

④ 电刷装置。为了使电枢绕组和外电路连接，必须装设固定的电刷装置。

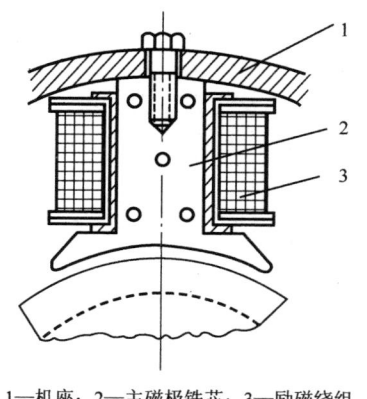

1—机座；2—主磁极铁芯；3—励磁绕组

图 3.3 主磁极

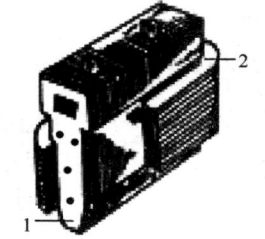

1—换向极铁芯；2—换向极绕组

图 3.4 换向极

2．直流电动机的分类

根据直流电动机的定子磁场不同，可将直流电动机分为两大类，其中，一类是永磁式直流电动机，它的定子磁极由永久磁铁组成；另一类为激磁式直流电动机，它的定子磁极由铁芯和激磁绕组组成。

永磁式直流电动机的体积小，功率也较小，但运行速度稳定。录音机、录像机、电动剃须器中的电动机都是永磁式直流电动机。

激磁式直流电动机的定子磁极由铁芯和激磁绕组组成。由于激磁绕组的供电方式不同，激磁式直流电动机又分为以下四种。

（1）他励直流电动机。它的激磁绕组与电枢绕组使用两个单独电源。这种电动机具有良好的启动性能和稳定的运行性能，并且易于调速，如图 3.5（a）所示。

（2）并励直流电动机。这种电动机的激磁绕组与电枢绕组并联，共同用一个直流电源。这种直流电动机运行稳定，如图 3.5（b）所示。

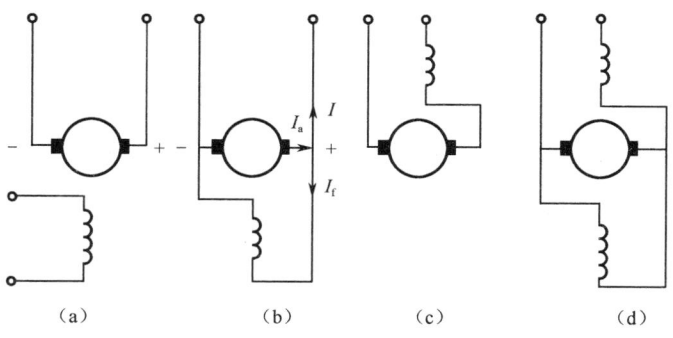

（a）   （b）   （c）   （d）

图 3.5 直流电动机励磁方式

（3）串励直流电动机。这种电动机的激磁绕组与电枢绕组串联，共同用一个直流电源。此种直流电动机具有较强的过载能力，其机械特性属于软特性，如图 3.5（c）所示。

（4）复励直流电动机。这种电动机的激磁绕组分为两组，其中一组与电枢绕组并联，另一组与电枢绕组串联；电枢绕组与激磁绕组共同用一个直流电源，如图 3.5（d）所示。

3.1.2　直流电机的额定值和主要系列

1．直流电机的额定值

电机制造厂在每台电动机的机座上都钉有一块铭牌，上面标出该电动机的主要技术数据，称为该电动机的额定值。下面介绍直流电动机的主要额定值。

（1）额定功率 P_N：指电动机在规定的额定状态下运行时的输出功率，单位为 kW。对发电机来说，额定功率是指发电机端点输出的电功率，其值等于额定电压与额定电流的乘积；对电动机来说，额定功率是指电动机轴上输出的机械功率，其值等于额定电压与额定电流的乘积再乘以额定效率。

（2）额定电压 U_N：指电机长期安全运行时所能承受的电压，单位为 V。

（3）额定电流 I_N：指电机在额定电压下，转轴有额定功率输出时的定子绕组电流，单位为 A。

（4）额定转速 n_N：指电机在额定电压和额定电流下，额定功率输出时的转子转速，单位为 r/min。

除上述额定值外，还有诸如额定效率 η_N、额定转矩 T_N、额定温升 τ_N 等一系列额定值，它们不一定标在铭牌上，但它们中某些数据可以根据铭牌数据推算出来。例如，电动机的额定输出转矩可按下式计算：

$$T_N = 9\,550\,\frac{P_N}{n_N} \tag{3-1}$$

额定值是经济合理地选择电机的依据，如果电机运行时，其各物理量（如电压、电流、转速等）均等于额定值，则称此时电机运行于额定状态。电机额定运行时，可以充分可靠地发挥电机的能力。如果电机运行时，其电枢电流超过额定值，称为超载或过载运行；反之，若小于额定电流运行，则称为轻载。超载将使电机过热，降低使用寿命，甚至损坏电动机；轻载则浪费电机功率，降低电机效率。

2．直流电动机的系列与型号

我国目前生产的直流电动机主要有以下系列。

（1）Z2 系列：是一般用途的中小型直流电动机。

（2）Z3、Z4 系列：是一般用途的中小型直流电动机的新产品。

（3）ZD2、ZF2 系列：是一般用途的中型直流电动机。

（4）ZZY 系列：是起重冶金用直流电动机。

电动机的型号是用来表示电动机的一些主要特点的，它由产品代号和规格代号等部分组成。例如，Z132L—TH 各符号表示的意义如图 3.6 所示。

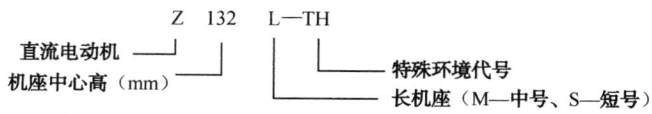

图 3.6 电动机型号示例

3.1.3 直流电机的基本工作原理

1. 直流电动机的基本工作原理

直流电动机的工作原理图，如图 3.7 所示。

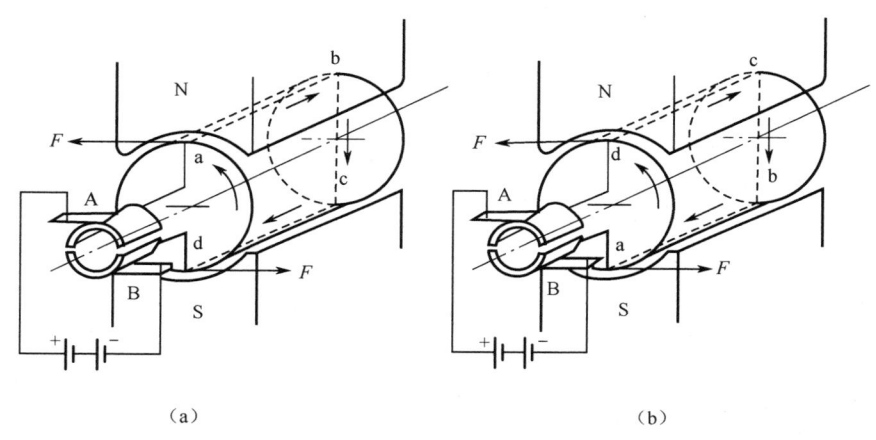

（a）　　　　　　　　　　　　　　（b）

图 3.7 直流电动机的工作原理

由图 3.7（a）可以看出：将直流电源正极加于电刷 A，电源负极加于电刷 B，则线圈 abcd 中流过电流，在导体 ab 中，电流由 a 流向 b，在导体 cd 中，电流由 c 流向 d。载流导体 ab 和 cd 均处于 N-S 极间的磁场当中，受到电磁力的作用，电磁力的方向用左手定则确定，可知这一对电磁力形成一个转矩，称为电磁转矩。转矩的方向为逆时针方向，使整个电枢逆时针方向旋转。当电枢旋转 180° 时，导体 cd 转到 N 极下，ab 转到 S 极下，如图 3.7（b）所示，由于电流仍从电刷 A 流入，使 cd 中的电流变为由 d 流向 c，而 ab 中的电流由 b 流向 a，从电刷 B 流出。用左手定则判别可知，电磁转矩的方向仍是逆时针方向。电磁转矩的大小可用下式表示：

$$T = K_T \Phi I_a \tag{3-2}$$

式中　T ——直流电机电磁转矩（N·m）；

　　　K_T ——与电机结构有关的常数；

　　　Φ ——一个磁极的磁通（Wb）；

　　　I_a ——电枢电流（A）。

由此可见，加于直流电动机的直流电源，借助换向器和电刷的作用，使直流电动机电枢线圈中流过电流，其方向是交变的。从而使电枢产生的电磁转矩的方向恒定不变，确保直流电动机朝确定的方向连续旋转。这就是直流电动机的基本工作原理。

2．直流发电机的基本工作原理

直流发电机的工作原理图，如图 3.8 所示。

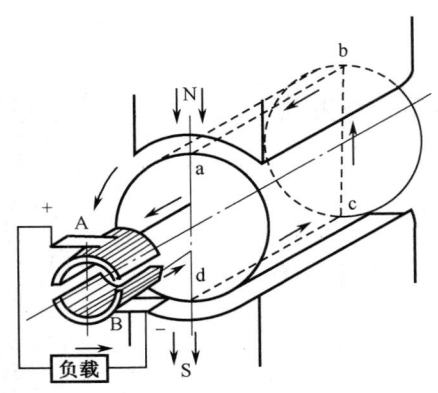

图 3.8　直流发电机的工作原理

直流发电机的模型与直流电动机相同，不同的是电刷上不加直流电压，而是用原动机拖动电枢朝某一方向（如朝逆时针方向）旋转。这时导体 ab 和 cd 分别切割 N 极和 S 极下的磁力线，产生感应电动势，电动势的方向用右手定则确定。图 3.8 所示的情况，导体 ab 中电动势的方向由 b 指向 a，导体 cd 中电动势的方向由 d 指向 c。所以电刷 A 为正极性，电刷 B 为负极性。电枢旋转 180° 时，导体 cd 转至 N 极下，感应电动势的方向由 c 指向 d，电刷 A 与 d 所连换向片接触，仍为正极性；同理电刷 B 仍为负极性。可见，直流发电机电枢线圈中的感应电动势的方向是交变的，而通过换向器和电刷的作用，在电刷 A、B 两端输出的电动势是方向不变的直流电动势。若在电刷 A、B 之间接上负载，发电机就能向负载供给直流电能。

直流电机电刷间的电动势常用下式表示：

$$E = K_{E}\Phi n \tag{3-3}$$

式中　E ——直流电机电刷间的电动势（V）；

　　　K_{E} ——与电机结构有关的常数；

　　　Φ ——一个磁极的磁通（Wb）；

　　　n ——电机转速（r/min）。

这就是直流发电机的基本工作原理。

3．可逆原理阐述

从以上分析可以看出：一台直流电机原则上既可以作为电动机运行，也可以作为发电机运行，取决于外界不同的条件。将直流电源加于电刷，输入电能，电机能将电能转换为机械能，拖动生产机械旋转，作电动机运行；如用原动机拖动直流电机的电枢旋转，输入机械能，电机能将机械能转换为直流电能，从电刷上引出直流电动势，作发电机运行。同一台电机，既能作电动机运行，又能作发电机运行的原理，称为直流电机的可逆原理。

另外，这里需要指出的是直流发电机和直流电动机两者的电磁转矩的作用是不相同的。发电机的电磁转矩是阻转矩，它与电枢转动的方向或原动机的驱动转矩的方向相反，因此在等速转动时，原动机的转矩 T_1 必须与发电机的电磁转矩 T 及空载转矩 T_0 相平衡，即：

$$T_1 = T + T_0 \qquad (3-4)$$

当发电机的负载（电枢电流）增加时，电磁转矩和输出功率也随之增加。这时原动机的驱动转矩和所供给的机械功率也必须相应增加，以保持转矩之间及功率之间的平衡，而转速基本不变。

电动机的电磁转矩是驱动转矩，它使电枢转动。因此，电动机的电磁转矩 T 必须与机械负载转矩 T_2 及空载损耗转矩 T_0 相平衡，即：

$$T = T_2 + T_0 \qquad (3-5)$$

当轴上的机械负载发生变化时，则电动机的转速、电动势、电流及电磁转矩将自动调整，以适应负载的变化，保持新的平衡。例如，当负载增加时，即阻转矩增加时，电动机的电磁转矩便暂时小于阻转矩，所以转速开始下降。随着转速的下降，当磁通 $\varPhi$ 不变时，电动势 E 必须减小，而电枢电流将增加，于是电磁转矩也随着增加。直到电磁转矩与阻转矩达到新的平衡后，转速不再下降，而电动机以较原来为低的转速稳定运行。这时的电枢电流已大于原先的，也就是说从电源输入的功率增加了（电源电压保持不变）。

3.1.4 直流电动机的运行特性

1. 并励直流电动机基本方程式

（1）电压、电流关系式

根据图 3.9 所示，用基尔霍夫电压定律，可以列出电压平衡方程式：

$$U = I_a R_a + E_a \qquad (3-6)$$

$$I_a = \frac{U - E_a}{R_a} \qquad (3-7)$$

$$I = I_a + I_f \qquad (3-8)$$

$$I_f = \frac{U}{R_f} \qquad (3-9)$$

式中　　R_a——电枢绕组；

　　　　R_f——励磁电路总电阻（包括励磁绕组的电阻和励磁调节电阻 r_f）。

（2）转矩平衡方程式

稳态运行时，作用在电动机轴上的转矩有 3 个：第一个是电磁转矩 T，方向与转速 n 相同，为拖动转矩；第二个是电动机空载损耗转矩 T_0，是电动机空载运行时的阻转矩，方向总与转速 n 相反，为制动转矩；第三个是轴上所带生产机械的转矩 T_2，即电动机轴上的输出转矩，一般也为制动转矩。稳态运行时的转矩平衡关系为拖动转矩等于总的制动转矩，即：

$$T = T_2 + T_0 \qquad (3-10)$$

（3）功率平衡方程式

并励直流电动机功率流程图如图 3.10 所示。

将　　　　　　　　　　　　　$U = E_a + I_a R_a$

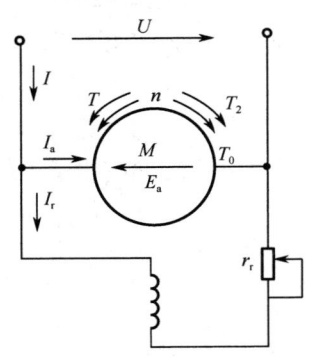

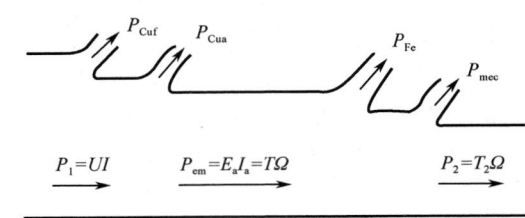

图 3.9　并励直流电动机　　　　　图 3.10　并励直流电动机功率流程图

两边乘以 I_a，得：$\qquad\qquad\qquad\qquad UI_a = E_a I_a + I_a^2 R_a$

可以写成：$\qquad\qquad\qquad\qquad\qquad P_1 = P_{em} + P_{Cua}$ $\hfill$（3-11）

式中　$P_1 = UI_a$——电动机从电源输入的电功率；

$\qquad P_{em} = E_a I_a$——电磁功率；

$\qquad P_{Cua} = I_a^2 R_a$——电枢回路的铜损耗。

电磁功率：$\qquad\qquad\qquad\qquad P_{em} = E_a I_a = T\Omega$ ，

又因为 $\qquad\qquad\qquad\qquad\qquad T\Omega = T_2\Omega + T_0\Omega$

则 $\qquad\qquad\qquad\qquad\qquad P_{em} = P_2 + P_0 = P_2 + P_{mec} + P_{Fe}$ $\hfill$（3-12）

式中　$P_{em} = T\Omega$——电磁功率；

$\qquad P_2 = T_2\Omega$——轴上输出的机械功率；

$\qquad P_0 = T_0\Omega$——空载损耗，包括机械损耗 P_{mec} 和铁损耗 P_{Fe}。

并励直流电动机的功率平衡方程式：

$$P_1 = P_2 + P_{Cuf} + P_{Cua} + P_{Fe} + P_{mec} \qquad （3-13）$$

式中　P_{Cuf}——励磁铜耗。

2．并励直流电动机的工作特性

（1）转速特性 $n = f(I_a)$

当 $U = U_N$、$I = I_{fN}$ 时，转速 n 与电枢电流 I_a 之间的关系 $n = f(I_a)$，称为转速特性。

将电动势公式 $E = K_E \Phi n$ 代入电压平衡方程式 $U = E_a + I_a R_a$，可得转速特性公式：

$$n = \frac{U_N - I_a R_a}{K_E \Phi} \qquad （3-14）$$

可见，如果忽略电枢反应的影响，$\Phi = \Phi_N$ 保持不变，则 I_a 增加时，转速 n 下降，但因 R_a 一般很小，所以转速 n 下降不多，为一条稍稍向下倾斜的直线，如图 3.11 中的曲线 1 所示。如果考虑负载较重，I_a 较大时电枢反应去磁作用的影响，则随着 I_a 的增大，Φ 减小，因而使转速特性出现上翘现象，如图 3.11 中的虚线所示。

（2）转矩特性 $T = f(I_a)$

当 $U = U_N$、$I = I_{fN}$ 时，电磁转矩 T 与电枢电流 I_a 之间的关系 $T = f(I_a)$，称为转矩特性。由 $T = K_T \Phi I_a$ 可知，不考虑电枢反应影响时，$\Phi = \Phi_N$ 不变，T 与 I_a 成正比，转矩特性为过原

点的直线，如果考虑电枢反应的去磁作用，则当 I_a 增大时，转矩特性略为向下弯曲，如图 3.11 中的曲线 2 所示。

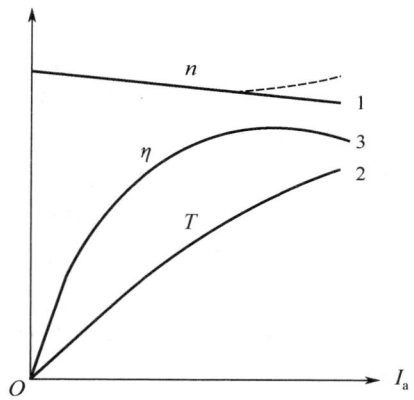

图 3.11 并励直流电动机工作特性

（3）效率特性 $\eta = f(I_a)$

当 $U = U_N$、$I = I_a$ 时，效率 η 与电枢电流 I_a 的关系 $\eta = f(I_a)$，称为效率特性。

并励直流电动机的效率为：

$$\eta = \frac{P_2}{P_1} \times 100\% = \left(1 - \frac{\sum P}{P_1}\right) \times 100\% = \left(1 - \frac{P_{Fe} + P_{mec} + P_{Cuf} + P_{Cua}}{U(I_a + I_f)}\right) \times 100\% \qquad (3\text{-}15)$$

当电枢电流 I_a 开始由零增大时，可变损耗增加缓慢，总损耗变化小，效率 η 明显上升；当忽略式（3-15）中的 I_f（因为 $I_a \gg I_f$）时，可以由 $\dfrac{\mathrm{d}\eta}{\mathrm{d}I_a} = 0$ 求得当 I_a 为电动机的不变损耗等于可变损耗，即 $P_{Fe} + P_{mec} + P_{Cuf} = I_a^2 R_a$ 时，电动机的效率达到最高；I_a 再进一步增大时，可变损耗在总损耗中所占的比例大了。可变损耗和总损耗都将明显上升，使效率 η 反而略为下降。并励直流电动机的效率特性如图 3.11 中的曲线 3 所示。一般电动机在负载为额定值的 75% 左右时效率最高。

3.1.5 直流发电机的运行特性

1. 他励直流发电机基本方程式

（1）电动势平衡方程式

他励直流发电机的电路如图 3.12 所示，根据电枢回路各量正方向，用基尔霍夫电压定律，可以列出电动势平衡方程式：

$$E_a = U + I_a R_a \qquad (3\text{-}16)$$

（2）转矩平衡方程式

直流发电机以转速 n 稳态运行时，作用在电机轴上的转矩有 3 个：第一个是原动机的拖动转矩 T_1，方向与转速 n 相同；第二个是电磁转矩 T，方向与转速 n 相反；第三个由电机的机械损耗及铁损耗引起的空载损耗转矩 T_0，与 T 一样都是制动性质的转矩。因此稳态运行时的转矩平衡方程式为：

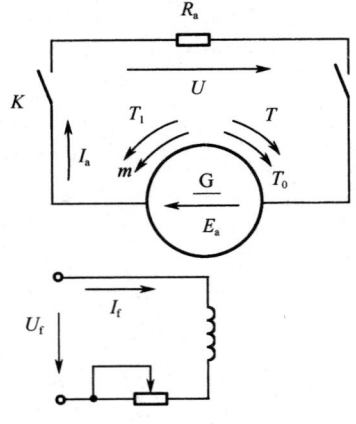

图 3.12　他励直流发电机

$$T_1=T+T_0 \tag{3-17}$$

（3）功率平衡方程式

$T_1=T+T_0$ 乘以电枢机械角速度 Ω，得：

$$T_1\Omega=T\Omega+T_0\Omega$$

可以写成：$P_1=P_{em}+P_0$

式中　P_1——原动机输给发电机的机械功率，即输入功率；

　　　P_{em}——发电机的电磁功率；

　　　P_0——发电机的空载损耗功率。

电磁功率：　　　　　　$P_{em}=E_aI_a \tag{3-18}$

直流发电机的空载损耗包括机械损耗 P_{mec} 和铁损耗 P_{Fe} 两部分，即：

将 $U=E_a-I_aR_a$ 两边同乘电枢电流 I_a，得：

$$E_aI_a = UI_a + I_a^2R_a$$

即

$$P_{em}=P_2+P_{Cua}$$

综合以上功率关系，可得功率平衡方程式：

$$P_1=P_{em}+P_0=P_2+P_{Cua}+P_{mec}+P_{Fe} \tag{3-19}$$

为清楚地表示直流发电机的功率关系可用图 3.13 所示的功率流程图。

2．他励直流发电机的运行特性

（1）空载特性

当 $n=n_N$、$I_a=0$ 时，端电压 U_0 与励磁电流 I_f 之间的关系 $U_0=f(I_f)$，称为空载特性。试验电路如图 3.14 所示，开关 K 将负载与发电机断开。空载特性与空载磁化特性相似，都是一条饱和曲线，I_f 较小时，铁芯不饱和，特性近似为直线，如图 3.15 中的曲线 2 所示；I_f 较大时，铁芯随 I_f 的增大而逐步饱和，空载特性出现饱和段，如图 3.15 中的曲线 1 所示。电机的额定电压处于空载特性曲线开始弯曲的线段上，即图 3.15 的 A 点。

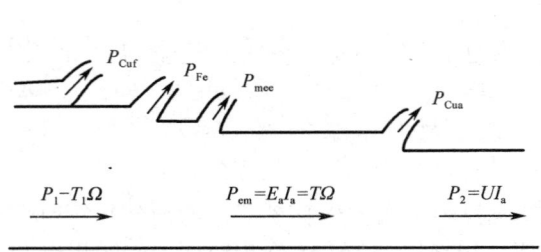

图 3.13　他励直流发电机的功率流程图

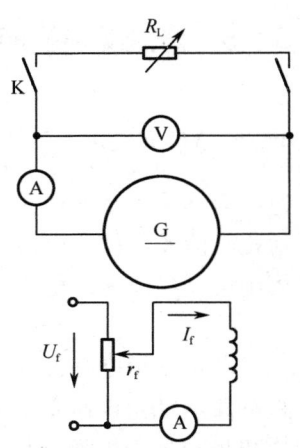

图 3.14　他励直流发电机试验线路

并励和复励直流发电机的空载特性也用他励方式测取，故特性形状也与图 3.15 相似。

（2）外特性

当 $n=n_N$、$I_f=I_{fN}$ 时，端电压 U 与负载电流 I 之间的关系 $U=f(I)$，称为外特性。如图 3.16 所示，他励直流发电机的外特性是一条稍向下倾斜的曲线。

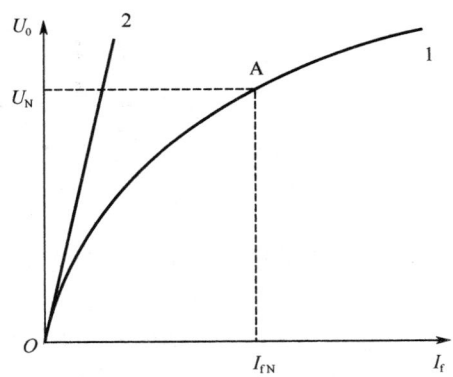

图 3.15　他励直流发电机的空载特性

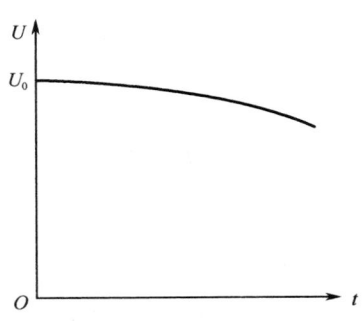

图 3.16　他励直流发电机的外特性

随着负载电流 I 增大，端电压下降原因有两个：一个原因是当 $I=I_a$ 增大时，电枢回路电阻上压降 I_aR_a 增大，引起端电压下降；另一个原因是 $I=I_a$ 增大时，电枢磁动势增大，电枢反应的去磁作用使每极 Φ 减小，E 减小，从而引起端电压 U 下降。

3.1.6　直流电动机的启动、反转和调速

1. 直流电动机的启动

电动机接通电源，由静止状态开始加速到某一稳定转速的过程称为启动过程。启动时间虽然很短，但如不能采取正确的启动方法，电动机就不能正常安全地投入运行。为此，应对直流电动机的启动过程和方法进行必要的分析。

他励直流电动机的启动一般有下列要求。

（1）启动过程中启动转矩 T_{st} 足够大，使 $T_{st}>T_L$（负载转矩），电动机的加速度 $dn/dt>0$，保证电动机能够启动，且启动过程时间较短，以提高生产效率。

（2）启动电流 I_{st} 不能太大，否则会使换相困难，产生强烈火花，损坏电机，还会产生转矩冲击，影响传动机构等。

（3）启动设备与控制装置简单、可靠、经济、操作方便。

由直流电动机的转矩公式 $T=K_T\Phi I_a$ 可知，启动转矩 $T_{st}=K_T\Phi I_{st}$（I_{st} 为启动电流），为使 T_{st} 较大而 I_{st} 又不能太大，首先要加足励磁，即调节励磁电阻使励磁电流 $I_f=I_{fN}$（额定励磁电流），磁通 $\Phi=\Phi_N$（电机额定运行时的磁通）或者将励磁回路的调节电阻调节到最小，使磁通最大，再将电枢回路接通电源，通以电枢电流，产生启动转矩，进行启动。

如果将额定电压直接加至电枢两端进行启动，称为直接启动。由于启动初始时刻，电动机因机械特性还未来得及转起来，转速 $n=0$，电枢电动势 $E=K_E\Phi n=0$，忽略电枢回路电感

的作用时，可得启动电流的起始值 $I_{st}=(U_N-E_a)/R_a=U_N/R_a$（式中：$U_N$ 为电动机的端电压；R_a 为电枢回路电阻）。一般他励直流电动机的 R_a 较小，所以启动电流可达额定电流的 10～30 倍，远远超出一般电动机规定值。但在小功率例如家用电器采用的某些直流电动机，相对来说，R_a 较大，I_{st} 的倍数较小，加上电机惯性小，启动快，可以直接启动，一般工业用他励直流电动机不允许直接启动。

由 $I_{st}=U_N/R_a$ 可以看出，为限制他励直流电动机的启动电流，可以采用两种启动方法：一是电枢回路串接电阻，使分母加大；二是降低电源电压，使分子减小。电枢回路串电阻启动，能量消耗较大，经济性较差，常用于容量不大，对启动调速性能要求不高的场合。

2．直流电动机的反转

录音机和录像机中的电动机，必须既能正转，也能反转。电动机实现正、反转是很容易的。由前面介绍的知识可知，改变电枢绕组电流方向，或者改变定子磁场方向，都可以改变电动机的转向。但对于永磁式直流电动机来说，则只能通过改变电流方向实现改变电动机旋转方向的目的。下面具体介绍并励直流电动机正、反转控制电路的工作原理，如图 3.17 所示。RP_1 和 RP_2 都是可调电阻，改变 RP_1 的电阻值，可以改变激磁绕组电流，起到调节磁场强弱的目的；而改变 RP_2 阻值，可以改变电动机的转速。图中的双刀双掷开关 S 是用来改变电动机旋转方向用的控制开关。

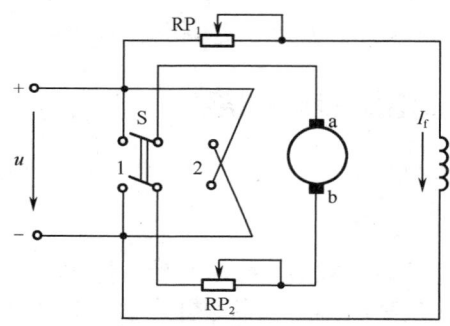

图 3.17　并激直流电动机正、反转电路

当将开关 S 拨向"1"位时，电流从 a 电刷流入从 b 电刷流出。当将开关 S 拨向"2"位时，电流从 b 电刷流入从 a 电刷流出。由此可见，只要改变 S 的状态，就能改变电枢绕组电流方向，从而实现电动机转向改变的目的。

3．直流电动机的调速

许多生产机械，家用电器，其工作机构的转速要求能够用人为的方法进行调节，以满足生产工艺过程的需要。电力拖动系统通常采用两种调速方法，一种是电动机的转速不变，通过改变机械传动机构（如齿轮、皮带轮等）的速比实现调速，这种方法称为机械调速，其特点是传动机构比较复杂，调速时一般需要停机，且多为有级调速；另一种是通过改变电动机的参数调节电动机的转速，从而调节生产机械转速的方法，称为电气调节。其特点是传动机构比较简单，调速时不用停机，可以实现无级调速，其易于实现电气控制自动化。也有一些负载机械将机械调速和电气调速配合使用。本任务只讨论电气调速。

电气调速是指在负载转矩不变的条件下，通过人为的方法改变电动机的有关参数，从而调节电动机和整个拖动系统的转速。他励直流电动机的调速方法有三种：电枢回路串联电阻调速；降压调速；弱磁调速。

　　（1）电枢回路串联电阻调速

　　保持电源 $U=U_N$，励磁磁通 $\Phi=\Phi_N$，电枢回路串入适当大小的电阻 R_{sa1}，如图 3.18（a）所示，从而调节转速。图 3.18（b）是电枢回路串联电阻调速时的机械特性。设电动机带负载转矩 T_L 运行于固有机械特性上，工作点为 A，转速为 n；电枢回路串入电阻 R_{sa1} 时，特性曲线斜率增大工作点移至 B，转速为 n_1；加大所串电阻为 R_{sa2} 时，人为特性斜率进一步增大，工作点移至 C，转速降为 n_2。

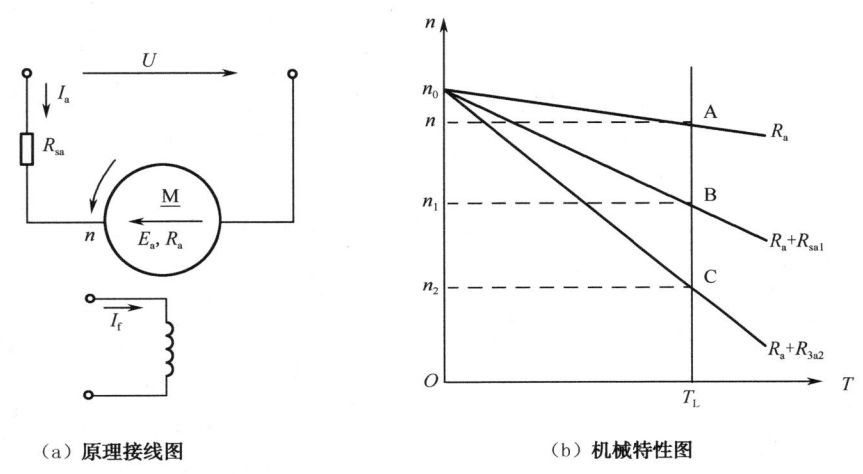

（a）原理接线图　　　　　　　（b）机械特性图

图 3.18　电枢回路串电阻调速

　　电枢回路串联电阻调速只能使转速由额定值往下调，且转速降低时，特性变软，即转速稳定性变差，转速降 Δn 增大，静差率明显增大。调速电阻 R_{sa} 中流过的电流 I_a 较大，电阻不易实现连续调节，只能分段有级变化，所以调速平滑性差。

　　电枢回路串联电阻其设备比较简单，初投资不大；但运行过程中 R_{sa} 上损耗较大，转速越低，电阻越大，损耗越大。为此，这种调速方法一般只使用于容量不大，低速运行时间不长，对于调速性要求不高的场合。

　　（2）降低电源电压调速

　　保持 $\Phi=\Phi_N$ 和 $R_{sa}=0$，降低电源电压 U，从而调节电动机的转速。

　　降低电源电压时的机械特性曲线如图 3.19 所示。设电动机带负载转矩 T_L 工作于固有机械特性上的 A 点，转速为 n；降低电源电压为 U_1 时，特性曲线平行下移，工作点移至 B，转速降为 n_1；电压再降为 U_2 时，工作点移至 C，转速降为 n_2。电压越低转速越慢。

　　显然，如果升高电源电压，机械特性平行上移，转速

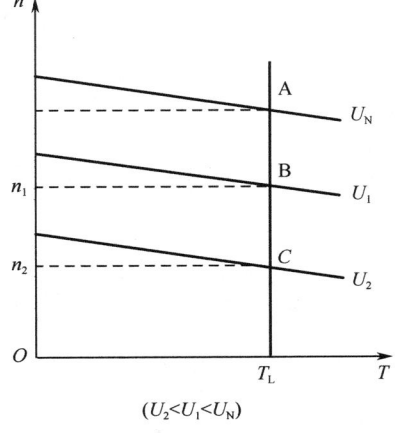

$(U_2<U_1<U_N)$

图 3.19　降低电源电压调速

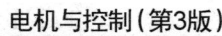
可以上调。但是由于一般电动机的绝缘水平是按额定电压设计的，使用时电源电压不宜超过额定值，因此降压调速一般只适用于自额定转速向下调。

降低电源电压调速需要专用的电压可调的直流电源。过去通常采用直流发电机–直流电动机组，这种系统电机多，重量重，价格贵，占地面积大，噪声大，效率低，维护也比较复杂。随着电力电子技术的发展，现在逐步改用晶闸管可控整流装置作为可调直流电源，与直流电动机组成晶闸管–直流电动机系统。与直流发电机–直流电动机组相比，晶闸管–直流电动机系统的体积小，占地面积少，重量轻，噪声小，效率高，维护也比较简单。今后将逐步取代直流发电机—直流电动机组。

降压调速虽然也只能使转速由额定转速向下调，但由于降压时机械特性是平行下移，硬度不变，即转速降Δn不变，只是因为n_0变小，静差率略有增大。在静差率要求一定的条件下，调速范围比用电枢回路串联电阻调速时要大得多。

降压调速，电压可以连续调节，实现平滑调速。其主要缺点是需要专用的可调直流电源，价格较贵，初投资大，适用于对调速性能要求较高的中、大容量拖动系统。

（3）弱磁调速

保持$U=U_N$和$R_{sa}=0$，调节电动机的励磁电流I_f，使之减小，也即减弱磁通，从而调节电动机的转速，称为弱磁调速。

由于额定励磁（$\Phi=\Phi_N$）情况下，电动机磁路已工作在饱和状态。如果要在此基础上增加磁通，即使大幅度增加励磁电流I_f效果也不明显，所以一般只是减小I_f，使Φ由Φ_N向下调。

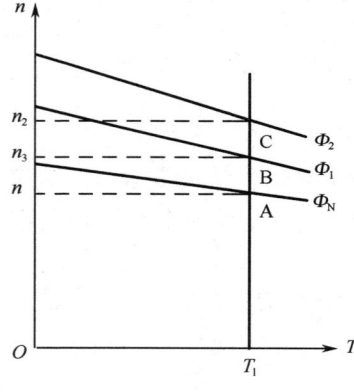

图3.20　弱磁调速（$\Phi_2<\Phi_1<\Phi_N$）

弱磁调速时的机械特性如图3.20所示。设原带负载转矩T_L工作于A点，转速为n；磁通Φ减弱时，理想空载转速上升，特性的斜率增大；当Φ减小至Φ_1时，特性上升，工作点移至B，转速升至n_3；磁通减至Φ_2时，特性又上升，工作点移至C，转速升至n_2。

弱磁调速只能将转速向上调，转速的上限又受换向的限制，因而调速范围不大。弱磁调速时，n_0增大，Δn也有所增加，静差率基本保持不变，转速稳定性好；励磁电流便于连续调节，可平滑调速；控制设备容量小，初投资少，消耗小，效率高，维护方便，经济性好；主要缺点是只能自额定转速向上调。适用于向上调速的恒功率调速系统，通常与降压调速配合使用，以扩大总的调速范围。

3.1.7　直流电动机的制动

广义的制动是电磁转矩T与转速n方向相反的一种运行状态。

常用的电气制动的方法有三种：能耗制动、反接制动和回馈制动。

1. 能耗制动

能耗制动是指将机械轴上的动能或势能转换而来的电能通过电枢回路的外串电阻发热消耗掉的一种制动方式。

图 3.21 给出了制动前后电机作电动机运行时和能耗制动时的接线图。由图看出制动前 K_{1-1}、K_{1-2} 闭合电动机接通电源做电动运行，制动时 K_{1-1}、K_{1-2} 断开，K_{1-3} 闭合，电枢回路断开电源，外串电阻。同时参看图中各物理量的实际方向，由图可见制动前后电机转速方向、励磁电流方向均保持不变，而电枢电流方向发生了变化，从而使电磁转矩的方向发生了变化，进而看到制动时电机的转向和电磁转矩的方向相反电机做能耗制动。

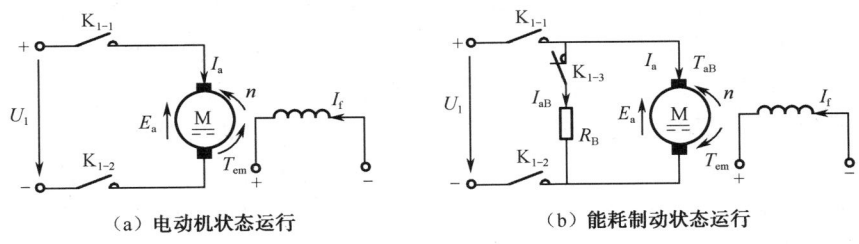

（a）电动机状态运行　　　　　　（b）能耗制动状态运行

图 3.21　他励直流电机能耗制动前后的接线图

2．反接制动

反接制动是指外加电枢电压反向或电枢电势在外部条件作用下反向的一种制动方式。

（1）电枢反接的反接制动

对于反抗性类负载，把外加电源反接，同时在电枢回路中串入限流的反接制动电阻，便可实现反接制动。图 3.22 给出了反接制动时的电气接线图以及各物理量的实际方向。

（2）转速反向的反接制动

图 3.23 是他励直流电机带位能性负载反接制动时的电路图。

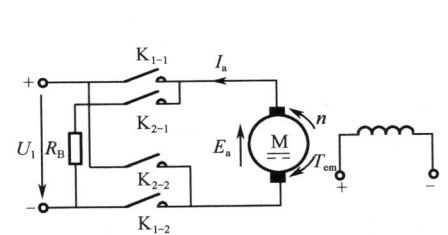 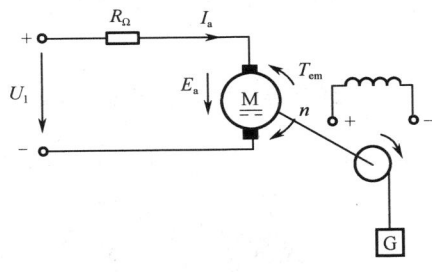

图 3.22　他励直流电机反接制动时的接线图　　图 3.23　直流电机带位能性负载反接制动时的电路图

3．回馈制动

回馈制动是电机的实际转速超过理想空载转速的运行状态。在这种运行状态下，电机处于发电制动状态，故回馈制动又称为再生制动。

回馈制动时电机的接线同电动机运行状态完全相同，其机械特性的表达式也完全相同。所不同的是：电机的实际转速超过理想空载转速，导致外加电压低于感应反电势，电枢电流小于零。

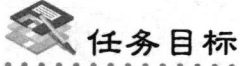 知识应用

任务3.2 直流电机的应用——汽车直流启动机

汽车发动机没有自启动能力，需要由外力带动曲轴旋转才能进入工作状态。常用的汽车发动机启动方式有人力启动、电力启动等。人力（手摇）启动结构简单，但不安全，目前仅作为后备方式而保留；电力启动是利用蓄电池的电能使启动机带动曲轴旋转，这种启动方法结构简单、操作方便、启动迅速、成本低、可靠性好等优点，而广泛应用于汽车发动机的启动。由于汽车发动机采用电力启动，因此汽车上要有可靠充足的电源。发电机是汽车电器系统的主要电源，由汽车发动机驱动。正常工作时，对除启动机以外的所有用电设备供电，并向蓄电池充电以补充蓄电池在使用中所消耗的电能。

汽车直流启动机由直流串激式电动机、传动机构和控制装置三部分组成。直流串激式电动机在直流电作用下产生电磁力矩，通过传动装置和控制装置驱动发动机。

任务目标

1．了解汽车启动机的结构与工作特性。
2．掌握汽车启动机的参数选择。
3．掌握汽车启动机的基本控制方法。

3.2.1 汽车直流串激式电动机的结构及参数

1．汽车直流串激式电动机的结构

直流串激式电动机主要由机壳、磁极、电枢、换向器及电刷等组成，如图3.24所示。

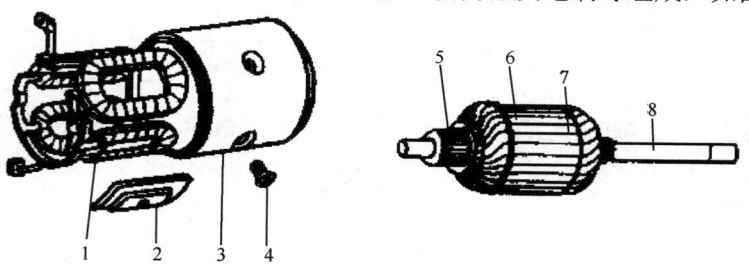

1—磁场绕组；2—磁极铁芯；3—启动机外壳；4—磁极固定螺钉；5—换向器；6—转子铁芯；7—电枢绕组；8—电枢轴

图3.24 直流电动机的结构

（1）磁极

磁极的数目一般为4个（两对），功率超过7.5kW的启动机有用6个（三对）的。磁场绕组用矩形截面的裸铜条绕制。4个磁场绕组的连接方法有两种，如图3.25所示。一种是4个相互串联如图3.25（a）所示，另一种是两串两并，即先将两个串联后再并联如图3.25（b）

所示。不论采用哪一种连接方式，4 个磁场绕组产生的极性是相互交错的。

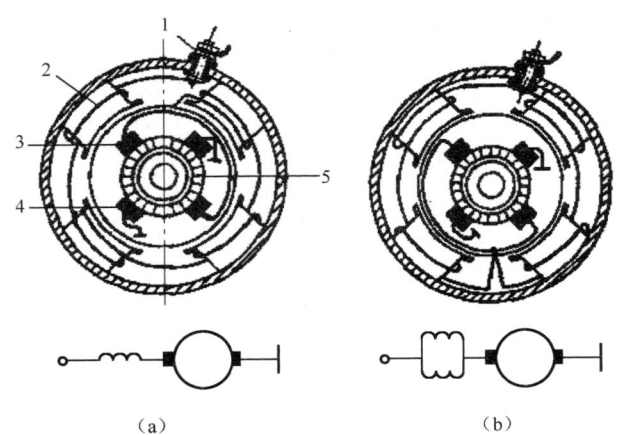

（a）　　　　　　　　　　　　　　（b）

1—绝缘接线柱；2—磁场绕组；3—绝缘电刷；4—搭铁电刷；5—换向器

图 3.25　磁场绕组的连接方法

（2）电枢和换向器

电枢由电枢轴、电枢铁芯、电枢绕组和换向器组成。换向器和铁芯都压装在电枢轴上，电枢绕组则嵌装在铁芯内。电枢轴的一端制有螺旋花键与传动机构连接。电枢轴两端支承在壳体内。铁芯由许多相互绝缘的硅钢片叠装而成，其圆周表面上有槽，用来安放电枢绕组。因流经电枢绕组的电流很大（一般为 200～600A），故电枢绕组采用较粗的矩形裸铜线绕制。为了防止裸铜线绕组间短路，在铜线与铜线、铜线与铁芯之间均用绝缘性能较好的绝缘纸隔开。电枢绕组各线圈的端头均焊在换向器上，换向器由铜片和云母片相间叠压而成。换向器的作用是把通入电刷的直流电流转变为电枢绕组中导体所需要的交变电流。

2．工作特性

为了讨论车用启动机是否能满足负载变化的需要，必须研究启动机的转矩特性、转速特性和功率特性。

（1）转矩特性

直流电动机电磁转矩 T 随电枢电流 I_s 变化的关系 $T=f(I_s)$，称为转矩特性，又称启动特性。串激式直流电动机的电枢绕组与磁场绕组串联，如图 3.26 所示。则电枢电流 I_s、磁场电流 I_c 和负载电流 I_f 的关系为：

$$I_s = I_c = I_f \tag{3-20}$$

因电机的磁极磁通 $\varPhi$ 随电枢电流 I_s 变化，在磁路未饱和时，直流电动机电磁转矩与电枢电流 I_s 的平方成正比；在磁路饱和后，磁通 $\varPhi$ 与电枢电流 I_s 无关，直流电动机电磁转矩与电枢电流 I_s 成正比。因汽车启动机在启动瞬间和发动机低速运转所需牵引转矩较大，串激式直流电动机的转矩特性正好满足这一要求。

（2）转速特性

电动机的转速 n 和电磁转矩 T 的函数关系 $n = f(T)$，称为转速特性，又称机械特性。

对电动机的电枢回路可写出其电压平衡方程式：

$$E_x - E = I_s(R_s + R_c + R_d + R_I) + \Delta U_{ds} = I_s \sum R + \Delta U_{ds} \qquad (3\text{-}21)$$

式中　E_x——蓄电池电动势；

　　　E——电动机电枢反电势；

　　　R_s——电枢电阻；

　　　R_c——磁场绕组电阻；

　　　R_d——连接导线电阻；

　　　R_I——蓄电池电阻；

　　　ΔU_{ds}——电刷接触电阻的压降。

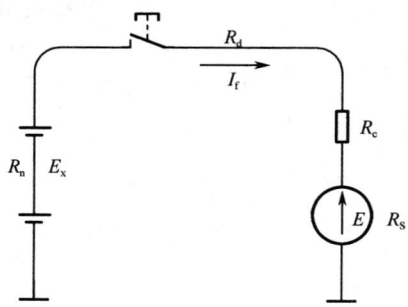

图 3.26　串激式直流电动机电路

$$E = K_E \Phi n \qquad (3\text{-}22)$$

将（3-21）代入（3-22）得：

$$n = \frac{E_x - I_s \sum R - \Delta U_{ds}}{K_E \Phi} \qquad (3\text{-}23)$$

在磁路未饱和时，电枢电流增加，磁极磁通 Φ 也将增加，电机转速将急剧下降。磁路饱和之后，I_s 增加时，Φ 基本不变，电机转速将直线下降。汽车发动机启动的瞬间，启动机轴几乎被锁死，此时电枢电流和电磁力矩均达到最大值使启动安全可靠。

（3）功率特性

电动机的输出功率 P 与电枢电流 I_s 的函数关系 $P = f(I_s)$，称为功率特性。

输出功率：$P = P_d \eta$

式中　η——电动机的机械效率；

　　　P_d——电磁功率，且：

$$P_d = EI_s \qquad (3\text{-}24)$$

因电机转速为零时，对应 $I_s = I_{max}$，反电势也为零，使功率 $P_d = 0$；当电枢电流 $I_s = 0$ 时，$P_d = 0$。还可以证明，当 $I_s = \frac{1}{2}I_{max}$ 时，启动功率达到极大值。因为启动机工作时间极短，所以通常将启动机的最大功率作为它的额定功率。

3.2.2　汽车启动机的参数选择

在选择启动机时，必须确定的基本参数有启动机的功率、启动机与发动机曲轴的传动比。

1. 启动机功率的选择

为了使发动机能够迅速、可靠地启动，启动机必须具有足够的功率，即：

$$P \geq M_Q n_Q / 9550 (kW) \qquad (3-25)$$

式中 M_Q——发动机的启动阻力矩（N·m）；

n_Q——发动机的最低启动转速（r/min）。

发动机的最低启动转速是指保证发动机可靠启动的曲轴最低转速，不同类型发动机的最低启动转速如表 3.1 所示。

表 3.1 发动机的最低启动转速

类　　型	汽油机	柴油机	
	蓄电池点火	直喷式燃烧室	分隔式燃烧室
最低启动转速（r/min）	50～70	100～150	100～250

发动机的启动阻力矩是指在最低启动转速时的发动机阻力矩，不同类型发动机的阻力矩应由试验方法决定。

试验证明，发动机所必需的功率如下。

汽油机：$P = (0.18 \sim 0.22) V_h$（kW）。 　　　　　　　　　　　　（3-26）

柴油机：$P = (0.74 \sim 1.1) V_h$（kW）。 　　　　　　　　　　　　（3-27）

功率超过 10kW 的柴油机，启动机功率可按（0.37～0.44）V_h 选择。

V_h 为发动机排量，单位为升（L）。

2. 发动机的传动比的选择

所谓最佳传动比，是指启动机工作在最大功率时，对应的启动机转速 n_Q 与发动机能可靠启动的曲轴转速 n_F 之比，即：

$$i = \frac{n_Q}{n_F} = \frac{z_F}{z_Q} \qquad (3-28)$$

式中 z_F——飞轮齿圈齿数；

z_Q——启动机驱动齿轮齿数。

启动机驱动齿轮齿数 z_Q 受根切的限制，通常为 9～13（个别情况 5～7）个。实际传动比略小于最佳传动比，在汽油机中启动机与曲轴的传动比一般为 13～17；而柴油机的传动比为 8～10。

3.2.3 电磁啮合式启动机

由电磁开关控制启动机电路的通断及驱动齿轮的啮入与退出的启动机，称为电磁啮合式启动机。其特点是结构简单、操作方便。在现代汽车上应用最为广泛。

电磁啮合式启动机的基本组成部分：有串激式直流电动机（一般为四极式）、电磁开关、驱动齿轮和单向离合器。图 3.27 给出了一个基本控制电路的示意图。电磁开关的动作由两个线圈控制。线圈 11 为吸引线圈，它与电枢绕组串联，而且当电磁开关闭合后即被短路，可见其作用只是提供活动铁芯与固定铁芯分离时所需的较大电磁力。吸引线圈被接触盘短路后，为保持活动铁芯 13 处于启动位置，则由保持线圈 12 提供电磁力。启动机的工作过程可分析如下。

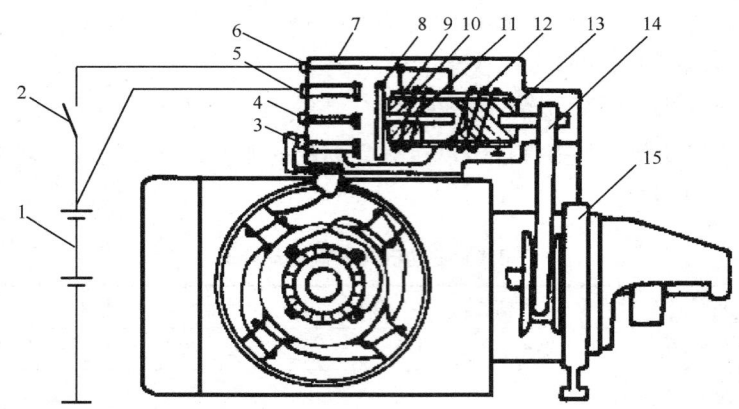

1—蓄电池；2—启动开关；3—电磁开关启动机接线柱；4—至点火开关接线柱；5—蓄电池接线柱；

6—启动开关接线柱；7—电磁开关；8—电磁开关接触片；9—套筒；10—固定铁芯；11—吸引线圈；

12—保持线圈；13—活动铁芯；14—传动叉；15—启动机

图 3.27   电磁啮合式启动机基本电路

启动前，驱动齿轮与飞轮脱开，传动叉与活动铁芯均处在准备状态。启动开关 2 接通时，与电机并联的保持线圈 12 获得工作电流，吸引线圈 11 通过电枢绕组到"搭铁"，也获得工作电流。从线圈的绕向可知，它们产生相同的磁场。使活动铁芯 13 克服弹簧张力向左运动，电磁开关接触片 8 通过其推杆在活动铁芯作用下也向左移。活动铁芯还带动传动叉 14 将驱动齿轮推出，在驱动齿轮与飞轮完全啮合时，接触片 8 将接线柱 3、5 接通，接通启动机的主电路，使启动机以正常转速启动发动机。同时，接触片也将吸引线圈短路，靠线圈 12 的电磁力使活动铁芯处于吸合位置。发动机启动后，曲轴转速提高，飞轮带动驱动齿轮高速旋转，单向离合器使驱动齿轮与电枢轴脱开，防止电机超速。

还需指出的是，启动开关接通时，吸引线圈的电流通过电机的磁场绕组和电枢绕组时，在有些启动机设计中，有意使电枢作缓慢转动，让驱动齿轮在旋转中外移，使之与飞轮的啮合柔和而没有冲击。

电磁开关的复位条件是启动开关 2 松开切断接线柱 6 的电源。这时电源正极经接触片 8 到达吸引线圈下端→吸引线圈上端→保持线圈下端→保持线圈下端搭铁。两线圈电流产生的铁芯磁通方向相反，使铁芯迅速退磁，活动铁芯在弹簧作用下复位，启动机主电路被切断，驱动齿轮退出啮合，启动机停止工作。

3.2.4   其他形式的启动机

1. 电枢移动式启动机

电枢移动式启动机可以传递较大的转矩，因而被大功率柴油机采用，它是利用磁极磁通的吸力,使整个电枢轴向移动来实现启动机驱动齿轮与发动机飞轮齿圈的啮合过程,脱开啮合由弹簧的拉力实现。

发动机启动后,飞轮带动驱动齿轮高速旋转时,摩擦片式单向离合器将松脱打滑,防止电机超速。此时,因电枢与驱动齿轮脱开,使电机空载运行,电枢转速因卸载而加速,使电枢绕组的反电势增大,电枢电流和主磁场绕组电流同时减少,磁场被大大削弱,当磁极对电枢的吸力小于回位弹簧的向右拉力时,驱动齿轮将随电枢右移,与飞轮齿圈脱开,扣爪又回到锁止位置,为下次启动作准备。

2.减速启动机

在电机轴与驱动齿轮之间装有减速器的启动机,称为减速启动机。出现减速启动机的理由是为了解决直流电动机转速高与汽车发动机要求启动机转矩大的矛盾,增加一套减速器,直流电动机的允许转速可达到 2 000r/min。这样,电动机的体积和重量可以减小,特别是高转速低扭矩的直流电动机,其工作电流较小,可大大减轻蓄电池的负担,延长蓄电池的使用寿命。常用减速启动机的减速器转速比约为 4:1。在国外汽车上减速电动机的应用较普遍。

3.永磁启动机

由永磁材料作直流电机的磁极,以取代原有的磁极绕组和磁极铁芯的启动机成为永磁启动机。

由于取消了磁场绕组和磁极铁芯,启动机的体积和质量大大减小,机械特性和换向性能得到改善,使换向火花造成的高频干扰减小,启动机的工作可靠性提高。但永磁材料随着使用时间的加长,其去磁作用越严重,这样就使启动机功率随使用期的延长而下降,所以目前仅限于小功率启动机应用。

 任务实施

任务 3.3 汽车蓄电池电压、启动机电流测量

 任务目标

1. 掌握蓄电池电压的测试方法和 QD-A 型汽车万能实验台的使用方法。
2. 掌握测量发动机启动电流的方法和变化规律。

 **实验设备**

QD-A 型汽车万能实验台;12V 蓄电池一块;发动机(启动机)一台。

1.电压的测量

将电源线插头插入 QD-A 型汽车万能实验台的"电源"插座内,并将电源线的"红夹子"

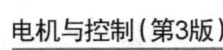

夹在 12V 蓄电池的"＋"极接线柱上，"黑夹子"夹在 12V 蓄电池的"－"极接线柱上。经检查无误后，打开仪器电源开关，电源指示灯点亮，四块液晶数字显示表均应工作。按下"功能选择"中的"低压"键，将"电压测试线"插头插在仪器前面板的"电压"插座上。将"电压测试线"另一端的黑夹子夹到蓄电池的"－"极接线柱上，红夹子夹到蓄电池的"＋"极接线柱上。

注意： 应先夹"负极"，后夹"正极"。此时，在"电压"表上所显示的数字就是蓄电池的电压值。将测量结果记录在表 3.2 内。

2．启动机电流测量

将发动机搭铁线从蓄电池"负极"接线柱上卸下，将黑夹子"启动电源连线"的接线笔一端接到仪器后面板上的启动电源"－"极接线柱上，将黑夹子夹到蓄电池的"－"极接线柱上；将红夹子"启动电源连线"的接线笔一端接到仪器后面板上的启动电源"＋"极接线柱上，并将红夹子夹到搭铁线上。

注意： 启动电源连线必须串联于蓄电池的负极与汽车搭铁之间，并且电流方向不能反接，各接点一定要连接牢固。按下前面板上的"500A"电流按键。接通仪器电源开关，电源指示灯亮。取下汽车分电器的中心高压线，然后启动发动机，在启动过程中读取仪器电流表的数值即为启动机的平均启动电流。刚开始启动时的瞬时值是该启动机的最大启动电流。将测量结果记录在表 3.2 内。

注意： 启动时间不得超过 15s，两次启动之间间隔 1min。

表 3.2　测试原始记录

启动机型号	蓄电池电压（V）	最大启动电流（A）	平均启动电流（A）

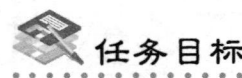 ## 任务 3.4　直流电动机常见故障及检修

任务目标

1．了解直流电动机常见故障及其产生的原因。

2．掌握直流电动机绕组、换向器部位故障的检验及修理。

3.4.1　直流电动机常见故障及原因

直流电动机常见故障现象有：直流电动机不能启动；电动机使用一段时间后，转速变快或者变慢；电动机机壳带电；电刷与换相器间火花过大；电动机运行时，有撞击声响；电刷发出较大的嘶嘶声或者嘎嘎声响；电动机有时能启动，有时又不能启动；电动机空载时或者负载时，熔丝熔断；电动机机壳发热，电枢绕组发热；换向器产生火花。

表 3.3 列出了直流电动机常见故障及其产生的原因。

表 3.3 直流电动机常见故障及其产生的原因

故　障	故障产生原因	故　障	故障产生原因
1. 不能启动	（1）电动机电源无电压 （2）电动机电源线断线或者接头松动 （3）电枢绕组开路 （4）电刷与换向器接触不良 （5）电动机电源开关损坏或者接触不良 （6）电枢被卡死	2. 转速变慢	（1）电刷绕组通地 （2）电枢绕组中有短路元件 （3）电刷磨损严重，使电刷与换向器接触不良，以及电刷弹簧压力太小 （4）轴承磨损或者缺少润滑油 （5）电源电压低，或者干电池使用时间过长
3. 转速太快	（1）电源电压太高 （2）定子磁场变弱 （3）电动机负载太轻	4. 机壳带电	（1）电枢绕组通地 （2）定子激磁绕组通地 （3）换向器通地 （4）电刷杆通地 （5）换向装置的电刷座通地
5. 电刷火花过大	（1）电刷没有位于中性线的位置 （2）电刷与换向器接触面太小，电刷电流密度过大 （3）换向片间短路 （4）换向器表面严重凸凹不平 （5）换向片间的云母片突出 （6）电刷材质不纯，含有硬屑或其他杂质 （7）电刷座通地 （8）电刷绕组通地 （9）电刷绕组有短路单元 （10）电刷绕组有反接的单元。	6. 换向器产生火花	（1）电刷远离中性线 （2）换向器严重凸凹不平，使电刷与换向器接触不良 （3）换向片间电位差过大 （4）电枢绕组严重断路，或者严重短路 （5）电枢绕组严重通地 （6）电动机电压过高，电动机转速过高
7. 有时能启动，有时又不能启动	（1）电枢绕组有断路单元 （2）电源开关接触不良 （3）换向器椭圆度过大，电刷过短	8. 运行时有撞击声	（1）电动机转子弯曲 （2）电枢槽楔突出槽外 （3）电枢绕组端部碰机壳 （4）轴承损坏，引起电枢扫膛
9. 电刷发出较大的嘶嘶声	（1）电刷太硬 （2）电刷弹簧压力太大	10. 有负载运行时熔丝烧断	（1）电动机电源电压过高 （2）电刷不在中性线位置 （3）电枢绕组或激磁绕组短路
11. 空载时熔丝烧断	（1）电枢绕组严重断路 （2）电枢绕组严重通地 （3）电刷座通地 （4）电动机轴承太紧 （5）激磁绕组严重短路 （6）电刷远离中性线位置	12. 电刷发出嘎嘎声	（1）换向片间的云母片突出换向器表面 （2）换向片凸凹不平 （3）电刷尺寸规格不对 （4）轴承间隙大
13. 壳体发热	（1）电枢绕组受潮严重，而且电动机散热不好 （2）电动机长时间过载运行 （3）轴承润滑不好，缺少润滑油	14. 电枢绕组发热	（1）电枢绕组严重受潮 （2）电动机过载严重 （3）电枢绕组有短路单元

3.4.2 直流电动机绕组故障的检验及修理

直流电动机绕组故障是指磁场绕组和电枢绕组部位的故障，故障现象主要是绕组通地、绕组短路和绕组断路等。

1. 电枢绕组通地的检验与修理

电枢绕组通地是直流电动机最常见的故障，一般发生在槽口和槽的底部，也常发生在电枢绕组引出线与换向片连接处。造成电枢绕组通地有两方面原因：其一是电枢绕组在嵌线时，绝缘放置不合适，或者绝缘纸被压线板划破，导致绕组的导线与铁芯相接触而引起绕组通地；其二是进行绕组对机壳间绝缘强度测试时，加高压试验过程中绕组与机壳之间发生击穿，使得绕组通地。

（1）电枢绕组通地的检验方法。电枢绕组通地的检验方法有两种：一种是用校验灯和毫伏表检查，另一种是用逐步分割法检查。

检查电枢绕组通地点之前，必须用 500V 兆欧表检查电枢绕组与机壳之间的绝缘电阻，若测得绝缘电阻值为零，即可判定发生电枢绕组通地故障。这时，可以拆开电动机端盖，取出电枢，进一步检查出绕组通地点。

用校验灯和毫伏表检查：将电枢取出放在木架上，将 6.3V 正弦交流电源的一端串接一个灯泡后接在换向片上，另一根线接在轴上，依次检测每个换向片所连接的单元绕组，若灯泡发亮则说明此线圈接地，如图 3.28 所示。

用毫伏表检查电枢绕组通地，如图 3.29 所示。将低压直流电压加在两电刷上，然后用毫伏表的一只表笔触及电动机轴，另外一只表笔触在换向片上，将引线从换向片上逐一移过去，依次测量每一个换向片与轴之间的电压。若所检测的换向片与轴之间有电压值，即毫伏表有读数，则说明与该换向片相连接的电枢单元绕组没有通地。相反，若所检测的换向片与轴间电压为零，或者电压值明显小于其他换向片与轴之间电压值，则可判定与该换向片相连接的单元绕组通地。再将绕组引线与换向器的焊接点烫开，进一步检查确定是绕组通地还是换向器通地。

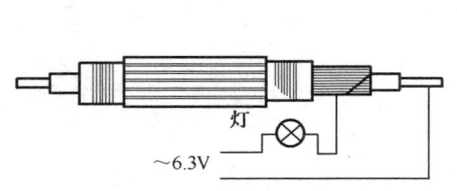

图 3.28　校验灯检验电枢绕组通地

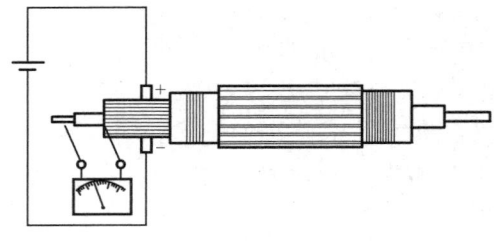

图 3.29　用毫伏表检查电枢绕组通地

如果肯定电枢绕组通地，但按照上面的检查方法又查不出通地点，可用逐步分割法来检查。将换向器相对 180° 位置上的两片换向片上的绕组引线焊接点拆开，这时电枢绕组被分割成两部分，再用 500V 兆欧表分别检测两部分的绝缘电阻值，判定通地点在哪一部分绕组中。将通地的部分绕组又分为两部分，用兆欧表再次进行检测，这样逐步分割直到找到通地点为止。

（2）电枢绕组通地的修理方法。电枢绕组通地点找出后，可以根据绕组通地部位，采取适当的修理方法。若电枢绕组通地点在换向片与单元绕组引出线的连接部位，或者在电枢铁芯槽外，只需要在通地导体与铁芯之间重新加强绝缘就可以了；若电枢绕组通地点在铁芯槽内，或者通地点较多，则只能重新绕制电枢绕组。

2．电枢绕组短路的检验与修理

电枢绕组严重短路时，会使电动机烧毁。电枢绕组短路的线圈匝数较少时，电动机还能够运转，只是换向器表面火花变大，电动机输出电流变大，电枢绕组发热。随着电动机使用时间的延长，绕组的短路点会扩大，以致最后烧毁电动机。由此看来，及时检查出绕组短路点并加以修理就特别重要。

（1）电枢绕组短路的检验方法。电枢绕组短路的检验方法有如下三种。

① 用短路试验器检查：短路试验器是一种开口变压器，如图3.30所示。

将电枢放在开口变压器开口处，如图3.31所示。使开口变压器通过电枢铁芯形成闭合磁路。在电枢上端槽口上放一薄锯条，当开口变压器的线圈内通有交流电时，电枢绕组内就产生感应电势。如果某个单元绕组有短路，必然在该单元绕组内产生感应电流，并使电枢铁芯的齿部产生的交变磁场增强。当短路单元绕组正好位于薄锯条下面时，锯条的振动幅度增大，发出吱吱响声并吸引锯条。在试验时，慢慢转动电枢，使锯条在每个槽口上检查一遍，仔细观察锯条的振动情况，耳听振动响声，手感觉锯条被吸引的情况。只要锯条有振动，发出吱吱声并吸引锯条，就可判定锯条下面的槽内绕组单元有短路。在试验的整个过程中，只能转动电枢不能转动锯条，即锯条始终位于电枢最上端的槽口上。因为锯条若移动到靠近开口变压器铁芯处，因磁场很强，即使没有短路锯条也会发出吱吱振动声和被吸引，若依此判断短路就不对了。

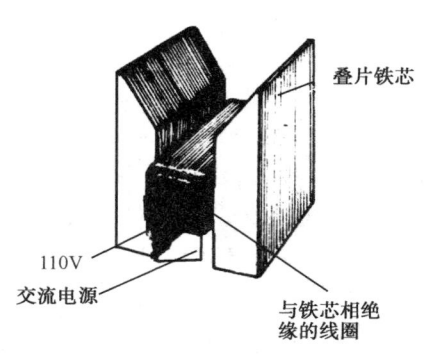

图3.30 短路试验器

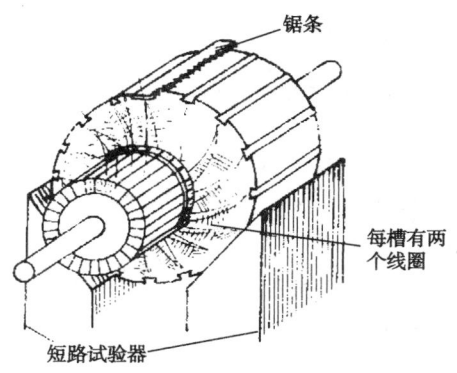

图3.31 电枢绕组短路检查示意图

用开口变压器测电枢绕组短路是最简单易行而测量又比较准确的方法，是一种最常用的方法。但必须指出，一定要先将电枢放置在开口变压器槽上，才能给开口变压器通电。检查完毕后，要先断变压器的电源再取下电枢，否则开口变压器将成为开口的电抗线圈，激磁电流很大，将会烧毁开口变压器线圈。

② 用万用表测量电枢绕组的直流电阻进行检查：电枢绕组不论是哪一种形式（叠绕或对

绕）都是双层的，每个单元绕组的匝数都是相同的，直流电阻近似相等，用万用表顺序测量相邻两换向片的电阻值进行比较，若阻值相等说明绕组无短路；若发现某相邻两换向片间电阻变小，说明该绕组元件有短路。因为短路往往都是局部短路，故电阻值仅变小，而不是零值，当测得相邻两个换向片间电阻为零值，说明这两个换向片之间短路。用万用表测量电枢绕组的直流电阻寻找短路单元的方法常用于功率较大的直流电动机。

③ 用毫伏表测量换向片之间电压进行检查：将 6.3 V 正弦交流电压加在两个电刷之间，将毫伏表两表笔依次触到相邻两换向片上，测得电压值相等说明没有短路。如果发现某相邻两换向片间电压突然变小，说明该两个换向片所连的绕组元件有短路,测试的示意图如图 3.32 所示。用这种方法检查短路也可用 6～12V 直流电压加在两电刷间，但此时必须用直流毫伏表才能准确测量。

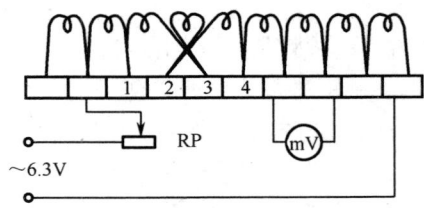

图 3.32　用毫伏表检查绕组短路单元示意图

（2）电枢绕组短路的修理方法。电枢绕组短路点少，而且发生在端部表面上，可采用局部绝缘办法修复。将电枢加热使绕组软化，把短路的几匝线圈拨开，然后刷绝缘漆、烘干。

如果电动机电枢绕组的单元很多，但短路单元只有一个，短路点又不易修理，如短路部位在槽底层。这时，可以从电枢绕组回路中将短路单元绕组切除掉，而用一根短线将短路单元绕组相连的两片换向片短接起来。采用这种方法修复的电动机，其启动性能和运行性能不受太大的影响，因为被切除的短路单元匝数与总匝数相比较是很少的。

若电枢绕组严重短路时，只有更换新绕组。

3. 电枢绕组断路检查及修理

电枢绕组断路点常发生在绕组与换向器的连接处，这是由于焊接不良、局部短路导致局部烧断或者用手绕法重绕绕组时用力不当而拉断。如果断路较少，电动机还能运行，但转矩较小，转速变慢，而且运行不平稳。如果断路较多，电动机不能运转，即使偶尔能启动，电动机运行也不正常。因此电动机一旦发生断路故障，一定要检查断路部位，修复后才能用。

（1）电枢绕组断路的检验方法。

① 用万用表测相邻两换向片之间的通断：如果测得相邻两个换向片不相通，说明与这两个换向片相连的绕组元件有断路，是元件内部断路还是与换向片的连接头虚焊、脱焊而断路，还需进一步检查。方法是将电枢放入烘箱将绕组烘软，把端部绑扎线拆开，用镊子夹住引出线向上拉一拉，观察引出线与换向器是否已脱开，若脱开，重新焊接。然后再用万用表检查通、断，若再不通就要仔细检查绕组端部有无断路点，找出后作上标记，再将绕组烘软，用镊子把断路线头挑起，用同样粗细的漆包线接上，接点处套上套管，整形，刷绝缘漆，烘干即可。如果断路点发生在槽内难以找到的地方，只有重绕单元绕组或重绕全部电枢绕组。

② 用毫伏表和开口变压器检查绕组断路：将电枢放在开口变压器槽口上，如图 3.33 所

示。给开口变压器线圈通 36V 交流电，用毫伏表两表笔分别测换向器相邻两换向片之间的电压。如果测得的电压基本相等，说明电枢绕组正常；若电压很小但不是零，说明被测换向片所连的绕组元件有短路；若电压值为零，说明被测换向片之间有短路；若电压突然明显增大，则说明换向片所连的绕组元件有断路。

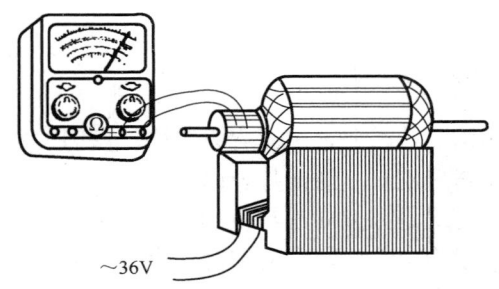

~36V

图 3.33　用毫伏表检查电枢绕组通地、短路、断路

此法既可检查电枢绕组的短路，又可检查断路，方法简便易行，所以在修理中得到广泛应用。

（2）电枢绕组断路的修理方法。电枢绕组断路点多发生在单元绕组引出线与换向片焊接处，这样的断路点只需要重新焊接即可。如果电枢绕组断路点处于电枢铁芯槽内部，就只能将断路单元绕组从电枢上取下来重新换一个，或者将原来断路的导线套上绝缘套焊好断点，再将修好的单元绕组嵌入原位槽内，最后还要进行绝缘处理。待绝缘干燥后，电动机方可使用。

3.4.3　直流电动机换向器部位故障的检验及修理

换向器部位常出现的故障有相邻换向片短路、换向器通地、电刷与换向器接触不良等。

1. 换向器通地故障的检测与修理

换向器通地是指换向器的换向片与电动机轴相通。换向器通地可能造成电动机不能启动或机壳带电；当换向器通地轻微时，电动机还能转但转速下降，换向器还会产生很大火花。因此，及时查出换向器通地点，并且加以修理是非常必要的。

直流电动机的换向器，其换向片与电动机间有绝缘隔离层，换向片之间也有绝缘层。一旦换向片与电机轴之间绝缘损坏，就会产生换向片与轴相通的故障，即换向器通地。但有时也会因换向器端部堆积粉尘太多而造成爬电现象，这也是换向器通地的常见原因。

因换向器端部堆积粉尘造成换向器通地，是很容易发现和修理的。换向器粉尘太多时，电动机通电后虽然能运行，但在换向器端部会出现像死灰复燃一样的火星。只要注意观察，很容易发现。一旦出现这种现象，就应及时清除粉尘。但是遇到因换向片与电机轴之间绝缘损坏造成的换向器通地故障时，就需要把换向器拆开取下换向片，然后重新加强绝缘。修理完毕以后，必须要测换向器的径向摆动。

换向器通地检测比较麻烦，需要将换向片与绕组之间焊接点用电烙铁烫开，再用 500V 兆欧表检测每一个换向片与轴之间的电阻，根据电阻值的大小确定哪个换向片通地。

电机与控制（第3版）

在检测前清除换向器粉尘，然后再用 500V 兆欧表检测每个换向片与轴之间的绝缘电阻值。检测值在 2MΩ以下时便可认为换向器通地，应及时修理，以免通地点扩大。检测值在 2MΩ以上时，可认为换向器正常，不必修理。

在修理完毕后，还要再次用 500V 兆欧表检测 1 次，确认换向器通地故障已排除，才能将换向片与绕组接头重新焊接上。

2．换向器短路故障的检测与修理

直流电动机运行一段时间后，换向片之间容易短路。换向片之间短路会使换向器表面出现较大火花。换向片之间短路严重时，换向片表面产生环火。

换向片之间短路，多数情况是因换向片与电刷摩擦产生粉尘引起的；偶尔也会发生金属异物进入换向片间隙内，引起换向片间短路的情况；有的时候，也会发生换向片之间绝缘材料（云母）炭化而引起换向片之间短路。

换向片之间短路点容易找出。在电动机运行时，观察换向片表面产生火花强弱就可以初步判断换向片之间是否短路。当发现换向器表面火花强弱按一定规律性变化时，可以基本确认是换向片之间短路。在这种情况下，要拆开电动机端盖取出电枢，仔细观察换向片间绝缘云母的颜色，若云母呈黑色沙状，就说明换向片之间短路。

换向片之间发生了短路，可用一些简单的方法修理短路故障。如可将小锯条磨成图 3.34 所示的形状，磨好后可将其尾部包扎起来作柄。当换向片间粉尘过多时，可用不带钩的工具清除换向片间的粉尘。若云母被炭化，可用带钩的工具将炭化的云母刮掉，直至见到白色云母为止。用自制工具清除换向片间粉尘或炭化的云母后，要用万用表检测一下，看短路是否清除。若还有短路故障，则应该继续用自制小锯刮除换向片间杂质，直至检测时短路故障确实消除为止。

图 3.34　用锯条做成的工具

当消除短路故障后，把研碎了的云母粉用 1011 绝缘漆搅拌成糊状，再将这种糊浆灌入被刮空的间隙中，保温烘焙 7～8h，使糊浆硬化后即可使用。

如果短路点发生在换向器较深的位置，用自制的工具难以刮下去时，则可以在短路的两片间隙位置钻些小孔，用此方法消除短路故障。孔的大小视换向片之间的距离而定。当孔钻到一定深度后，用万用表检测一下，到短路消失就可以了。孔钻完以后要清除粉末，再将云母与 1011 绝缘漆搅拌成糊浆灌入孔内，最后烘焙硬化。

3．电刷与换向器接触不良的检测和修理

电刷与换向器接触不良会使电动机转速下降，换向器表面产生较大火花。造成这种故障的原因主要有以下几种。

（1）电刷磨损较严重，使电刷变得太短，造成电刷与换向器接触不良。

（2）电刷受到不均匀磨损，破坏了电刷与换向器表面的全面接触。

（3）换向器表面凸凹不平或者其表面有污物，使电刷不能与换向器表面良好接触。

（4）电刷上的弹簧压力不够足，使电刷与换向器接触不良。

（5）电刷的材料、规格选择不适当。

电刷与换向器接触不良是很容易发现的，只要将电动机的换向部位拆开，仔细观察电刷和换向器表面即可。若换向器表面呈暗黑色就说明换向器有污物，可用细砂纸小心地擦一擦换向器表面，除掉表面污物。若电刷表面已经磨偏，则说明电刷组织密度不均匀，应该更换电刷。若发现电刷磨损严重，电刷变短，应更换电刷。若发现电刷压力弹簧的弹力不足，应更换弹簧。

 自我测评

直流电动机绕组故障的检验及修理。

故障种类（每空10分）	检验方法（每空15分）	修理方法（每空15分）

 习题3

1. 在直流电机里电枢导体中流过的电流是交流还是直流？

2. 直流电机铭牌上的额定功率是指输入功率还是输出功率？

3. 有一台永磁直流电动机，其铭牌数据如下：额定功率10W，额定电压12V，额定转速2 000r/min，电枢绕组和电刷接触电阻和为0.5Ω，额定电流为1A。试求额定负载下的电枢电势和电动机效率。

4. 试说明在电源电压不变的情况下，当负载增大和减小时，永磁直流电动机转速、电枢电流以及电枢电势的变化趋势。

5. 直流电动机的调速方法有哪几种？

异步电机的认识与应用

 **知识学习**

任务 4.1　三相异步电机的认识学习

交流电机可分为同步电机和异步电机两类。同步电机的转速与所接电源的频率存在着一种严格不变的关系；异步电机的转速与所接电源的频率不存在这种严格关系。同步电机主要用作发电机，异步电机主要用作电动机。

三相异步电动机是工业、农业、国防，乃至日常生活和医疗器械中应用最广泛的一种电动机。例如中小型轧钢设备、矿山机械、机床、起重机、鼓风机、水泵，以及脱粒、磨粉机等农副产品的加工机械，大部分采用异步电动机来拖动，其单机容量可从几十瓦到几千千瓦。据统计，90%左右的电动机均为异步电动机，在电网总负荷中，异步电动机的用电量占 70% 以上。

任务目标

1. 掌握三相异步电机的基本工作原理，基本计算公式。
2. 认识三相异步电机的结构，根据额定值和主要系列学会如何选择三相异步电机。
3. 具有正确操作三相异步电机的启动、反转和调速的能力。

4.1.1　异步电动机的基本结构

异步电动机是由固定不动的定子和旋转的转子组成的。定子与转子之间有一个很小的气隙。此外，还有端盖、轴承、接线盒和通风装置等其他部分。图 4.1 给出了绕线式三相异步电动机的剖面图。

1. 异步电动机的定子

异步电动机的定子由定子铁芯、定子绕组和机座三部分组成。

（1）定子铁芯。定子铁芯是异步电动机主磁通磁路的一部分。由于旋转磁场相对于定子铁芯以同步转速旋转，因此铁芯中的磁通是交变的。为减少由旋转磁场在定子铁芯中引起的涡流损耗和磁滞损耗，定子铁芯由导磁性能较好的 0.5mm 厚、表面涂有绝缘漆且冲有一定槽形的硅钢片叠装而成。

1—转子绕组；2—端盖；3—轴承；4—定子绕组；5—转子；6—定子；7—滑环；8—出线盒

图 4.1 绕线转子异步电动机剖面图

为了安放定子绕组，定子铁芯表面开有槽，槽的形式通常有三种，即半闭口槽、半开口槽和开口槽，如图 4.2 所示。

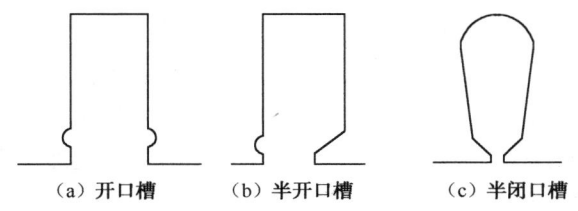

（a）开口槽   （b）半开口槽   （c）半闭口槽

图 4.2 定子铁芯槽形

（2）定子绕组。定子绕组是异步电动机定子部分的电路，三相异步电动机共有三相对称绕组，每相绕组由若干个线圈组按一定规律连接而成，各相绕组之间在空间互差 120° 电角度。对于容量较小的电动机，绕组由高强度漆包铜线做成。而中、大容量异步电动机的绕组由玻璃丝包扁铜线绕成。三相异步电动机定子绕组通常有六根出线头，根据电动机的容量和需要可接成星形（Y 形）或三角形（△形），如图 4.3 所示。

（3）机座。机座的作用主要是固定和支承定子铁芯。同时，转子也通过轴承和端盖固定在机座上，所以要求机座具有足够的机械强度和刚度，能承受运行和运输过程中的各种作用力。

2．异步电动机的转子

异步电动机的转子由转子铁芯、转子绕组和转轴组成。

（1）转子铁芯。转子铁芯是电动机磁路主磁通的一部分，通常也是由 0.5mm 厚的冲槽硅钢片叠成。铁芯固定在转轴或转子支架上，整个转子铁芯的外表面呈圆柱形。

（2）转子绕组。转子绕组可分为鼠笼型和绕线型两种结构。笼型转子（短路转子）的铁芯外圆也有均匀分布的槽，每个槽内安放一根导条并伸出铁芯以外，然后用两个端环把所有

的导条的两端分别连接起来。如去掉铁芯，整个绕组的外形就像一个"鼠笼"，所以称为鼠笼型转子，如图4.4（a）所示。

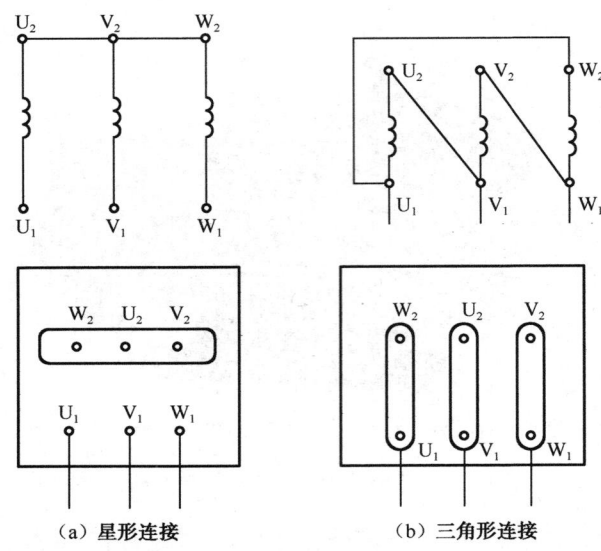

（a）星形连接   （b）三角形连接

图4.3 三相异步电动机的接线图

  鼠笼型转子的导条可以是铜条，也可以用铸铝的方法将导条、端环和风扇一次铸成，如图4.4（b）所示。对于大、中型异步电动机，一般采用端环焊接构成鼠笼型转子绕组。

  绕线型转子绕组与定子绕组相似，是用绝缘导线嵌于转子铁芯槽内，连接成 Y 形接法的三相对称绕组，然后再把三个出线端分别接到转子轴上的三个相互绝缘的滑环上，通过电刷把电流引出来，如图4.5所示。

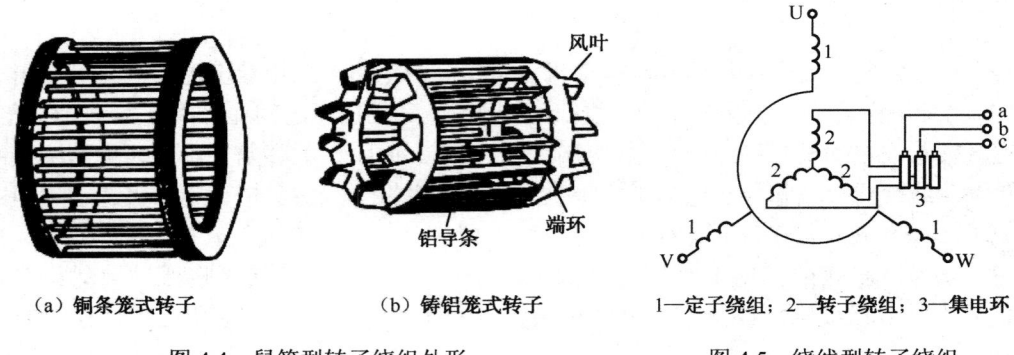

（a）铜条笼式转子 （b）铸铝笼式转子 1—定子绕组；2—转子绕组；3—集电环

图4.4 鼠笼型转子绕组外形   图4.5 绕线型转子绕组

  由于绕线型转子异步电动机的运行可靠性较差（因为存在电刷接触系统）、结构比较复杂、造价较高，因此除要求启动电流较小而启动转距较大且需要调速和频繁启动的设备外，通常不采用绕线型转子异步电动机。

  （3）气隙。与其他电机一样，异步电动机定子、转子之间必须有一气隙。气隙是异步电动机磁路的一部分，对电动机运行性能影响很大，为了减小励磁电流，通常中、小型异步电动机的气隙为 0.2～1.5mm。

4.1.2　异步电动机的额定值和主要系列

1．异步电动机的额定值

每台异步电动机的机座上都钉有一块铭牌，上面标出该电动机的主要技术数据，表 4.1 为一台三相异步电动机的铭牌，表中的内容含义如下。

表 4.1　三相异步电动机的铭牌

型　号	Y180M2–4	功率	18.5kW	电压	380V
电　流	35.9A	频率	50Hz	转速	1470r/min
接　法	△	工作方式	连续	绝缘等级	E
防护形式	IP44（封闭式）			产品编号	
生产单位	××××电机厂			生产时间	×××年×月

（1）额定功率 P_N

额定功率 P_N 是指电动机在规定的额定状态下运行时由轴输出的机械功率，单位为 kW。对于三相异步电动机，额定功率 P_N 的计算：

$$P_N = \sqrt{3}\, U_N I_N \eta_N \cos\varphi_N \qquad\qquad (4\text{-}1)$$

式中，U_N、I_N、η_N、$\cos\varphi_N$ 分别为额定的电压、电流、效率和功率因数。

（2）额定电压 U_N

额定电压 U_N 是指电动机额定运行时，外加于定子绕组上的线电压，单位为 V。

（3）额定电流 I_N

额定电流 I_N 是指电动机在额定电压下，转轴有额定功率输出时的定子绕组线电流，单位为 A。

（4）额定频率 f_N

额定频率 f_N 是指输入电动机交流电的频率，单位为 Hz。我国规定标准工业用电的频率为 50 Hz。

（5）额定转速 n_N

额定转速 n_N 是指电动机在额定电压、额定频率、额定功率输出时的转子转速，单位为 r/min。

（6）接法

接法是指电动机在额定电压下定子三相绕组的连接方法。若铭牌写△，额定电压写 380V，表明电动机额定电压为 380V 时应接△形。若电压写成 380V/220V，接法写 Y/△，表明电源线电压为 380 V 时应接成 Y 形；电源线电压为 220V 时应接成△形。

（7）型号

Y 系列三相异步电动机的型号由三部分组成，即产品代号、规格代号及特殊环境代号。例如，Y180M2–4 各符号表示的意义如下：

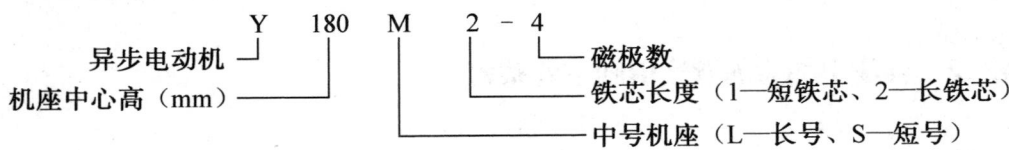

（8）绝缘等级

绝缘等级是指绝缘材料的耐热等级，通常分为七个等级，如表 4.2 所示。

表 4.2　三相异步电动机绝缘等级

绝 缘 等 级	Y	A	E	B	F	H	C
最高工作温度（℃）	90	105	120	130	155	180	>180

此外，对于绕线式异步电动机，铭牌还常标明转子绕组的接法、转子电压（指定子加额定电压，转子开路时滑环之间的电压）和额定运行时的转子电流等技术数据。

例 4-1　一台三相异步电动机，额定功率 $P_N=55\text{kW}$，额定电压 $U_N=380\text{V}$，额定电流 $I_N=119\text{A}$，额定转速 $n_N=570\text{r/min}$，额定功率因数 $\cos\varphi_N=0.9$，试求异步电动机的同步转速、极对数、额定负载时的效率和转差率。

解：由于电机额定运行的转速接近于同步转速，因此同步转速为 600r/min。

根据 $n=\dfrac{60f_1}{p}$，极对数 $p=\dfrac{60f_1}{n_1}=\dfrac{60\times50}{600}=5$，即为 10 极电机。

额定负载时的效率为：$\eta_N=\dfrac{P_N}{P_1}=\dfrac{P_N}{\sqrt{3}U_N I_N\cos\varphi_N}=\dfrac{55\times10^3}{\sqrt{3}\times380\times119\times0.9}=0.78=78\%$

额定负载时的转差率为：$s_N=\dfrac{n_1-n_N}{n_1}=\dfrac{600-570}{600}=0.05$

2．异步电动机的类型和系列

为了满足不同的需要，我国现在生产很多种类型的异步电动机。例如，按绕组相数，异步电动机可分单相、两相和三相等；按冷却方式和保护形式的不同，可分开启式、防滴式、封闭式和防爆式四种。通常，三相异步电动机多作为动力电机，而单相异步电动机则多用于几百瓦以下的民用电机。

（1）三相异步电动机的型号

我国生产的三相异步电动机的型号由产品代号和规格代号组成。产品代号主要用来说明电机的类型分：基本系列（Y 系列）、派生系列（YX 高效率异步电动机、YD 变极多速电动机、YZC、YH 系列）、专用系列（YM 木工用异步电动机、YTD 电梯用异步电动机）、小功率系列（AO2 系列功率小于 1 100W）；规格代号主要用来描述电机的几何尺寸。下面仅举两个例子做具体说明，而有关异步电动机分类和产品系列的详细内容可查阅相应的产品目录或电机工程手册。

基本系列小型三相异步电动机：

Y-112S-6
—— 规定代号：表示中心高112mm，短（S）机座，6极
—— 产品代号：表示三相异步电动机

小型隔爆三相异步电动机：

YB-160M-4WF

特殊环境代号：W表示户外用，F表示防腐
规格代号：表示中心高度160mm，中（M）机座，4极
产品代号：表示隔爆型三相异步电动机

（2）单相异步电动机

单相异步电动机的结构与小功率三相异步电动机比较相似，转子为鼠笼型，定子铁芯槽内放置两相绕组：主绕组和副绕组。一般采用正弦分布绕组以减小磁势高次谐波改善电机性能。其基本类型和基本系列为：

BO2——单相电阻启动异步电动机；
CO2——单相电容启动异步电动机；
DO2——单相电容运转异步电动机；
YL——单相双值电容异步电动机。

4.1.3　交流异步电动机的基本工作原理

1. 概述

异步电机定子接到交流电网上，依靠电磁感应作用使转子感应电流，产生电磁转矩，从而达到机电能量转换的目的。所以，异步电机也称为感应电机。并且，就电磁关系而言，异步电机与变压器十分相似，其定子绕组相当于变压器的原绕组，转子绕组相当于变压器的副绕组。因而，在学习异步电机时，可将异步电机和变压器两者的某些电磁过程进行对比分析。这样不但可加深对变压器内部电磁关系的进一步理解，也有利于学习和掌握异步电机的基本运行原理。

为了说明异步电动机的转动原理，先作一个演示。

图 4.6 是一装有手柄的马蹄形磁体，磁极间放有一个可以自由转动的、由铜条构成的转子。各铜条两端分别用铜环短接起来，形似鼠笼，故为鼠笼式转子。磁极与鼠笼转子间没有机械联系。当摇动磁极转动时，会发现鼠笼转子跟着磁极一起转动。磁极转得快时，转子也跟着转得快；磁极转得慢时，转子也跟着转得慢；磁极转动方向改变，转子的旋转方向也跟着改变。下面具体解释转动原理。

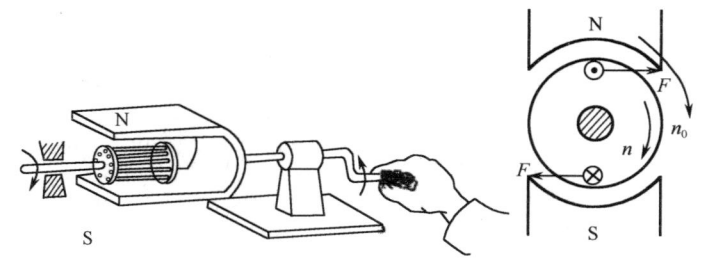

图 4.6　异步电动机转动原理图

按顺时针旋动手柄，使磁极顺时针方向旋转，磁极的磁力线切割转子铜条，铜条中会产生感应电势和感应电流。根据导体切割磁力线时导体中产生感应电势的理论及右手定则，在图 4.6 中，位于 N 极下的铜条感应电势穿出纸面（用"⊙"表示）；而位于 S 极下的铜条感应电势则进入纸面（用"⊗"表示）；

在转子铜条感应电势作用下，闭合的铜条内会产生感应电流。铜条流过感应电流后，它也会产生磁场。此磁场与定子磁场相互作用，会使铜条上产生电磁力，在鼠笼转子上产生电磁转矩（T）。其方向可以用左手定则确定。转子在电磁力矩作用下，使转子跟随磁极顺时针方向转动。这就是异步电动机通电运行的基本原理。

通过以上的分析，可得如下结论：

（1）电动机转子旋转必须有一个旋转磁场带动。

（2）转子旋转速度与磁场旋转速度必须不同。这是因为转子导条必须切割磁场的磁力线，才能在鼠笼铜条中产生感应电势，否则就不能转动。

（3）转子导条（铜条）必须短路，使在导条内有感应电流。这种感应电流与磁场相互作用，才能产生转子转动的电磁力矩。

以上三个条件缺一不可，但是鼠笼铜条产生感应电势和感应电流的先决条件，就是旋转磁场。也就是说，电动机转子旋转的先决条件，就是旋转磁场。

下面分析异步电动机的定子旋转磁场。

2. 三相绕组旋转磁场的产生

设定子三相绕组由三个线圈 AX、BY、CZ 组成，各相绕组的位置互差 120°，如图 4.7 所示。各相电流瞬时值表达式为：

$$i_A = I_m \cos \omega t$$
$$i_B = I_m \cos(\omega t - 120°) \tag{4-2}$$
$$i_C = I_m \cos(\omega t - 240°)$$

(a) $\omega t = 0$ (b) $\omega t = \dfrac{\pi}{3}$ (c) $\omega t = \dfrac{2\pi}{3}$

(d) $\omega t = \pi$ (e) $\omega t = \dfrac{4\pi}{3}$ (f) $\omega t = \dfrac{5\pi}{3}$

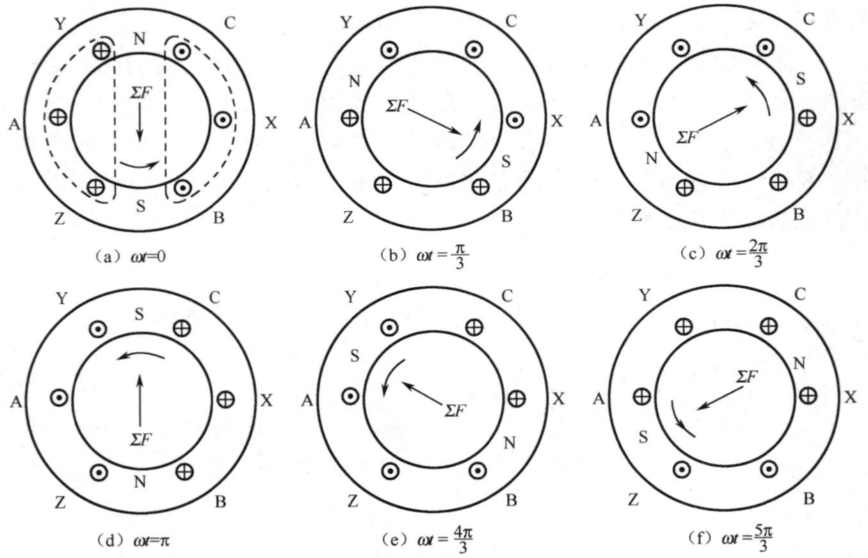

图 4.7 两极旋转磁场的产生

令电流从绕组首端（A、B、C）流入、由末端（X、Y、Z）流出时为正；电流从绕组末端流入、由首端流出时为负。当 $\omega t=0°$ 时如图 4.7（a）A 相电流达最大值，$i_A=I_m$，i_B、i_C 两相电流都是负值，且 $i_B=i_C=-\dfrac{I_m}{2}$。三相电流流过三相绕组所产生的合成磁场是两极的，N 极在上，S 极在下，且磁极轴线与 A 相绕组轴线重合，合成磁势的方向与 A 相绕组的磁势方向相同。当 $\omega t=+60°$ 时如图 4.7（b），$i_A=i_B=\dfrac{I_m}{2}$，$i_C=-I_m$，合成磁势轴线与 C 相绕组的轴线重合，合成磁势的方向与 C 相绕组的磁势方向相同，这时电流的时间相位变化了 60°。如图 4.7（c）～（f）所示，分别画出了 $\omega t=120°$、180°、240°、300° 时的合成磁势的空间位置。

综上分析，当三相交流电流随时间变化一个周期，旋转磁场在空间相应地转过 360°，即电流交变一次，旋转磁场转过一周。对于两极旋转磁场（$p=1$）来说，其中转速 n_1（r/min）与交流电流频率 f_1 的关系为 $n_1=60f_1$。

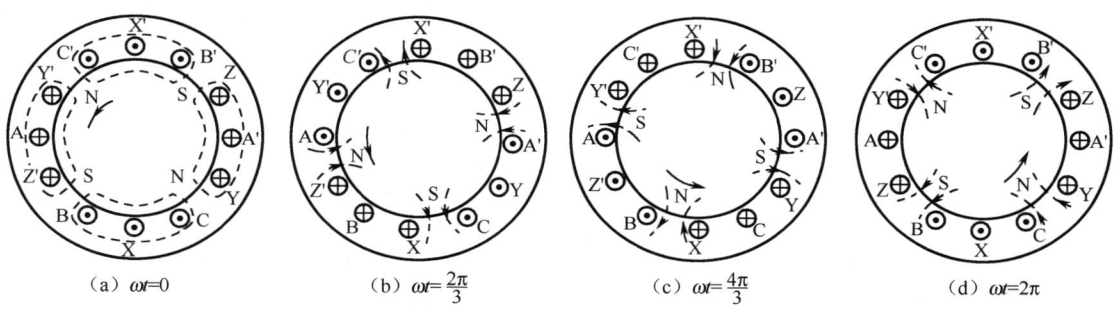

（a）$\omega t=0$ （b）$\omega t=\dfrac{2\pi}{3}$ （c）$\omega t=\dfrac{4\pi}{3}$ （d）$\omega t=2\pi$

图 4.8　四极旋转磁场的产生

如果把三相绕组排列成如图 4.8 所示的形式，即 AX 与 A'X'串联、BY 与 B'Y'串联、CZ 与 C'Z'串联，各相绕组在空间依次相差 60°，那么，当三相电流的瞬时值仍用式（4-2）表示时，三相合成磁场为一个四极的旋转磁场，且电流交变一周，旋转磁场转过半圈。由此可见，当绕组中电流变化一周，即时间相位上变化了 360° 电角度时，旋转磁场在空间转过半圈，即旋转了 180° 机械角度，所以，电角度 360° 相当于机械角度 180°。

转速 n_1 与磁场极对数 p 的关系为：$n_1=\dfrac{60f_1}{p}$　（r/min）　　　　（4-3）

电角度与机械角度的关系为：

$$电角度=p×机械角度$$

3．异步电机的基本工作原理

在了解了旋转磁场的基础上，下面来说明异步电机的工作原理。三相异步电机的工作原理如图 4.9 所示。在圆柱体的转子铁芯上，嵌有均匀分布的导条。导条两端分别用铜环把它们连接成一个整体。当气隙中存在着以同步转速 n_1 旋转的旋转磁场时，根据电磁感应定律，在转子导条中将有感应电势产生，感应电势的方向如图 4.9 所示。由于转子导条已构成闭合回路，因此转子导条中有电流通过，并且电流的有功分量与感应电势同相位。于是，由电磁力定律可知，转子导条中的电流与旋转磁场相互作用，使转子导条受电磁力的作用，电磁力

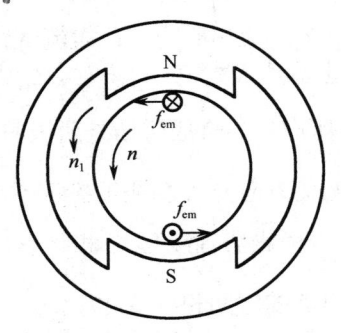

图 4.9　三相异步电动机的工作原理

的方向符合左手定则。由图 4.9 可以看出，转子上全部导条所受到的电磁力形成一个逆时针方向的电磁转矩。如果此时该电磁转矩克服了负载转矩，则电机转子将按逆时针方向旋转，其转速为 n，从而实现电能到机械能的变换。

综上所述，异步电动机的转速 n 不可能等于同步转速 n_1。这是因为，如果 $n = n_1$，则转子导条与旋转磁场之间不存在相对运动，因而，在转子导条中就不可能产生感应电势和电流，也就不可能产生电磁转矩。所以，异步电动机的转速与同步转速之间总是存在差异，异步电机也正是因此而得名。

4．异步电动机的转差率

当三相对称定子绕组中通过三相对称交流电流时，将在交流电机的气隙中产生旋转磁场。该旋转磁场与转子导体相互作用，在转子中产生感应电流和电磁转矩，从而使转子旋转。为了保证旋转磁场与转子导体之间的相互作用，旋转磁场的转速（也称同步转速）n_1 与转子的转速 n 应不同。同步转速 n_1 与转子转速 n 之差称为转差（$\Delta n = n_1 - n$），该转差与同步转速之比称为转差率 s，即：

$$s = \frac{\Delta n}{n_1} = \frac{n_1 - n}{n_1} \qquad (4\text{-}4)$$

式中，$n_1 = 60f/p$，f 为电源频率；p 为极对数。

转差率是描述异步电动机运行性能的一个重要参数。可以根据转差率的大小和符号来判别异步电动机的三种运行状态，即电动运行状态、发电运行状态和电磁制动运行状态。

4.1.4　三相异步电动机的电路分析

图 4.10 是三相异步电动机一相的电路图，其电磁关系与变压器相似，这里的定子绕组相当于变压器的原绕组，转子绕组相当于副绕组。当定子绕组接上三相电源电压 u_1（相电压）时，则有三相电流 i_1（相电流）通过，定子三相电流产生旋转磁场，其磁通通过定子和转子铁芯而闭合。这磁场不仅在转子每相绕组中要感应出电动势 e_2，而且在定子每相绕组中也要感应出电动势 e_1，此外还有漏磁通在定子绕组和转子绕组中产生漏磁电动势 $e_{\sigma 1}$、$e_{\sigma 2}$。

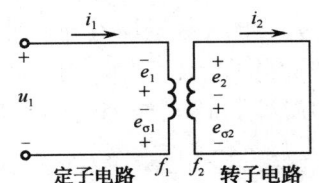

图 4.10　三相异步电动机的每相电路图

1．定子电路

设定子和转子每相绕组的匝数分别为 W_1、W_2。

定子每相电路的电压方程为（用矢量表示）：

$$\dot{U}_1 = -\dot{E}_1 - \dot{E}_{\sigma 1} + \dot{I}_1 r_1 = \dot{I}_1 r + \mathrm{j}\dot{I}_1 X_1 + -\dot{E}_1 \qquad (4\text{-}5)$$

式中　$\dot{E}_{\sigma 1} = -\mathrm{j}\dot{I}_1 X_1$；

X_1——定子漏电抗，是表征定子漏磁通磁路特性的参数；

r_1——定子每相绕组的电阻。

通常，r_1、X_1 很小，若忽略不计，可认为：

$$\dot{U}_1 \approx -\dot{E}_1 = -j4.44f_1W_1k_{\omega 1}\dot{\Phi}_m \qquad (4\text{-}6)$$

定子电势的有效值为：

$$E_1 = 4.44f_1W_1k_{\omega 1}\Phi_m \qquad (4\text{-}7)$$

式中　$k_{\omega 1}$——定子绕组系数；

Φ_m——通过每相绕组的磁通的最大值；

f_1——定子导线的电流频率，因为旋转磁场和定子间的相对转速为 n_1，所以 $f_1 = \dfrac{pn_1}{60}$ 与电源电压 u_1 的频率相等。

2．转子电路

转子每相电路的电压方程为（用向量表示）：

$$\dot{E}_2 = -\dot{E}_{\sigma 2} + \dot{I}_2 r_2 = j\dot{I}_2 X_2 + \dot{I}_2 r_2 \qquad (4\text{-}8)$$

式中　$\dot{E}_2 = -j4.44f_2W_2k_{\omega 2}\dot{\Phi}_m$；

$\dot{E}_{\sigma 2} = -j\dot{I}_2 X_2$；

X_2——转子漏电抗，是表征转子漏磁通磁路特性的参数；

r_2——转子每相绕组的电阻。

f_2——转子导线的电流频率

$k_{\omega 2}$——转子绕组系数；

Φ_m——通过每相绕组的磁通的最大值。

转子中各个物理量都与异步电动机的转差率 s（即转速）有关，下面分述如下。

（1）转子导线的电流频率 f_2

当 $n = 0$ 时转子导线的感应电动势和电流的频率为：

$$f_{20} = \frac{pn_1}{60} = f_1 \qquad (4\text{-}9)$$

即转子不动时，转子导线中的电流频率与定子导线中的电流频率相等。若转子以转速 n 旋转，则旋转磁场以 $n_1 - n = sn_1$ 的相对转速切割转子导线，此时转子导线中的电流频率为：

$$f_2 = \frac{p(n_1 - n)}{60} = \frac{pn_1}{60} \cdot \frac{n_1 - n}{n_1} = sf_1 \qquad (4\text{-}10)$$

（2）转子导线的感应电动势 e_2

转子导线被旋转磁通切割，产生感应电动势 e_2。由电磁感应定律可知感应电动势 $e_2 = Blv$，e_2 的大小不仅与磁通密度有关，而且还与旋转磁通切割转子导线的速度有关。当转子不动时（例如，在启动的一瞬间）旋转磁场以 n_1 的相对转速切割转子导线，这时转子中产生的感应电动势 e_2 最大，它的有效值用 E_{20} 表示：

$$E_{20} = 4.44f_1W_2k_{\omega 2}\Phi_m \qquad (4\text{-}11)$$

式中　$k_{\omega 2}$——转子绕组系数；

Φ_m——通过每相绕组的磁通的最大值。

如转子以转速 n 旋转，则旋转磁场就以 $n_1 - n = sn_1$ 的相对转速切割转子导线，此时感应电动势：

$$E_2 = sE_{20} \qquad (4\text{-}12)$$

即：

$$E_2 = 4.44 f_2 W_2 k_{\omega 2} \Phi_m = 4.44 s f_1 W_2 k_{\omega 2} \Phi_m \qquad (4\text{-}13)$$

（3）转子漏感抗 X_2

转子漏感抗 X_2 与转子频率 f_2 有关。

即：

$$X_2 = 2\pi f_2 L_{2\sigma} = 2\pi f_1 L_{2\sigma} \cdot s = X_{20} \cdot s \qquad (4\text{-}14)$$

X_{20} 为转子不动时的漏感抗：

$$X_{20} = 2\pi f_1 L_{2\sigma} \qquad (4\text{-}15)$$

（4）转子电流 I_2 和转子电路的功率因数 $\cos\varphi_2$

转子每相电路的电流：

$$I_2 = \frac{E_2}{\sqrt{r_2{}^2 + X_2{}^2}} = \frac{E_{20}s}{\sqrt{r_2{}^2 + (X_{20} \cdot s)^2}} \qquad (4\text{-}16)$$

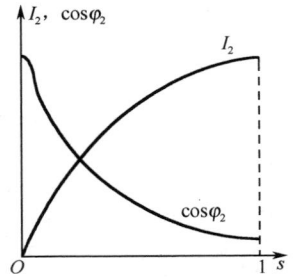

图 4.11　I_2 和 $\cos\varphi_2$ 与转差率 s 的关系

式（4-16）表明，转子电流 I_2 随 s 的增大而上升。

转子电路的功率因数：

$$\cos\varphi_2 = \frac{r_2}{\sqrt{r_2{}^2 + X_2{}^2}} = \frac{r_2}{\sqrt{r_2{}^2 + (X_{20} \cdot s)^2}} \qquad (4\text{-}17)$$

式（4-17）表明，转子电路的功率因数 $\cos\varphi_2$ 随 s 的增大而下降。

转子电流 I_2 和转子电路的功率因数 $\cos\varphi_2$ 与 s 之间的变化如图 4.11 所示。

4.1.5　三相异步电机的功率、转矩和机械特性

1．三相异步电机的功率和转矩平衡

功率是单位时间内所产生或消耗的能量，而转矩乘以机械角速度等于产生或消耗的功率。因此，电机中各种功率的平衡关系，以及功率与转矩和其他物理量的关系是研究电机中能量转换所必须掌握的基本知识。

（1）功率平衡

异步电动机稳定运行时，由电源输入到电动机的功率为 P_1，当输入功率扣除定子铜损和铁损后，余下的大部分功率便借助气隙磁场由定子传递给转子，这部分功率称为异步电动机的电磁功率，用 P_M 表示。于是，有：

$$P_1 - P_{Cu1} - P_{Fe} = P_M \qquad (4\text{-}18)$$

当电磁功率传递到转子以后，将在转子绕组中产生电流。于是，在转子电阻上产生转子铜损耗 P_{Cu2}。与定子铁芯一样，转子铁芯也发生铁损耗，但由于电机正常运行时，转子转速接近于同步转速，转子绕组中感应电势的频率很低，为 $2\sim3\,\mathrm{Hz}$，因此转子铁损耗很小，可以

忽略不计。这样，从定子传到转子的电磁功率扣除转子铜损以后，便是使转子产生旋转运动的总机械功率 P_m。于是，有：

$$P_\mathrm{m} = P_\mathrm{M} - P_\mathrm{Cu2} \qquad\qquad (4\text{-}19)$$

总机械功率中的一部分用来补偿轴承摩擦、风阻等引起的机械损耗 P_Ω 和附加损耗 P_Δ，余下的部分就是由轴上输出的机械功率 P_2。于是，有：

$$P_2 = P_\mathrm{m} - P_\Omega - P_\Delta \qquad\qquad (4\text{-}20)$$

将式（4.18）、式（4.19）和式（4.20）合并，可得异步电动机功率平衡方程式：

$$P_2 = P_1 - P_\mathrm{Cu1} - P_\mathrm{Fe} - P_\mathrm{Cu2} - P_\Omega - P_\Delta \qquad\qquad (4\text{-}21)$$

上式所描述的功率关系也可以形象地用功率图来表示，如图 4.12 所示。

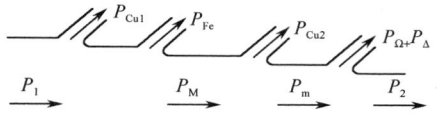

图 4.12　三相异步电动机的功率流程图

（2）转距平衡

当电机处于稳态运行时，把机械功率的平衡方程 $P_\mathrm{m} = P_2 + P_\Omega + P_\Delta$ 两边同除以转子的机械角速度 Ω，便可得出相应的稳态转矩平衡方程，即：

$$T = T_2 + T_\Omega + T_\Delta \approx T_2 + T_0 \qquad\qquad (4\text{-}22)$$

式中　T_2——电动机输出的机械转矩；

　　　T_Ω——机械损耗转矩；

　　　T_Δ——附加损耗转矩；

　　　T_0——空载转矩。

由于作用在转子上的力矩和作用在定子上的力矩是相等的，

即：

$$T = \frac{P_\mathrm{M}}{\Omega_1} = \frac{P_\Omega}{\Omega} \qquad\qquad (4\text{-}23)$$

式（4-23）说明，电磁转矩既等于总机械功率除以转子旋转角速度，也等于电磁功率除以旋转磁场的同步角速度。用总机械功率除以转子角速度计算电磁转矩是从转子本身产生的机械功率导出的；而用电磁功率除以旋转磁场角速度，计算电磁转矩则是从旋转磁场与转子电流相互作用对转子做功这一概念导出的。前者是转子的角速度，对应于机械功率，所以，$T = \frac{P_\Omega}{\Omega}$；而后者是磁场的同步角速度，对应于旋转磁场传递到转子的电磁功率，所以 $T = \frac{P_\mathrm{M}}{\Omega_1}$。两种角速度对应两种功率，但转矩却是一个，都源于气隙磁场与转子电流的相互作用。

2．三相异步电动机的电磁转矩

由异步电动机等值电路入手，根据 $T = \frac{P_\mathrm{M}}{\Omega_1} = \frac{P_\Omega}{\Omega}$ 可推导异步电动机的电磁转矩计算公式：

$$T = K_\mathrm{M}\Phi I_2 \cos\varphi_2 \qquad\text{（证明略）}\qquad (4\text{-}24)$$

式中　K_M——转矩常数，对已制成的电机是一个常数。

$$\Phi = \frac{E_1}{4.44 f_1 W_1} \approx \frac{U_1}{4.44 f_1 W_1} \propto U_1 \qquad (4\text{-}25)$$

再将上节中所求出的 I_2、$\cos\varphi_2$ 代入，得：

$$T = K \frac{s r_2 U_1^2}{r_2^2 + (s X_2)^2} \qquad (4\text{-}26)$$

式中　K——常数。

当电压用 V、电阻和漏抗用 Ω 作单位时，计算出的转矩单位为 N·m。

式（4-26）说明，转矩与定子每相电压 U_1 的平方成正比，所以当电源电压变化时，对转矩影响很大。此外，转矩还受转子电阻 r_2 的影响。

（1）电磁转矩与转差率的关系

当供电电压和频率为常数，且电机的参数（电阻和漏抗）不变时，电磁转矩仅与转差率 s 有关。此时，电磁转矩与转差率之间的关系曲线如图 4.13 所示。

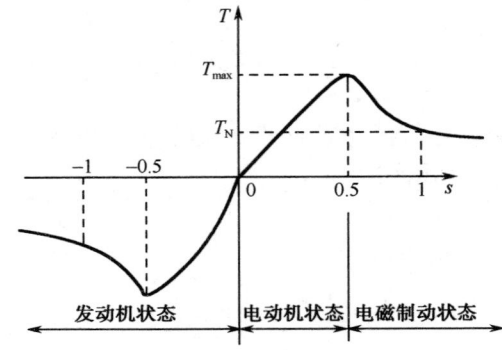

图 4.13　感应电机的转矩—转差率曲线

（2）电动机的额定转矩

额定转矩是电动机在额定负载时的转矩，它可从电动机名牌上的额定功率（输出机械功率）和额定转速计算出，即：

$$T_N = \frac{P_\Omega}{\Omega} \approx \frac{P_N}{\Omega_N} = \frac{P_N}{\dfrac{2\pi n}{60}} \qquad (4\text{-}27)$$

式（4-27）中若功率的单位用千瓦（kW）、转速的单位用转/每分（r/min），

则：
$$T_N = 9550 \frac{P_N}{n} \quad (\text{N·m}) \qquad (4\text{-}28)$$

（3）最大转矩与过载能力

由图 4.13 可见，异步电机工作在电动和发电状态时，各有一个最大电磁转矩，为了求得最大电磁转矩，仍认为电机参数不变，将式（4.26）对 s 求导数，并令 $\dfrac{dT}{ds} = 0$，于是，可解出发生最大电磁转矩时的转差率 s_m：

$$s_m = \pm \frac{r_2}{X_{20}} \qquad (4\text{-}29)$$

将式（4-29）代入式（4.26），便得最大电磁转矩 T_m：

$$T_m = \pm K \frac{U_1^2}{2X_{20}} \qquad (4\text{-}30)$$

在上两式中，"+"相当于电动状态；"−"相当于发电状态。

最大转矩与额定转矩的比值即最大转矩倍数，称为异步电动机的过载能力用 λ 表示：

$$\lambda = \frac{T_m}{T_N} \qquad (4\text{-}31)$$

一般三相异步电动机 $\lambda=1.6\sim2.2$，起重、冶金用的异步电动机 $\lambda=2.2\sim2.8$。应用于各种场合的三相异步电动机都应有足够大的过载能力，这样才能在电压突然降低或负载转矩突然增大时，保证电动机转速变化不大，待干扰消失后恢复正常运行。但要注意，绝不能让电动机长期过负荷运行。

（4）启动转矩 T_{st} 与启动转矩倍数 K_M

电动机启动时转速为零即转差率为 1，这时的电磁转矩称为启动转矩。将 $s=1$ 代入转矩计算公式得：

$$T_{st} = K \frac{r_2 U_1^2}{r_2^2 + X_{20}^2} \qquad (4\text{-}32)$$

式（4-32）说明，启动转矩与电压平方成正比，当转子电阻适当增大时，启动转矩会增大。启动转矩与额定转矩的比值称为启动转矩倍数：

$$K_M = \frac{T_{st}}{T_N} \qquad (4\text{-}33)$$

通常电动机启动时 T_{st} 应大于 1.2，负载时方可顺利启动。

3. 三相异步电机的工作特性

异步电动机的工作特性是指在额定电压、额定频率下，异步电动机的转速、效率、功率因数、定子电流和电磁转矩与输出功率的关系曲线。

（1）转速特性 $n = f(P_2)$

空载时，转子电流近似为零，所以电机转速接近于同步转速；随着负载的增加，转子电流增加，转速有所下降。因此，转速特性 $n = f(P_2)$ 是一条略有下倾的直线，如图 4.14 所示。由图可见，异步电动机的转速特性与直流电机的转速特性极为相似，也是硬特性。

在一般的异步电动机中，转子铜损耗是很小的，额定负载时的转差率通常为 1.5%～5%，异步电动机的容量越大，则相应的转差率越小。

（2）定子电流特性 $I_1 = f(P_2)$

由于空载时转子电流近似为零，因此此时定子电流几乎全部为励磁电流。随着负载的增加，转子转速下降，转子电流增大，为了抵消转子电流产生的磁势，以保持磁势平衡，定子电流及磁势也随之增加。也就是说，定子电流几乎随负载成正比增加，如图 4.14 所示。

（3）电磁转矩特性 $T = f(P_2)$

稳态运行时，异步电动机的转矩平稳方程为：

$$T = T_2 + T_0 \qquad (4\text{-}34)$$

由于输出功率 $P_2 = T_2 \Omega$，因此有：

$$T = T_0 + \frac{P_2}{\Omega} \tag{4-35}$$

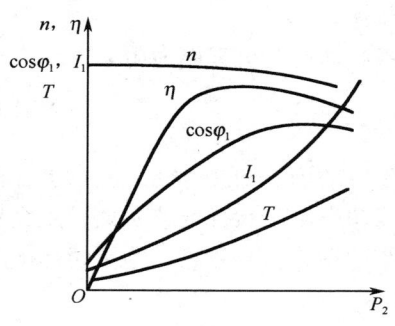

图 4.14　三相异步电动机的工作特性

异步电动机的负载不超过额定值时，转速和角速度变化很小，而空载转矩 T_0 又可以认为基本不变，所以电磁转矩特性近似为一条斜率为 $1/\Omega$ 的直线，如图 4.14 所示。

（4）功率因数特性　　$\cos\varphi_1 = f(P_2)$

由等值电路可见，对电源来说，异步电动机相当于一个感性阻抗，其功率因数总是滞后的，因此，它必须从电网吸收感性无功功率。空载时，由于定子电流基本上是励磁电流，主要用于无功励磁，因此电机的功率因数很低，为 $0.1 \sim 0.2$。当负载增加时，转子电流的有功分量增加，定子电流的有功分量也随之增加，于是，电机的功率因数提高，在接近额定负载时，功率因数达到最大值。因为从空载到额定负载时，转差率 s 数值很小，且变化不大，所以转子功率因数角 φ_2 几乎不变，但当负载超过额定值时，s 值将增大较多，因此 φ_2 变大，转子电流中的无功分量增加，从而使电动机定子功率因数又重新下降。异步电动机功率因数特性如图 4.14 所示。一般的异步电动机，额定负载时的功率因数在 $0.75 \sim 0.90$ 范围内。

（5）效率特性　　$\eta = f(P_2)$

根据效率的定义，异步电动机的效率为：

$$\eta = 1 - \frac{\sum P}{P_1} = \frac{P}{P_2 + P_{Cu1} + P_{Fe} + P_{Cu2} + P_{\Omega} + P_{\Delta}} \tag{4-36}$$

异步电动机中的损耗也可分为不变损耗和可变损耗两部分。不变损耗包括铁损耗 P_{Fe} 和机械损耗 P_{Ω}，可变损耗包括定、转子铜损耗 P_{Cu1}、P_{Cu2} 和附加损耗 P_{Δ}。当输出功率增加时，可变损耗增加较慢，所以效率上升很快；当可变损耗等于不变损耗时，异步电动机的效率最高。此时，电动机的负载为 $0.7 \sim 1.0$ 倍的额定负载，最大效率为 $75\% \sim 94\%$，且电机容量越大，运行效率越高。当负载超过额定负载时，随着负载的继续增加，可变损耗增加很快，因此效率下降，如图 4.14 所示。

4.1.6　三相异步电动机的启动、反转、调速和制动

1. 三相异步电动机的启动

（1）直接启动

直接启动又称为全电压启动。它是指电动机定子直接加具有额定频率的额定电压使其从静止状态变为旋转状态的一种启动方法。由于直接启动设备简单、操作方便、启动时间短，因此，凡是条件允许的地方，都尽可能采用直接启动。但是，直接启动的启动电流大，引起电压出现较大的降落，在某些场合会给电动机本身以及电网造成危险，因此这种启动方法一般用于小容量的鼠笼型异步电动机（小于 10kW）。

（2）降压启动

这种启动方法适用于不能直接启动而负载又比较轻的场合。

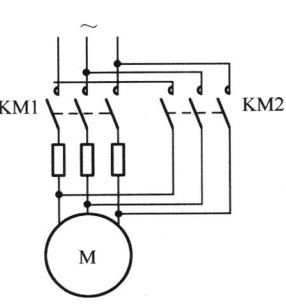

（1）定子串联电阻降压启动。图 4.15 为定子串联对称电阻的降压启动接线图。开始启动时，KM1 闭合，将启动电阻 R_{st} 串接入定子电路中，接通额定的三相电源后，定子绕组的电压为额定电压减去启动电流在 R_{st} 上造成的电压降，实现降压启动。当电动机转速升高到某一定数值时，断开 KM1，闭合 KM2，切除启动电阻，电动机全压运行在固有机械特性线上，直至达到稳定转速。

图 4.15　定子串联电阻降压启动接线图

（2）自耦变压器降压启动。图 4.16 为自耦变压器降压启动的接线图。当 KM1 断开、KM2 和 KM3 闭合时，电源电压 U_1 经过自耦变压器 T 后，降为 U_2 加在电动机上，电动机得电启动；当转速上升到一定数值时，断开 KM2 和 KM3，闭合 KM1，将全压加到电动机定子上，电动机继续升速到稳定状态。

设自耦变压器变比为 K，则采用这种方法降压启动时的启动电流和启动转矩均下降为直接启动时的 $\dfrac{1}{K^2}$。

（3）星形—三角形启动。星形—三角形启动，就是在启动时电动机定子绕组为星形接法，正常运行时改变为三角形接法，其接线图如图 4.17 所示。

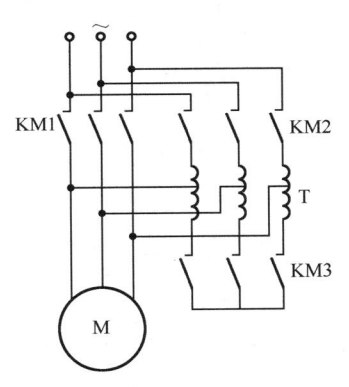

图 4.16　自耦变压器降压启动接线图

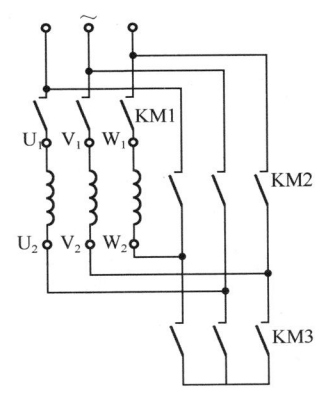

图 4.17　异步电动机星形-三角形启动接线图

启动时，KM1、KM3 闭合，KM2 断开，则电动机定子接成星形，绕组上相电压低于额定相电压，转速升高到指定值时，将 KM3 断开，KM2 闭合，电动机全压升速到稳定运行。采用这种方法的启动电流和启动转矩均为直接启动时的 1/3。

2. 三相异步电动机的反转

三相异步电动机的反转是靠改变定子绕组的电源相序实现的。图 4.18 为电动机反转的控制线路。图中，QS 为三极隔离开关；FU 为熔断器，用于电路的短路保护；FR 为热继电器，对电动机起过载保护作用。当正转时，KM1 闭合，KM2 断开；反转时 KM1 断开，KM2 闭合。

3. 三相异步电动机的调速

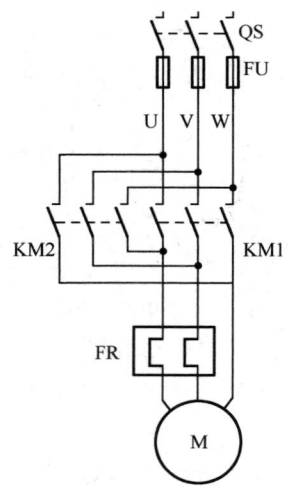

图 4.18 三相异步电动机
的反转控制线路

异步电动机在调速特性方面不如直流电动机,但因为异步电动机结构简单,运行可靠,维护方便,在容量、转速、电压上都能高于直流电动机,而体积、重量、价格都比同容量的直流电动机低,所以在生产和生活的各个领域里得到极其广泛的应用,关于它的调速问题也一直是人们努力不懈的研究课题。目前已经研究出很多类型的交流调速装置,有的形成了产品系列。尽管交流调速付诸实践仅仅是开端,却已经显示出它的生命力和广阔的前景,所以有必要了解异步电动机的调速原理。

异步电动机的转速为:

$$n = (1-s)n_N = \frac{60f_1}{p}(1-s) \qquad (4\text{-}37)$$

可见,要调节异步电动机的转速。可以改变定子绕组极对数 p,称为变极调速;也可以改变定子电源频率 f_1,称为变频调速;还可以改变转差率 s,如改变定子电压或改变定、转子参数等。

（1）变极调速

在异步电动机中,当定、转子极对数相等时,才能获得稳定的平均电磁转矩。一旦改变定子极对数,只有鼠笼型异步电动机的转子能自动使极对数与定子极对数相等,所以变极调速只适用于鼠笼型异步电动机。

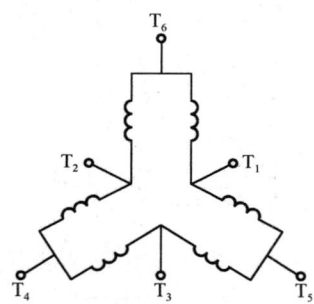

图 4.19 △-YY 接法变极

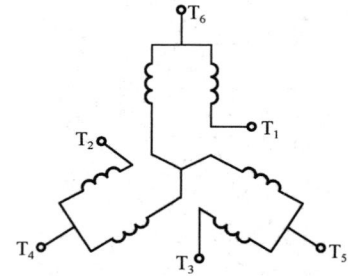

图 4.20 Y-YY 接法变极

实际中常用的变极接线方式有△-YY 和 Y-YY 两种。

① △-YY 接法:如图 4.19 所示,将 T_4、T_5、T_6 悬空,电源接在 T_1、T_2、T_3 端,则电动机定子绕组为△接法,极对数为 p;当把 T_1、T_2、T_3 连在一起,电源接在 T_4、T_5、T_6 端,则电动机定子为 YY 接法,极对数减少一半,为 $p/2$,同步转速提高一倍。

② Y-YY 接法:如图 4.20 所示,当把 T_1、T_2、T_3 接电源时,每相的两个"半绕组"串联,极对数为 p,同步转速为 n_1;接成 YY 时,每相的两个"半绕组"反向并联,极对数为 $p/2$,则同步转速为 $2n_1$,比接成 Y 时提高一倍。

变极调速所需设备简单,成本不高,操作方便,但属有级调速,平滑性差。

（2）转子串电阻调速

绕线型异步电动机转子串电阻调速是改变转差率调速的一种类型。

如图 4.21 所示，调速前，电动机的电磁转矩与负载转矩平衡，电动机稳定运行。转子外串电阻 R_a（即图 4.21 中的 $R_{a3} > R_{a2} > R_{a1}$）后，电动机重新稳定运行。不过，此时的转速已被调到某一个较低的值了。

反之，若减少电动机外接电阻值，上述过程相反，电动机稳定运行在一个较高的转速。

转子串不同电阻调速的人为机械特性如图 4.21 所示。从图中可以看出异步电动机转子串电阻调速有如下特点。

① 转子串电阻时，同步转速不变。

② 转子所串电阻越大，机械特性越软，低速时电动机运行的相对稳定性越差。

③ 属于恒转矩调速方式，适宜带恒转矩负载，但在空载和轻载时调速范围比较小。

④ 属于有级调速，平滑性差。

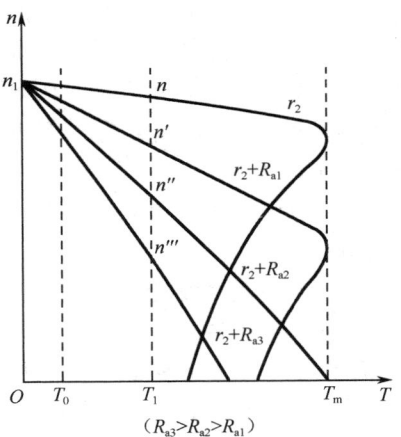

图 4.21 绕线型异步电动机转子回路串电阻调速的机械特性

转子串电阻调速虽然能耗大，但因为设备简单，成本较低，容易实施，便于维修，所以得到普遍应用。

（3）变频调速

改变定子电源频率 f_1，从而改变异步电动机同步转速 n_1，异步电动机转子转速 $n=（1-s）n_1$ 就随之得到调节，这种调节方法称为变频调速，可以实现异步电动机连续平滑的无级调速。

变频调速的主要问题是要有符合调速性能要求的变频电源。

以前用变频机组作为变频电源，是由异步电动机拖动直流发电机，作为直流电动机的电源，直流电动机拖动交流发电机，通过调节直流电动机的转速，调节交流发电机所发交流电的频率。该机组庞大，价格昂贵，噪声大，维护麻烦，所以仅用作钢厂多台辊道电动机同步调速的公共电源和需要调速性能好而不能采用直流电动机的易燃场合，难以推广。

现在由于电子技术的迅速发展，研制生产了多种静止的电子变频调速装置，不但体积小、重量轻、无噪声，而且功能多，便于实现自动控制，调速性能可与直流电动机媲美，唯一的缺点是目前价格较高。随着电子工业的进一步发展，电子变频调速装置的性能将逐步提高，价格将逐步下降，应用将日益广泛。

4．异步电动机的制动

当电动机与电源断开后，由于电动机的转动部分有惯性，因此电动机仍继续运行，要经过若干时间才能停转。在某些生产机械上要求电动机能迅速停转，以提高生产率，为此，需要对电动机进行制动。制动的方法较多，以下只对反接制动和能耗制动做简要介绍。

（1）反接制动

参看图 4.18。当电动机反接后旋转磁场便反向旋转，转子绕组中的感应电动势及电流的方向也都随之改变，此时转子所产生的转矩，其方向与转子的旋转方向相反，故为一制动转矩，在制动转矩作用下，电动机的转速很快地降到零。当电动机的转速接近于零时，应立即

切断电源，以免电动机反向旋转。

（2）能耗制动

这种制动方法是在切断三相电源的同时，接通直流电源，使直流电流通入定子绕组。直流电流的磁场是固定不动的，而转子由于惯性继续在原方向转动。根据右手定则和左手定则不难确定这时的转子电流与固定磁场相互作用产生的转矩方向。它与电动机转动的方向相反，因而起制动的作用。制动转矩的大小与直流电流的大小有关。直流电流的大小一般为额定电流的 0.5～1 倍。

这种制动方法是将电动机轴上的旋转动能转变为电能，消耗在回路电阻上，故称为能耗制动。

两种制动方法相比，各有优缺点，反接制动的优点是制动力量强，无须直流电源；缺点是制动过程中冲击强烈，易损坏传动零件，频繁地反接制动，会使电动机过热而损坏。能耗制动的优点是制动较强且平稳，无冲击；缺点是需要直流电源，在电动机功率较大时直流制动设备价格较贵，低速时制动转矩较小。

知识应用

任务4.2 三相异步电机在机床电器中的应用

异步电动机与其他类型电机相比，之所以能得到广泛的应用是因为它具有结构简单、制造容易、运行可靠、效率较高、成本较低和坚固耐用等优点。随着电气化和自动化程度的不断提高，异步电动机将占有越来越重要的地位。而随着电力电子技术的不断发展，由异步电动机构成的电力拖动系统也将得到越来越广泛的应用。

任务目标

1. 通过对三相异步电动机各种控制线路的实际安装接线，掌握由电气原理图变换成安装接线图的知识；

2. 通过实训进一步加深理解实现三相异步电动机各种控制要求的方法和各自的特点。

4.2.1 三相异步电动机点动和自锁控制线路

1. 实训设备

三相鼠笼型异步电动机、继电器、接触器、按钮等控制器件，以及电机导轨、测速编码器等。

2. 实训线路

（1）点动控制线路（参看图4.22）

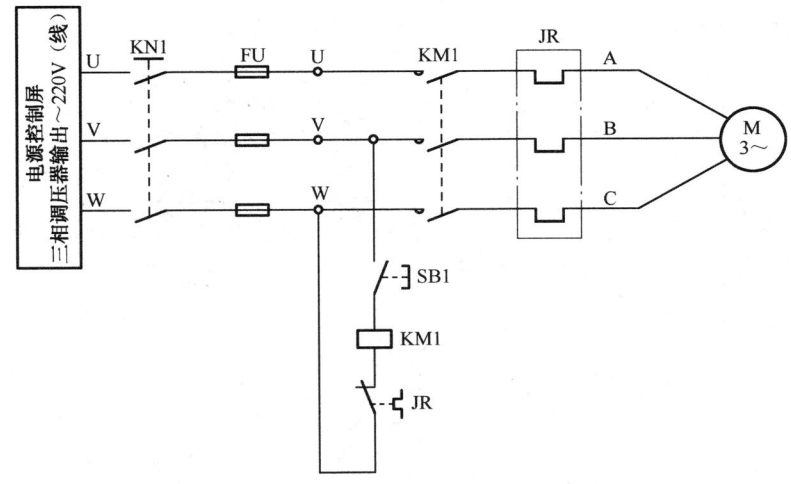

图 4.22　点动控制线路

实训步骤

① 将三相交流电源输出端 U、V、W 的线电压调到 220V，以后保持不变。

② 按下控制屏上的"关"按钮以切断三相交流电源。按图 4.22 所示的点动控制线路进行安装接线，接线时，先接主电路，它是从 220V 三相交流电源的输出端 U、V、W 开始，经三刀开关 KN1、熔断器 FU、接触器 KM1 的主触点，热继电器 JR 的热组件到电动机。

③ 电机要参看电机铭牌说明，按 220V 线电压要求接成 Y 或 △。

④ 主电路连接完整无误后，再连接控制电路，它是从熔断器 FU 后的 V 相开始，经过常开按钮 SB1、接触器 KM1 的线圈、热继电器 JR 的常闭触点到 W 相，显然它是对接触器 KM1 线圈供电的电路。

⑤ 开机时先合 QS，再按下按钮 SB1 时，KM1 线圈通电将主电路中的 KM1 主触点吸合，电动机 M 因接通电源而被投入运转。当松开 SB1 时，KM1 线圈断电，KM1 主触点断开，M 停止运转。

实验线路经指导教师检查无误后，方可按下控制屏上的"开"按钮，按下列步骤进行通电实验。

a. 合上开关 KN1，接通三相交流 220V 电源。

b. 按下启动按钮 SB1，对电动机 M 进行点动操作，即比较按下 SB1 与松开 SB1 时电动机 M 的运转情况。

（2）自锁控制线路（参看图 4.23）

实训步骤

按下控制屏上的"关"按钮以切断三相交流电。按图 4.23 所示的自锁线路进行接线，它与图 4.22 的不同只在于控制电路中多串联一只常闭按钮 SB2，同时在 SB1 上并联有一只接触器 KM1 的常开触点，起自锁作用。实验线路经指导教师检查无误后，方可按下控制屏上的"开"按钮，按下列步骤进行通电实验。

① 合上开关 KN1，接通三相交流 220V 电源。

② 按下启动按钮 SB1，松手观察电动机 M 是否继续运转。

③ 按下停止按钮 SB2，松手观察电动机 M 是否停止运转。

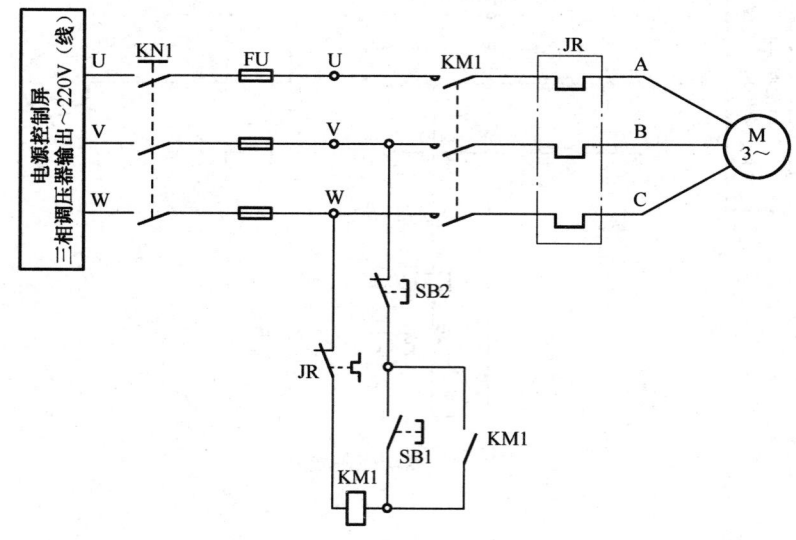

图 4.23　自锁控制线路

3．实训讨论

（1）比较点动控制线路与自锁控制线路，从结构上看主要区别是什么？从功能上看主要区别是什么？

（2）图中各个电器如 KN1、FU、KM1、JR、SB1、SB2 各起什么作用？

（3）图 4.23 电路能否对电动机实现过流保护、短路保护和失压保护？

4.2.2　三相异步电动机的正反转控制线路

1．实训设备

三相鼠笼型异步电动机、继电器，接触器、按钮等控制器件，以及电机导轨、测速编码器等。

2．实训线路

（1）接触器联锁的正反转控制线路（参看图 4.24）

实训步骤

① 将三相交流电源输出端 U、V、W 的线电压调到 220V，以后保持不变。

② 按下控制屏上的"关"按钮以切断三相交流电源。按图 4.24 所示的接触器联锁的正反转控制线路进行安装接线，接线时，先接主电路，它是从 220V 三相交流电源的输出端 U、V、W 开始，经三刀开关 KN1、熔断器 FU、接触器 KM1、KM2 的主触点，热继电器 JR 的热组件到电动机。

③ 电机要参看电机铭牌说明，按 220V 线电压要求接成 Y 或△。

④ 主电路连接完整无误后，再连接控制电路。

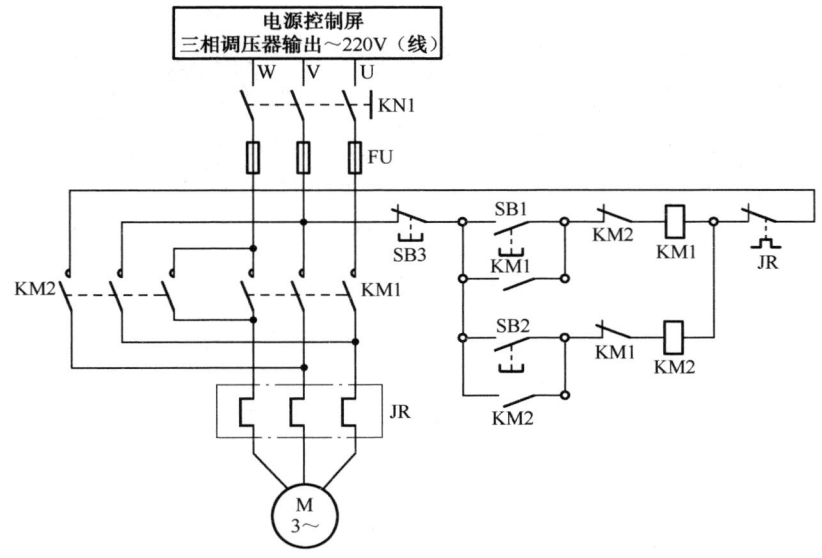

图 4.24 接触器联锁的正反转控制线路

实验线路经指导教师检查无误后，方可按下控制屏上的"开"按钮，按下列步骤进行通电实验。

a. 合上电源开关 KN1，接通三相交流 220V 电源。

b. 按下按钮 SB1，观察并记录电动机 M 的转向，自锁和联锁触点的吸断状态。

c. 按下按钮 SB2，观察并记录电动机 M 的转向，自锁和联锁触点的吸断状态。

d. 按下按钮 SB3，观察并记录电动机 M 运转状态，自锁和联锁触点的吸断状态。

e. 再按下 SB2，观察并记录电动机 M 的转向、自锁和联锁触点的吸断状态。

（2）接触器和按钮双重联锁的正反控制线路（参看图 4.25）

按下"关"按钮以切断三相交流电源，按图 4.25 所示的接触器和按钮双重联锁的正反控制线路进行安装接线。经指导教师检查无误后，方可按下"开"按钮按下列实验步骤进行通电实验。

① 合上开关 KN1，接通 220V 交流电源。

② 按下按钮 SB1，观察并记录电动机 M 的转向，自锁和联锁触点的吸断状态。

③ 按下按钮 SB2，观察并记录电动机 M 的转向，自锁和联锁触点的吸断状态。

④ 按下按钮 SB3，观察并记录电动机 M 运转状态，自锁和联锁触点的吸断状态。

⑤ 将 SB1 按下一半（即不是按到底），将 SB2 按到底，分别观察电机运转状态，自锁和联锁触点的吸断状态。

⑥ 将 SB2 按下一半（即不是按到底），将 SB1 按到底，分别观察上述状态。

⑦ 同时按下 SB1 和 SB2，观察上述状态。

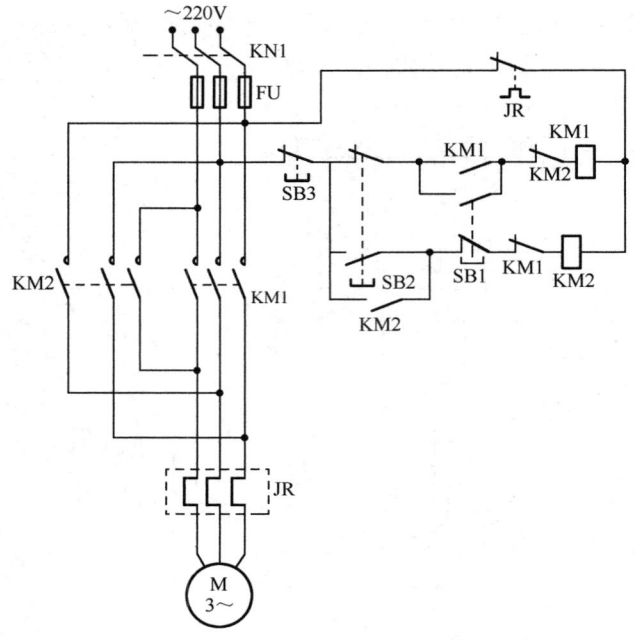

图 4.25　接触器和按钮双重联锁的正反控制线路

3．实训讨论

（1）在图 4.24 的实验中，自锁触点的功能是什么？

（2）在图 4.24 的实验中，联锁触点的功能是什么？

（3）在图 4.25 的实验中，使用了双重联锁，和图 4.24 实验相比，有什么特点？

4.2.3　三相异步电动机 Y-△ 降压启动控制线路

1．实训设备

三相鼠笼型异步电动机、继电器、接触器、按钮等控制器件，以及电机导轨、测速编码器、智能存储式真有效值电流表等。

2．实训线路

（1）接触器控制 Y-△ 启动线路（参看图 4.26）

实训步骤

① 将三相交流电源输出端 U、V、W 的线电压调到 220V，以后保持不变。

② 按下控制屏上的"关"按钮以切断三相交流电源。按实训图 4.26 所示的接触器控制 Y-△ 降压启动控制线路进行接线，接线时，先接主电路，再连接控制电路，注意交流电流表可接入任何一相主电路。

③ 电机要参看电机铭牌说明，要选用按△接 220V 线电压的电机。

实验线路经指导教师检查无误后，方可按下控制屏上的"开"按钮，按下列步骤进行通电实验。

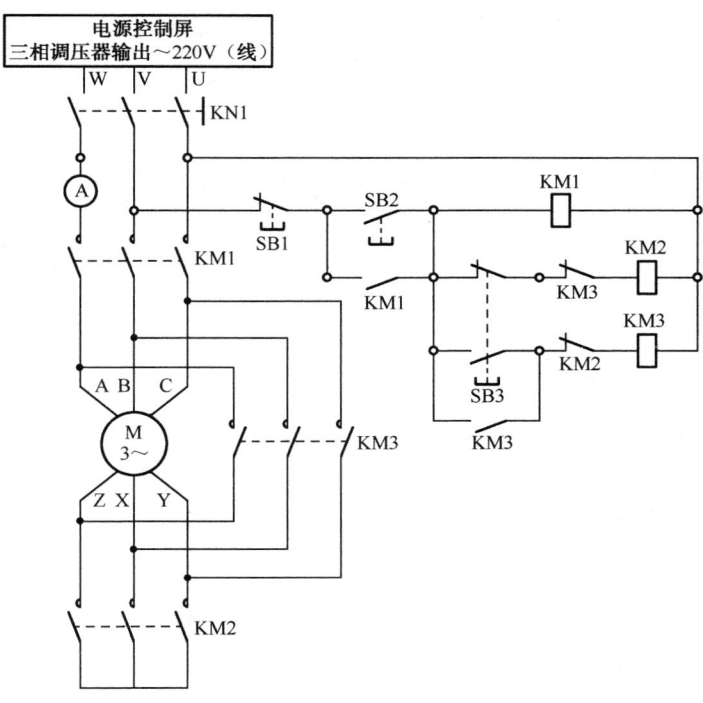

图 4.26 接触器控制 Y-△启动线路

a．合上挂箱 RTDJ13-1 上的开关 KN1，接通三相交流 220V 电源。

b．按下按钮 SB2，电机作 Y 接法启动，注意观察启动时，电流表最大读数。

c．按下按钮 SB3，使电机为△接法运行。

d．按下按钮 SB1，电机断电停止运行。

e．先按下按钮 SB3，再同时按下启动按钮 SB2，观察电机在△接法直接启动时电流表最大读数。

（2）时间继电器控制 Y-△启动控制线路（参看图 4.27）

按下"关"按钮切断三相交流电源，按图 4.27 所示的时间继电器 Y-△启动控制线路进行接线。经指导教师检查后按下列步骤进行通电实验。

① 合上开关 KN1，接通三相交流 220V 电源。

② 按下启动按钮 SB1，电动机 M 作 Y 接法启动，经过一定的延时时间，电机自动按△接法正常运行。

③ 调节时间继电器的延时螺钉，观察电机从 Y 接法自动转为△接法的延时时间。

④ 按下停止按钮 SB2，电动机 M 停止运转。

3．讨论题

（1）试比较 Y 启动与△启动电流大小，结果说明了什么问题？

（2）采用 Y-△降压启动的方法时对电动机有何要求？

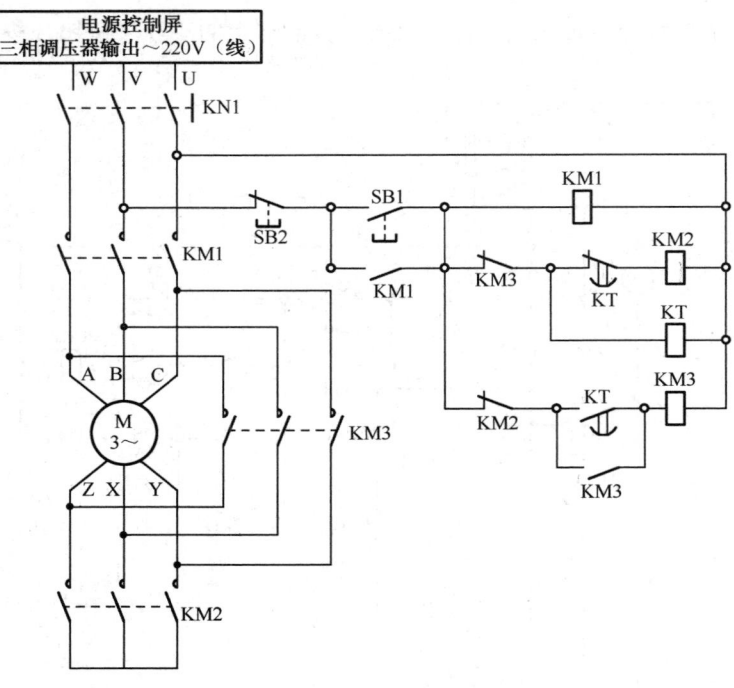

图 4.27　时间继电器控制 Y-△启动线路

4.2.4　能耗制动控制线路

1．实训设备

三相鼠笼型异步电动机、继电器、接触器、按钮等控制器件，以及电机导轨、测速编码器、智能存储式真有效值电流表、三相可调电阻等。

2．实训线路

异步电动机能耗制动控制线路，如图 4.28 所示。

实训步骤

（1）将三相交流电源输出端 U、V、W 的线电压调到 220V，以后保持不变。

（2）按下控制屏上的"关"按钮以切断三相交流电源。按图 4.28 所示的异步电动机能耗制动控制线路进行接线，接线时，先接主电路，再连接控制电路，注意交流电流表的接法。

（3）电机要参看电机铭牌说明，按 220V 线电压要求接成 Y 或△。

实验线路经指导教师检查无误后，方可按下控制屏上的"开"按钮，按下列步骤进行通电实验。

① 调节能耗制动的限流电阻 R 值，使流过电动机的直流制动电流约为电动机的额定电流值。

② 调节时间继电器，使延时时间约为 10 秒。

③ 接通三相交流 220V 电源。

④ 按下 SB2，使电动机 M 启动运转。

⑤ 待电动机运转稳定后，按下 SB1，观察并记录电动机 M 从按下 SB1 起至电动机停止旋转止的能耗制动时间。

⑥ 增大限流电阻 R 值，使流过电动机的直流制动电流小于电机额定电流，分别观察并记录电动机 M 能耗制动的时间，并比较分析与理论是否符合。

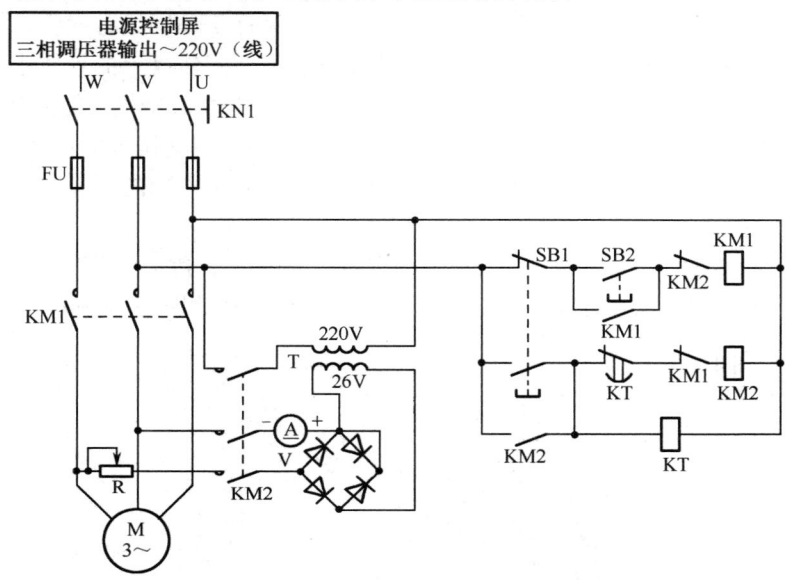

图 4.28　异步电动机能耗制动控制线路

3．讨论题

（1）比较限流电限与制动时间的关系，结果说明了什么？

（2）对限流电阻有何要求？

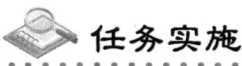 **任务实施**

任务 4.3　X62W 型万能铣床电气控制

 **任务目标**

1．了解 X62W 型万能铣床的结构与特点。

2．掌握 X62W 型万能铣床电气控制原理。

3．完成 X62W 型万能铣床电气控制的安装接线。

4．通过实训进一步加深理解实现三相异步电动机各种控制要求的方法和特点。

4.3.1　X62W 型万能铣床的结构与特点

X62W 型万能铣床是一种通用的多用途机床，它可以进行平面、斜面、螺旋面及成型表面的加工，是一种较为精密的加工设备，它采用继电接触器电路实现电气控制。其操作是通

过手柄同时操作电气与机械，以达到机电紧密配合完成预定的操作，是机械与电气结构联合动作的典型控制，是自动化程度较高的组合机床。

X62W 型万能铣床的结构（图 4.29）主要由床身、主轴、刀杆、悬梁、刀杆支架、工作台、回转盘、横溜板、升降台、底座等几部分组成。在床身的前面有垂直导轨，升降台可沿着它上下移动。在升降台上面的水平导轨上，装有可在平行主轴轴线方向移动（前后移动）的溜板。溜板上部有可移动的回转盘，工作台就在溜板上部回转盘上的导轨上作垂直于主轴轴线方向移动（左右移动）。工作台上有 T 形槽用来固定工件。这样，安装在工作台上的工件就可以在三个坐标上的 6 个方向调整位置或进给。铣床主轴带动铣刀的旋转运动是主运动；铣床工作台的前后（横向）、左右（纵向）和上下（垂直）6 个方向的运动是进给运动；铣床的其他运动，如工作台的回转运动则属于辅助运动。

此外，由于回转盘可绕中心转过一个角度（通常是±45°），因此工作台在水平面上除了能在平行于或垂直于主轴轴线方向进给，还能在倾斜方向进给，可以加工螺旋槽，故称万能铣床。

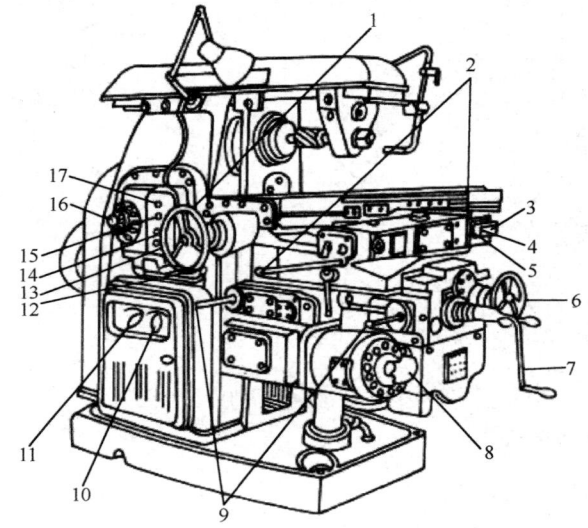

1、2—纵向工作台进给手动手轮和操纵手柄；3、15—主轴停止按钮；4、17—主轴启动按钮；5、14—工作台快速移动按钮；
6—工作台横向进给手动手轮；7—工作台升降进给手动摇把；8—自动进给变速手柄；9—工作台升降、横向进给手柄；
10—油泵开关；11—电源开关；12—主轴瞬时冲动手柄；13—照明开关；16—主轴调速转盘

图 4.29　X62W 型万能铣床外形结构图

X62W 型万能铣床特点如下。

（1）能完成很多普通机床难以加工或者根本不能加工的复杂型面的加工。

（2）采用 X62W 型铣床可以提高零件的加工精度，稳定产品的质量。

（3）采用 X62W 可以比普通机床提高 2～3 倍生产率，对复杂零件的加工，生产率可以提高十几倍甚至几十倍。

（4）大大减轻了工人的劳动强度。

4.3.2　X62W 型万能铣床的电气控制线路

X62W 型卧式普通铣床电气原理图（图 4.30）。该机床共有以下三台电动机。

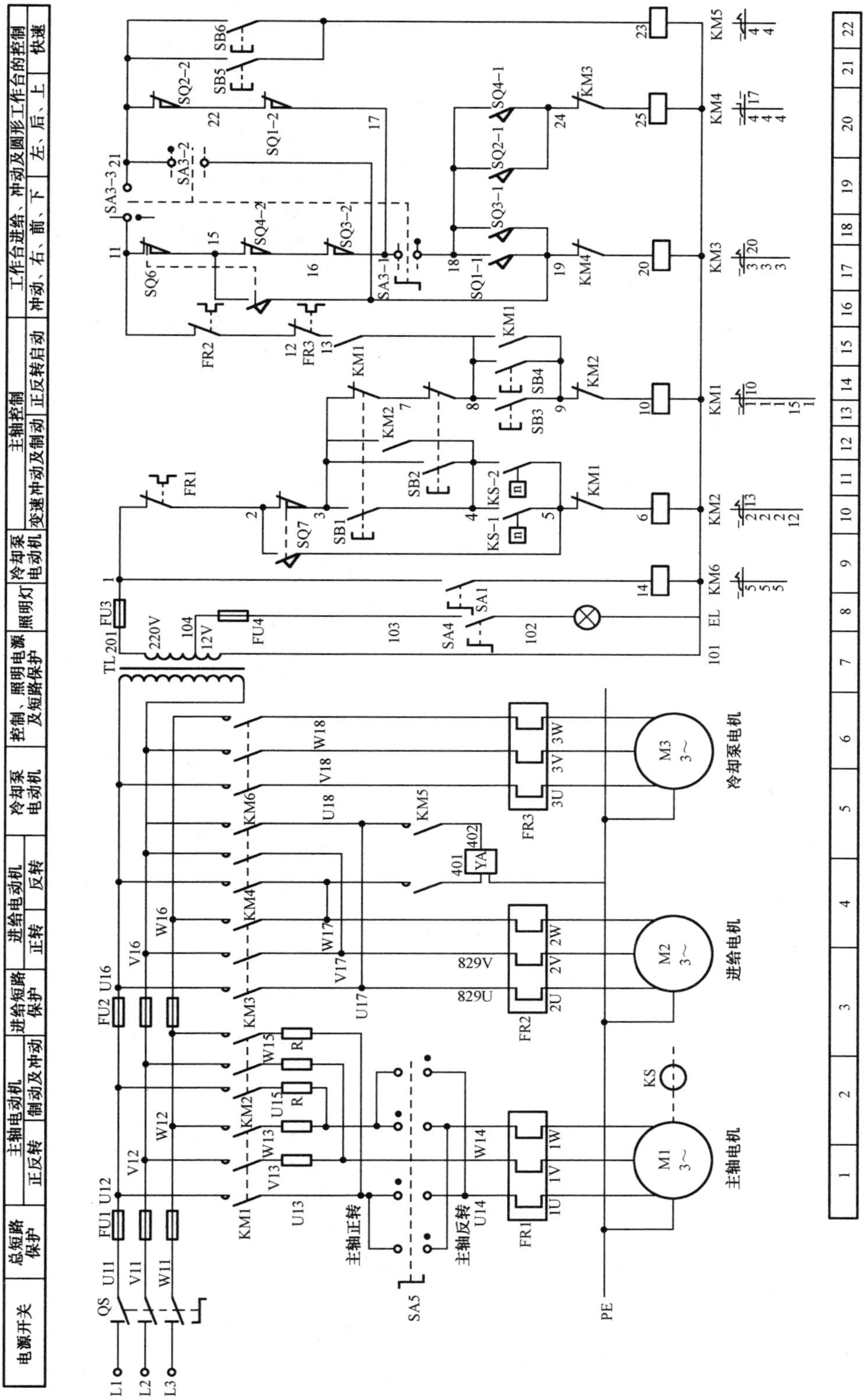

图4.30　X62W型卧式普通铣床电气原理图

（1）M1 是主轴电动机，在电气上需要实现启动控制与制动快速停转控制，为了完成顺铣与逆铣，还需要正反转控制，此外还需主轴临时制动以完成变速操作过程。

（2）M2 是工作台进给电动机，X62W 型万能铣床有水平工作台和圆形工作台，其中水平工作台可以实现纵向进给（有左右两个进给方向）、横向进给（有前后两个进给方向）和升降进给（有上下两个进给方向），圆形工作台转动有四个运动，铣床当前只能进行一个进给运动（普通铣床上不能实现两个或两个以上进给运动的联动），通过水平工作台操作手柄、圆形工作台转换开关、纵向进给操作手柄、十字复式操作手柄等选定，选定后 M2 的正、反转就是所选定进给运动的两个进给方向。

YA 是快速牵引电磁铁。当快速牵引电磁铁线圈通电后，牵引电磁铁通过牵引快速离合器中的连接控制部件，使水平工作台与快速离合器连接实现快速移动，当 YA 断电时，水平工作台脱开快速离合器，恢复慢速移动。

（3）M3 是冷却泵电动机，只有在主轴电动机 M1 启动后，冷却泵电动机才能启动。

4.3.3　X62W 型万能铣床的电气控制元件符号及其功能

X62W 型万能铣床的电气元件符号及其功能如表 4.3 所示。

表 4.3　X62W 型万能铣床电气元件符号及其功能

电气元件符号	名称及用途
QS	电源隔离开关
FU1～FU4	熔断器
M1	主轴电动机
M2	进给电动机
M3	冷却泵电动机
YA	快速牵引电磁铁
FR1	主轴电动机热继电器
FR2	进给电动机热继电器
FR3	冷却泵热继电器
TL	变压器
KM1	主电动机启停控制接触器
KM2	反接制动控制接触器
KM3、KM4	进给电动机正转、反转控制接触器
KM5	快移控制接触器
KM6	冷却泵电动机启停控制接触器
SB1、SB2	分设在两处的主轴停止按钮
SB3、SB4	分设在两处的主轴启动按钮
SB5、SB6	工作台快速移动按钮
SQ1	工作台向右进给行程开关

电气元件符号	名称及用途
SQ2	工作台向左进给行程开关
SQ3	工作台向前向上进给行程开关
SQ4	工作台向后向下进给行程开关
SQ6	进给变速控制开关
SQ7	主轴变速制动开关
SA1	冷却泵转换开关
SA3	圆形工作台转换开关
SA4	照明灯开关
SA5	主轴正反转转换开关
KS	速度继电器
R	限流电阻

4.3.4 X62W 型万能铣床的电气控制原理

1. 动力电路识读

（1）主轴转动电路

三相电源通过 FU1 熔断器，由电源隔离开关 QS 引入 X62W 型万能铣床的主电路。在主轴转动区中，FR1 是热继电器的加热元件，起过载保护作用。

KM1 主触点闭合、KM2 主触点断开时，SA5 组合开关有顺铣、停、逆铣三个转换位置，分别控制 M1 主电动机的正转、停、反转 。一旦 KM1 主触点断开，KM2 主触点闭合，则电源电流经 KM2 主触点、两相限流电阻 R 在 KS 速度继电器的配合下实现反接制动。

与主电动机同轴安装的 KS 速度继电器检测元件对主电动机进行速度监控，根据主电动机的速度对接在控制线路中的速度继电器触点 KS1、KS2 的闭合与断开进行控制。

（2）进给运动电路

KM3 主触点闭合、KM4 主触点断开时，M2 电动机正转。反之 KM3 触点断开、KM4 触点闭合时，则 M2 电动机反转。

M2 正、反转期间，KM5 主触点处于断开状态时，工作台通过齿轮变速箱中的慢速传动路线与 M2 电动机相连，工作台作慢速自动进给；一旦 KM5 主触点闭合，则 YA 快速进给磁铁通电，工作台通过电磁离合器与齿轮变速箱中的快速运动传动路线与 M2 电动机相连，工作台作快速移动。

（3）冷却泵电路

KM6 主触点闭合，M3 冷却泵电动机单向运转；KM6 断开，则 M3 停转。主电路中，M1、M2、M3 均为全压启动。

2．控制线路识读

TL 变压器的一次侧接入交流电压，二次侧分别接出 220V 与 12V 两路二相交流电，其中 12V 供给照明线路，而 220V 则供给控制线路使用。

（1）主轴电动机 M1 控制

① 主轴电动机全压启动

主轴电动机 M1 采用全压启动方式，启动前由组合开关 SA5 选择电动机转向，控制线路中 SQ7-1 断开、SQ7-2 闭合时主轴电动机处在正常工作方式。

按下 SB3 或 SB4 时，KM1 线圈接通，而 KM1 常开辅助触点闭合形成自锁。主轴转动电路中因 KM1 主触点闭合，主电动机 M1 按 SA5 所选转向启动。

② 主轴电动机制动控制

按下 SB1 或 SB2 时，KM1 线圈因所在支路断路而断电，导致主轴转动电路中 KM1 主触点断开。

由于控制线路分别接入了两个受 KS 速度继电器控制的触点 KS-1（正向触点）、KS-2（反向触点）。按下 SB1 或 SB2 的同时，KS-1 或 KS-2 触点中总有一个触点会因主轴转速较高而处于闭合状态，即正转制动时 KS-1 闭合，而反转制动时 KS-2 闭合，都将使 KM2 线圈通电，导致主轴转动电路中 KM2 主触点闭合。

主轴转动电路中 KM1 主触点断开的同时，KM2 主触点闭合，主轴电动机 M1 中接入经过限流的反接制动电流，该电流在 M1 电动机转子中产生制动转矩，抵消 KM1 主触点断开后转子上的惯性转矩使 M1 迅速降速。

当 M1 转速接近零速时，原先保持闭合的 KS-1 或 KS-2 触点将断开，KM2 线圈会因所在支路断路而断电，从而及时卸除转子中的制动转矩，使主轴电动机 M1 停转。

SB1 与 SB3、SB2 与 SB4 两对按钮分别位于 X62W 型万能铣床两个操作面板上，实现主轴电动机 M1 的两地操作控制。

③ 主轴变速制动控制

主轴变速时既可在主轴停转时进行，也可有主轴运转时进行。当主轴处于运转状态，拉出变速操作手柄将使变速开关 SQ7 触动，SQ7 率先断开 KM1 线圈所在支路，然后使 KM2 线圈通电。

主轴转动电路中 KM1 主触点率先断开。KM2 主触点随后闭合，主电动机 M1 反接制动，转速迅速降低并停车，保证主轴变速过程顺利进行。

主轴变速完成后，推回变速操作手柄，KM2 主触点率先断合，KM1 主触点随后闭合，主轴电动机 M1 在新转速下重新运转。

（2）进给电动机 M2 控制

只有 SB3、SB4、KM1 三个触点中的一个触点保持闭合时，KM1 线圈才能通电，而线圈 KM1 通电之后，进给控制区和快速进给区的控制线路部分才能接入电流，即 X62W 型万能铣床的进给运动与刀架快速运动只有在主轴电动机启动运转后才能进行。

① 水平工作台纵向进给控制

水平工作台左右纵向进给前，机床操纵面板上的十字复合手柄扳到"中间"位置，使工作台与横向前后进给机械离合器，同时与上下升降进给机械离合器脱开；而圆形工作台转换开关

SA3 置于"断开"位置，使圆形工作台与圆形工作台转动机械离合器也处于脱开状态。以上操作完成后，水平工作台左右纵向进给运动就可通过纵向操作手柄与行程开关 SQ1 和 SQ2 组合控制。

纵向操作手柄有左、中间、右三个操作位置。当手柄扳到"中间"位置时，纵向机械离合器脱开，行程开关 SQ1-1、SQ1-2、SQ2-1、SQ2-2 不受压，KM3 与 KM4 线圈均处于断电状态，主电路中 KM3 与 KM4 主触点断开，电动机 M2 不能转动，工作台处于停止状态。

纵向手柄扳到"右"位置时，将合上纵向进给机械离合器，使行程开关 SQ1 压下（SQ1-1 闭合、SQ1-2 断开）。因 SA3 置于"断开"位置，导致 SA3-1 闭合，通过 SQ6、SQ4-2、SQ3-2、SA3-1、SQ1-1 的支路使 KM3 线圈通电，电动机 M2 正转，工作台右移。

纵向手柄扳到"左"位置时，将压下 SQ2 而使 SQ2-1 闭合、SQ2-2 断开，通过 SQ6、SQ4-2、SQ3-2、SA3-1、SQ2-1 的支路使 KM4 线圈通电，电动机 M2 反转，工作台左移。

② 水平工作台横向进给控制

当纵向手柄扳到"中间"位置、圆形工作台转换开关置于"断开"位置时，SA3-1、SA3-3 接通，工作台进给运动就通过十字复合手柄不同工作位置选择以及 SQ3、SQ4 组合确定。

十字复合手柄扳到"前"位置时，将合上横向进给机械离合器并压下 SQ3 而使 SQ3-1 闭合、SQ3-2 断开，因 SA3-1、SA3-3 接通，所以经 SA3-3、SQ2-2、SQ1-2、SA3-1、SQ3-1 的支路使 KM3 线圈通电，电动机 M2 正转，工作台横向前移。

十字复合手柄扳到"后"位置时，将合上横向进给机械离合器并压下 SQ4 而使 SQ4-1 闭合、SQ4-2 断开，因 SA3-1、SA3-3 接通，所以经 SA3-3、SQ2-2、SQ1-2、SA3-1、SQ4-1 的支路使 KM4 线圈通电，电动机 M2 反转，工作台横向后移。

③ 水平工作台升降进给控制

十字复合手柄扳到"上"位置时，将合上升降进给机械离合器并压下 SQ3 而使 SQ3-1 闭合、SQ3-2 断开，因 SA3-1、SA3-3 接通，所以经 SA3-3、SQ2-2、SQ1-2、SA3-1、SQ3-1、KM4 常闭辅助触点的支路使 KM3 线圈通电，电动机 M2 正转，工作台上移。

十字复合手柄扳到"后"位置时，将合上升降进给机械离合器并压下 SQ4 而使 SQ4-1 闭合、SQ4-2 断开，因 SA3-1、SA3-3 接通，所以经 SA3-3、SQ2-2、SQ1-2、SA3-1、SQ4-1、KM3 常闭辅助触点的支路使 KM4 线圈通电，电动机 M2 反转，工作台下移。

④ 水平工作台在左右、前后、上下任一个方向移动时，若按下 SB5 或 SB6，KM5 线圈通电，主电路中因 KM5 主触点闭合导致牵引电磁铁线圈 YA 通电，于是水平工作台接上快速离合器而朝所选择的方向快速移动。当 SB5 或 SB6 按钮松开时，快速移动停止并恢复慢速移动状态。

⑤ 水平工作台进给联锁控制

如果每次只对纵向操作手柄（选择左、右进给方向）与十字复合操作手柄（选择前、后、上、下进给方向）中的一个手柄进行操作，必然只能选择一种进给运动方向，而如果同时操作两个手柄，就须通过电气互锁避免水平工作台的运动干涉。

由于受纵向手柄控制的 SQ2-2、SQ1-2 常闭触点串接在一条支路中，而受十字复合操作手柄控制的 SQ4-2、SQ3-2 常闭触点串接在一条支路中，假如同时操作纵向操作手柄与十字复合操作手柄，两条支路将同时切断，KM3 与 KM4 线圈均不能通电，工作台驱动电动机 M2 就不能启动运转。

⑥ 水平工作台进给变速控制

变速时向外拉出控制工作台变速的蘑菇形手轮，将触动开关 SQ6 使 SQ6 率先断开，线

圈 KM3 或 KM4 断电；随后 SQ6 再闭合，KM3 线圈通过通电，导致 M2 瞬时停转，随即正转。若 M2 处于停转状态，则上述操作导致 M2 正转。

蘑菇形手轮转动至所需进给速度后，再将手轮推回原位，这一操作过程中，SQ6 率先断开，随后闭合，水平工作台以新的进给速度移动。

⑦ 圆形工作台运动控制

为了扩大 X62W 型万能铣床的加工能力，可在水平工作台上安装圆形工作台。使用圆形工作台时，工作台纵向操作手柄与十字复合操作手柄均处于中间位置，圆形工作台转换开关 SA3 则置于"接通"位置，此时 SA3-2 闭合、SA3-1 和 SA3-3 断开，使 KM3 线圈通电，电动机 M2 正转并带动圆形工作台单向回转，其回转速度也可通过变速手轮调节。

由于圆形工作台控制支路中串联了 SQ4-2、SQ3-2、SQ1-2、SQ2-2 等常闭辅助触点，因此扳动水平工作台任意一个方向的进给操作手柄时，都将使圆形工作台停止回转运动。

（3）冷却泵电动机 M3 控制

SA1 转换开关置于"开"位时，KM6 线圈通电，冷却泵主电路中 KM6 主触点闭合，冷却泵电动机 M3 启动供液。而 SA1 置于"关"位置时，M3 停止供液。

（4）照明线路与保护环节

机床局部照明由 TL 变压器供给 12V 安全电压，转换开关 SA4 控制照明灯。

当主轴电动机 M1 过载时，FR1 动作断开整个控制线路的电源；进给电动机 M2 过载时，由 FR2 动作断开自身的控制电源；而当冷却泵电动机 M3 过载时，FR3 动作就可断开 M2、M3 的控制电源。

FU1、FU2 实现主电路的短路保护，FU3 实现控制电路的短路保护，而 FU4 则用于实现照明线路的短路保护。

任务 4.4　三相异步电动机的故障及检修

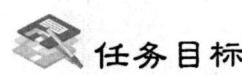任务目标

1. 掌握三相异步电动机运行前后的检查。
2. 了解电动机启动时的故障原因及检修方法。
3. 了解电动机运行时的故障原因及检修方法。

4.4.1　三相异步电动机运行前后的检查

1. 电动机启动前的检查

为了保证电动机能按要求正常启动，在电动机通电前的检查项目有以下五项。

（1）使用电源的种类和电压与电动机铭牌是否一致，电源容量与电动机的容量及启动方法是否合适。

（2）电动机接线及与电源连线是否正确，端子有无松动。

（3）开关和接触器等控制电器的容量是否与电动机的容量匹配。

（4）检查传动装置。皮带不得过紧或过松，连接要可靠，联轴器螺丝及销子应完整、坚固。

（5）电动机外壳应可靠接地，绕组相间及对地绝缘良好。

以上项目不一定每次启动前都要逐项检查但安装后第一次启动的电动机，必须仔细检查。

2．电动机启动后的检查

（1）启动电流是否正常。

（2）电动机旋转方向是否符合要求。

（3）仔细清查有无异常振动和声音（应特别注意观察气隙和轴承）。

（4）有无异味及冒烟现象。

3．运行中的检查

（1）加上负载后检查有无异常的振动和声音，如发现异常，应立即停机检查。

（2）电流大小与负载是否相当，有无过载现象。

（3）加负载后有无不正常的转速下降现象。

（4）各部分有无局部过热（包括配线在内）。电动机各部温升不应超过规定数值。

4.4.2 电动机启动时的故障分析及检修

1．电动机无声响又不转动

这是电源没有接通而出现的现象。可用电压表检查电动机出线端子处的电压，如测不到电压说明电源没有通入电动机，属供电设备的故障。如果用电压表检查电动机出线端有电压，且三相基本平衡，而电动机仍无声响又不转动，最大可能是星形接法的三相绕组中点没有连接或各相绕组均断线。此时可按绕组断路的方法找出断点进行修复。

2．电动机接通电源后发出嗡嗡声但不转动

这类故障多为电动机缺相运行或电动机启动转矩小于阻转矩所致。此时应立即断电进行检查。

先检查电源是否缺相，然后检查熔断器各相熔体是否完好，开关或接触器各相触点是否良好。然后检查电动机电源电压是否满足要求，绕组连接正确与否，最后检查电动机是否在机械方面被卡住不能转动，此时电动机通电时会有较大的嗡嗡声。若属于电器元件故障，应及时更换。如果是由于绕组接线错误而造成电压低，启动转矩小的情况，要将绕组重新连接。对于机械故障，主要是轴承问题，应及时处理。

3．电动机启动时有振动和异常响声

检查地脚螺丝是否牢固，是否因轴承磨损而引起电动机气隙不均，笼型转子导条开焊或断条，也会造成不正常的响声，因此应更换轴承或对笼型转子进行处理。

4.4.3 电动机运行时的故障分析及检修

1. 电动机过热或冒烟

由于电动机负载运行时的电压偏低或负载过重，使得电动机的电流在超过额定值的情况下长期运行，造成绕组温度增高，绝缘损坏，发生局部短路故障。出现这种情况应检查电源是否满足要求或电动机负载是否匹配，并及时进行处理。

2. 绝缘电阻降低

通常 500V 以下的电动机绝缘电阻可用 500V 摇表测量，一般电动机绕组的相间绝缘和对地绝缘电阻值不应低于 0.38MΩ。造成电动机绝缘电阻降低的原因可能是电动机内绕组受潮或绕组过热后绝缘老化。绕组受潮可直接进行加热烘干处理，若绝缘老化应先清洗、干燥并进行交流耐压试验，合格后重新做浸渍处理，然后继续使用。

异步电动机除了上述故障外，还有绕组的故障。绕组的常见故障有短路、断路和接地等。关于这些故障的检查和修理可参见单相异步电动机的绕组故障检修方法，这里不再赘述。

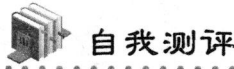 自我测评

请在下列表格中填写 X62W 型万能铣床所用主要电气元件符号及其功能

电气元件符号（每空1分）	简述功能（每空2分）

 习题4

1. 简述三相异步电动机的结构及各部分的作用。

2. 如何根据电机的铭牌进行定子的接线？

3. 如果把频率为 50Hz 的异步电动机接到频率为 60Hz 的电源，问电动机的转速是否发生变化，为什么？

4. 为什么异步电动机的空气隙较小？

5. 鼠笼型异步电动机的转子两端如果不用短路环焊接，在旋转磁场作用下会转动吗？

6. 运行中，若异步电动机转子被卡住不转，有无危险？为什么？

7. 一台三相 4 极 50Hz 异步电动机，$s=0.03$，求转子转速、相对转差。

8. 三相 8 极 50Hz 异步电动机，其额定转差率 $s_N=0.04$，试问：

（1）该电动机的同步转速是多少？

（2）转子转速是多少？

（3）当负载改变时，其同步转速是否改变？

（4）若运行在 700r/min，其转差率是多少？

9．一台三相异步电动机铭牌上写明，额定电压 380/220V，定子绕组接法为 Y-△。试问：

（1）使用时，如将定子绕组接成△形，接于 380V 的三相电源上，能否空载运行或带额定负载运行？会发生什么现象？为什么？

（2）使用时，如将定子绕组接成 Y 形，接于 220V 的三相电源上，能否空载运行或带额定负载运行？会发生什么现象？为什么？

10．一台三相异步电动机，P_N=10kW，U_N=380V，I_N=20A，$\cos\varphi$=0.85，n_N=1 450r/min，试求电机的同步转速、极对数和额定负载时的效率。

11．一台不拖动任何负载的三相异步电动机，当定子绕组加额定电压，如果不把它的转子堵转，电机的转子能不能转起来？为什么？

12．一台三相 4 极异步电动机拖动一负载，若转速分别为 n=1 470r/min，n=-700r/min，n=1 700r/min，这三种情况下，电动机各运行在什么状态下？

13．三相鼠笼型异步电动机各种降压启动方法的优缺点是哪些？

14．三相鼠笼型异步电动机有哪些调速方法？

单相交直流串励电动机的认识与应用

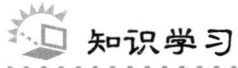知识学习

任务 5.1 单相交直流串励电动机的认识学习

单相串励电动机可使用交流电源，也可用直流电源，故通常称为交直流两用电动机。这种电动机的优点是启动转矩大（是额定转矩的 3～4 倍），过载能力强，转速高（空载转速可达 20 000r/min 以上），体积小，重量轻等；缺点是噪声大，对无线电设备有干扰，碳刷下火花大，换向困难，维护比较麻烦。由于此类电动机具有许多优点，常用于启动转矩大、转速高而且运行时间短的家用电器中，如电动缝纫机、地板打蜡机、电动吸尘器、全自动洗衣机、电吹风机、家用万能粉碎机以及手提式电动工具（电刨子、电动扳手、手电钻等）。

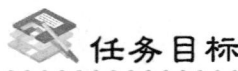任务目标

认识单相串励电动机的结构，掌握单相串励电动机的基本工作原理。

5.1.1 单相串励电动机的结构

单相串励电动机的主要结构部件有定子、电枢、换向器、电刷、端盖、机壳、轴承等，如图 5.1 所示。

1. 定子

定子由铁芯和激磁绕组（简称定子绕组或线包）组成，如图 5.2 所示。

定子铁芯是由 0.35～0.5mm 厚的硅钢片叠压而成的，万能型电动机定子冲片如图 5.3 所示，适用于小功率单相串励电动机定子。

定子线包是用高强度漆包线，经模绕法绕制并整形而成，如图 5.2 所示。定子线包与电枢绕组串联方式有两种。一种是

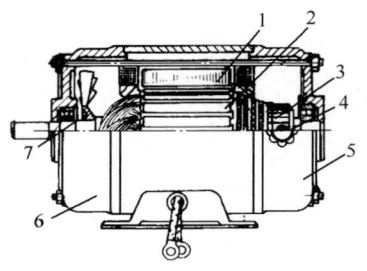

1—定子；2—转子（电枢）；3—换向器；
4—电刷；5—端盖；6—机壳；7—轴承

图 5.1　单相串励电动机结构

电枢绕组串在两只定子线包中间，如图 5.4 所示。另一种是两只定子线包串联后再串联电枢绕组，如图 5.5 所示。两种串联方式的工作原理完全相同。

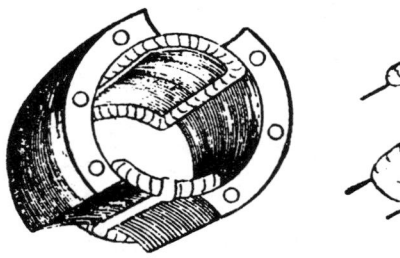

图 5.2　单相串励电动机定子铁芯和定子线包

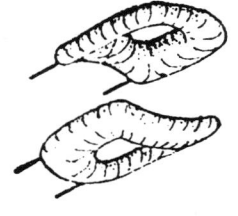

图 5.3　万能电动机定子冲片

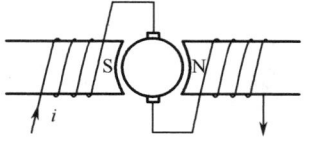

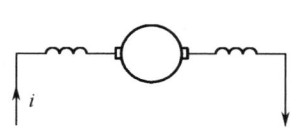

图 5.4　电枢绕组串在两只定子线包中间

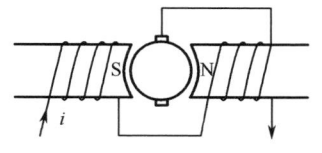

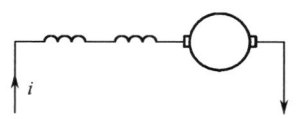

图 5.5　两只定子线包串联后再串联电枢绕组

2．电枢

电枢是单相串励电动机的转动部件，由电枢铁芯及在其上绕有绕圈和换向器同装在一个轴上构成。电枢铁芯也是由 0.35～0.5mm 厚硅钢片叠压而成的，在铁芯表面冲有许多直槽或斜槽（均为半开口槽），槽内嵌有电枢绕组。电枢绕组有很多单元绕组，每个单元绕组的首端和尾端都有引出线并与换向片有规律地连接，使电枢绕组形成一个闭合回路。

3．机座

机座是由钢板、铝板或铸铁制成的，定子铁芯放在机座里面，用双头螺钉固定在机座上。

4．端盖

端盖多为铝制品。由于串励电动机体积小，常常是只有一个端盖可拆卸，而另一只端盖和机座铸成一件整体。电刷架用螺栓装在端盖内侧，如图 5.6 所示。

5．换向器和电刷架

换向器是由许多换向铜片镶贴在一个绝缘圆筒面上而构成的。各换向片间用云母片绝缘，换向铜片做成楔形，如

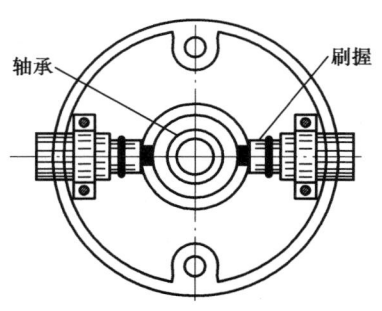

图 5.6　端盖

图 5.7 所示。各铜片下两端有 V 形槽,在槽里压制塑料,使各铜片能紧固在一起并能使转轴与换向器的换向片相互绝缘,还可以承受高速旋转时所产生的离心力而不变形。每一换向片的一端有一小槽或凸出一小片,以便焊接绕组引出线。一种可拆卸的换向器的结构如图 5.8 所示,结构原理与上述相同,它是用金属的 V 形环来固定铜片,用云母做绝缘。

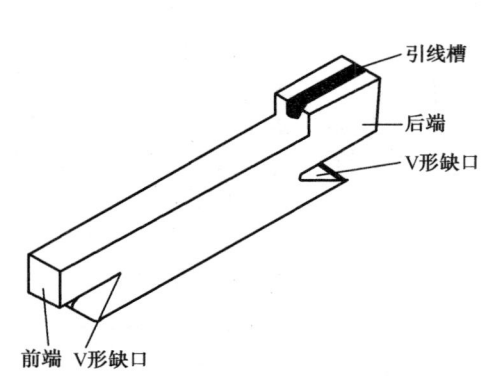

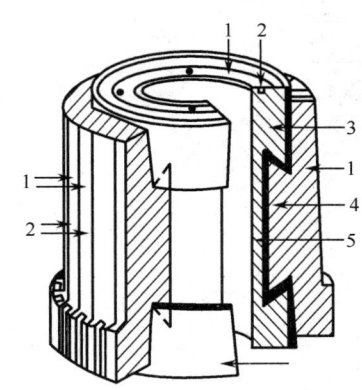

1—换向片;2—夹紧螺帽;3—前 V 形环;

4—云母;5—铁壳;6—后 V 形环

图 5.7　换向铜片的形状　　　　　图 5.8　换向器结构

电刷架一般用胶木粉压制底盘,它由刷握和盘式弹簧组成。刷握结构分为管式和盒式两大类。其结构如图 5.9 所示,盒式结构应用更为广泛。盒式刷握结构简单、调节方便并且加工容易,特别适用于需要移动电刷位置以改善换向的场合。它的盘式弹簧在工作过程中,圈间摩擦力大;电刷粉末容易落入刷握内,影响电刷的上下移动,更换电刷也不甚方便。

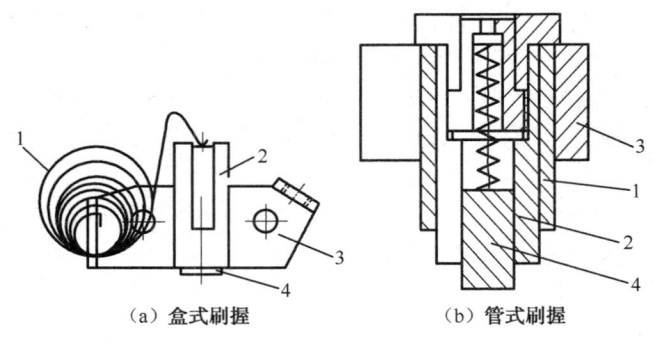

　　（a）盒式刷握　　　　　　　（b）管式刷握

1—弹簧;2—刷握;3—电刷架;4—电刷

图 5.9　刷握结构

管式结构刷握具有可靠耐用等优点,但结构比较复杂,加工工艺要求高,安装也较复杂。吸尘器电动机一般采用管式结构刷握。

刷握的作用是保证电刷在换向器上有准确的位置,从而保证电刷与换向器的全面紧密接触,使其接触压力保证恒定,同时保证电刷不至于时高时低地跳动而造成火花过大。

电刷是单相串励电动机的重要零件，它不但能使电枢绕组与外电路保持联系，而且它与换向器配合共同完成电枢电流的换向任务。因此，选用何种电刷是很重要的。选择电刷时，主要依据电枢温升和换向器的圆周速度而定。此外，还要考虑电刷的硬度和磨损性能等因素。单相串励电动机一般都采用 DS 型电化石墨电刷。

5.1.2 单相串励电动机的工作原理

单相串励电动机通以直流电源时的工作原理是建立在直流串励电动机基础之上的。前面介绍的直流电动机定子磁极的极性是固定不变的，电动机运行时，电枢绕组通过换向器和电刷联合作用，保证电枢单元绕组相对于磁极的电流方向不变，使直流电动机旋转方向不变。如果同时改变直流电动机磁极的极性和电流方向，那么直流电动机旋转方向不改变。

单相串励电动机的激磁绕组和电枢绕组是串联形式。当它通以直流电流时，其工作原理与直流串励电动机完全相同。由于电枢绕组和激磁绕组流过的电流为同一个电流，很显然改变电流方向时，激磁绕组产生的磁场方向相应改变。如图 5.10 所示，由于串激电动机的主磁通 Φ 及电枢电流 I_a 同时改变了方向，由左手定则可判断转子转向不变，仍为逆时针旋转。

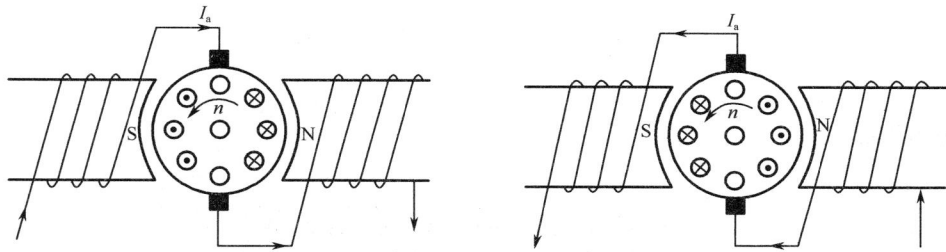

图 5.10　单相串激电动机工作原理图

单相串励电动机也可以通以交流电，若在如图 5.11 所示的单相串励电动机中，电流 i 是按正弦规律变化的（即接入电网交流电源），即 $I=I_m \sin\omega t$。这样，定子磁场的磁通也按正弦规律变化，如图 5.11 所示。

根据电动机电磁力矩公式 $T = K_T \Phi I_a$ 电流为正半周时，电磁力矩 $T>0$，电流为负半周时，电磁力矩 $T>0$，如图 5.12 所示。由图 5.12 可以看出：电磁力矩总是正值，因此能保证电动机的旋转方向与电流方向交变无关；电磁力矩以 2 倍电源频率变化。

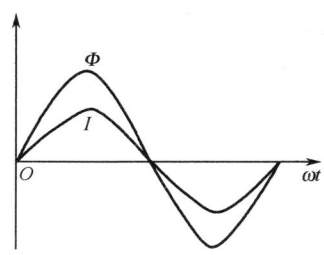

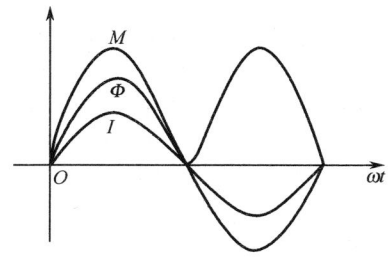

图 5.11　单相串励电动机激磁电流与磁通关系　　图 5.12　单相串励电动机电流、磁通、电磁力矩关系

单相串励电动机若要改变方向，只能通过改变激磁绕组与电枢绕组串联的极性来实现，如图 5.13 所示。当激磁绕组与电枢绕组采用图 5.13（a）和图 5.13（d）形式时，电动机转向为顺时针方向；当激磁绕组与电枢绕组采用图 5.13（b）和图 5.13（c）形式时，电动机转向为逆时针方向。

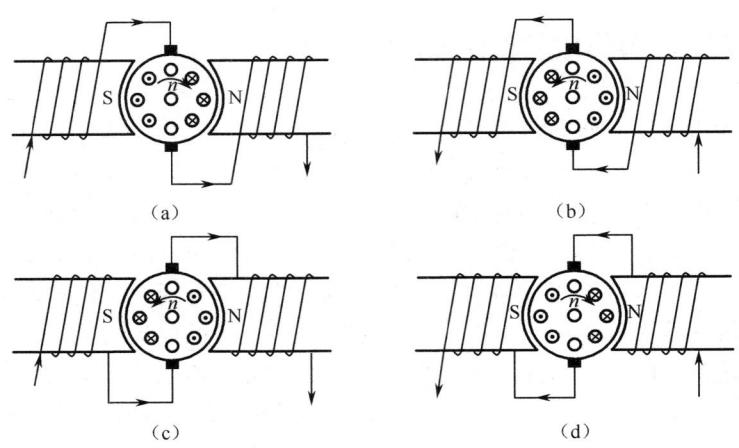

图 5.13　单相串励电动机转向示意图

　知识应用

任务 5.2　单相交直流串励电动机在电动工具中的应用

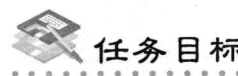　任务目标

1．电动工具电动机的原理与控制。
2．手电钻电动机的调速与正反转控制。

5.2.1　电动工具电动机的原理与控制

电动工具是以电动机或电磁铁为原动力，通过传动机构驱动工作头工作的一种工具。其品种、规格很多，本节仅以生产中常用的手电钻为例介绍电动机在电动工具中的应用。

手电钻中的电动机通常选用的是交、直流两用单相串励电动机。

1．手电钻的结构和特点

手电钻是以交流电源或直流电池为动力的钻孔工具，电动机用的是单相串励电动机，是手持式电动工具的一种。它是电动工具行业销量最大的产品，广泛用于建筑、装修、家具等行业，用于在物件上开孔或洞穿物体。

手电钻的主要构成（参看图 5.14）：钻头、钻夹头、输出轴、齿轮、转子、定子、机壳、开关和电缆线。

电动机是交直流两用，所以又称通用电动机。其结构和工作原理如 5.1 节所述，它的定子像直流电动机一样有凸出的磁极，励磁绕组是由几个包缠在磁极上的线圈串联而成的。它的电枢和直流电动机完全一样，有电枢绕组和整流器，并经碳刷来传导电流。

这种电机的特点是启动转矩大；转速高，空载转速高达 20 000r/min，工作转速一般可达（4 000～10 000）r/min；功率因数高（一般≥0.95）。另外，当钻孔加大或过载时它的速度可以慢下来，使电机不会烧毁。

图 5.14 手电钻外形图

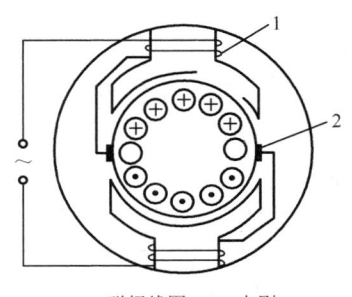

1—磁极线圈；2—电刷

图 5.15 手电钻电动机

2．单相手电钻电动机的结构

单相手电钻电动机示意图如图 5.15 所示。单相手电钻用串励电动机由定子与电枢（转子）两大部分组成。定子由铁芯、磁极线圈、机壳和电刷等组成。电枢由铁芯、电枢绕组、换向器等组成。手电钻的通用电动机有 2 个凸出的磁极，磁极和导磁的磁轭铁芯是用一块硅钢片冲成后，再将数十片叠装在一起用穿钉或铆钉连在一起的。与直流电动机不同的是通用电动机定子磁极不能从磁轭铁芯上拆下来。通常通用电动机的转速高，其换向器与电刷的要求比直流电动机要求高一些，而且容易产生电火花。

3．手电钻使用指南

（1）外壳要有接地或接零保护；塑料外壳应防止碰、磕、砸，不要与汽油及其他溶剂接触。

（2）钻孔时不宜用力过大过猛，以防止工具过载；转速明显降低时，应立即把稳，减少施加的压力；突然停止转动时，必须立即切断电源。

（3）安装钻头时，不许用锤子或其他金属制品物件敲击，手拿电动工具时，必须握持工具的手柄，不要一边拉软导线，一边搬动工具，要防止软导线擦破、割破和被轧坏等。

（4）较小的工件在被钻孔前必须先固定牢固，这样才能保证钻时使工件不随钻头旋转，保证作业者的安全。

（5）外壳的通风口（孔）必须保持畅通；必须注意防止切屑等杂物进入机壳内。

4．手电钻电动机的调速及正反转控制

单相串励电动机的转速与电动机定子的磁极对数、供电电压、电动机的电枢绕组以及定子磁通有关，因此它通常用加电抗器的方法来进行调速。其转速随电磁转矩的增大而迅速下降，电磁转矩小时，转速反而上升。

单相串励电动机的转动方向是由定子磁极的方向和电枢绕组中电流的方向共同确定的，所以只有改变励磁绕组与电枢绕组串联的方式来改变它的转动方向，从而实现正反转的控制。

5.2.2　单相手电钻电动机的维修

单相手电钻电动机均采用串励电动机。单相手电钻用串励电动机具有体积小、转速高、启动电流小、使用方便等优点；其缺点有无线电干扰、容易产生电火花及噪声。本任务介绍单相手电钻电动机的维修。

1．单相手电钻电动机的常见故障

单相手电钻电动机的故障与负载、维护及设计制造质量等因素有关。由于单相手电钻用串励电动机转速高，这就从材料和工艺等方面给电动机的维修带来一定困难。因此，单相手电钻电动机的维修，尽可能按原设计数据进行维修。单相手电钻电动机的常见故障、原因及维修方法如表 5.1 所示。

单相手电钻电动机的大多数的故障都可以通过小修即可恢复，只有电枢绕组严重损坏时，才需要重新嵌线处理，所以在日常使用中，手电钻电动机如果出现异常，要及时进行维修，以防止事故的扩大。

表 5.1　单相手电钻电动机的常见故障、原因及维修方法

故　　障	原　　因	维 修 方 法
电动机通电后不转	熔丝熔断	更换同等电流的熔断器
	电源线断路	更换电源线
	励磁绕组断路	修理或更换励磁绕组
	电枢绕组损坏	修理或更换电枢绕组
	转轴生锈、轴承缺油	清除铁锈、适当添加润滑油
	电刷磨损与换向器接触不良或不到位	修理或更换电刷
电动机转速变慢	电枢绕组局部短路	修理或更换电枢绕组
	电刷严重磨损	修理或更换电刷
	励磁绕组短路	修理或更换励磁绕组
电动机温升过高	空载、过载或超时	按使用说明书使用
	电枢绕组短路	修理或更换电枢绕组
	轴承严重缺油	添加润滑油
	电枢与定子摩擦	矫直转轴或更换轴承
电动机火花大	电刷与换向器接触不良	修磨电刷或研磨换向器表面
	电枢绕组损坏	修理或更换电枢绕组
	更换后的电刷牌号或尺寸不合适	更换合适的电刷
	电刷压力不适当	调整电刷压力为 0.03～0.05MPa
	换向器表面不光洁、不圆整或有污垢	清洁研磨换向器表面
	过载	减载运行
电动机噪声异常	电刷压力过大	调整弹簧压力
	轴承缺油或磨损	添加润滑油或更换轴承
	风叶损坏	更换风叶

2．电枢绕组的故障及其维修方法

电枢绕组是单相手电钻电动机中最重要的部件，机电能量的转换就是通过电枢绕组实现的。由于单相手电钻电动机转速高，电枢绕组中电流急剧改变方向，电枢又处于电动机中心，散热困难，温升较高。因此，当单相手电钻电动机出现火花大，转速低，转动无力，又切实排除了电刷、刷架、轴承等可能产生的故障时，绝大多数故障都发生在电枢绕组中。

（1）电枢绕组断路

电枢绕组断路最易发生在电枢绕组与换向器的焊接处，也有可能发生在槽内。后者是由于电动机出现短路或接地故障，电流过大而烧断线圈。

① 检查方法。将电枢从手电钻中拆下，用万用表测量换向器相邻的两个换向片间的电阻，不同规格的手电钻电阻值不相同。以 6mm 手电钻为例，其阻值为 3～5Ω。正常时，电枢绕组两相邻换向片间的电阻都是相同的。当测得某两片间电阻比其他片间电阻大几倍时，则说明该换向片所连接的绕组有断路，如图 5.16 所示。

② 修理方法。电枢绕组断路故障点多发生在绕组与换向片的焊接处。一种为假焊，另一种是霉断。若断路点处在绕组与换向片焊接处，只需重新焊好；若是绕组霉断，这时需要把换向器附近的捆扎线剥开，如图 5.17 所示，霉断处多数发生在这里。找到断头处，用锡焊牢，并做好绝

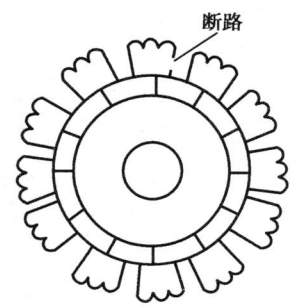

图 5.16 换向片连接绕组示意图

缘处理，然后用原来同样质地的丝线把电枢引线捆扎牢，再浸透绝缘漆并烘干，即可重新装机使用；若断路点在槽内，则需要拆除重绕。应急使用时，也可将绕组断路线圈所连的两个换向片用导线短接，如图 5.18 所示，便可继续使用，这样处理对手电钻使用影响不大。

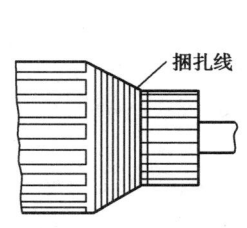

图 5.17 换向器端部捆扎线示意图

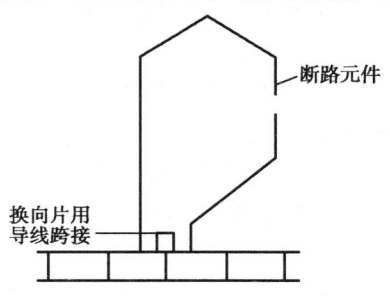

图 5.18 断路线圈的短接

（2）电枢绕组短路

电枢绕组短路主要是电枢绕组线匝之间短接或相邻线圈之间线匝因绝缘损坏而互相接通等。在用万用表测量换向片之间的电阻时，发现片间电阻偏小，这可能是局部绕组有短路。

① 检查方法。图 5.19 是一种测量片间电压的检查方法。先把任意一个换向片的两个线头焊开，将低压直流电源通入电枢绕组，然后用一只电压表依次测量两相邻换向片之间的片间电压，若某两片间电压值很小或者是零，则说明这两个换向片所连的绕组有短路。但要注意换向器片间绝缘损坏也会造成上述现象，检查时要仔细区别。

② 修理方法。若短路点出现在换向器片间，这是由于电刷经长期磨损，磨下铜屑与石墨粉积存在换向器片间而形成局部短路，这时用一段钢锯条将换向器片之间的积留物清理干净，使换向器片间的绝缘恢复，用环氧树脂把换向器片间沟槽填满，待其固化后，用细砂布打磨光滑平整即可；若因绕组受潮而引起局部短路，可进行烘干处理；若短路不太严重，应急使用时，可将短路线圈从端部剪断，并将断头处用绝缘材料包好，以防断头导线与其他元件相碰。用一根导线将这个线圈所连接的换向片跨接起来，如图 5.20 所示，这样手电钻便可使用。但要注意，此方法只适用于电动机只有一组绕组发生短路故障。如果绕组短路太多或整个绕组受热严重，使绝缘焦脆老化，那么最好将整个绕组拆除重绕。

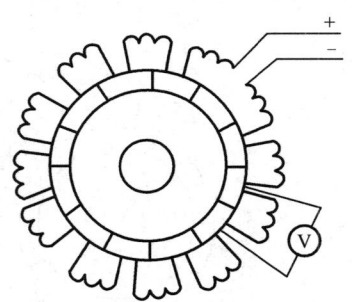

图 5.19　测量片间电压

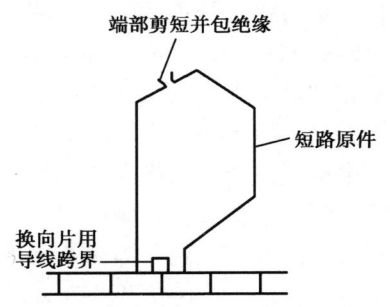

图 5.20　短路线圈处理

定子线包短路严重，加电后会有烧焦的气味，线包表面有烧焦的痕迹，这样的线包可以直观检查判断，只要线包没有接地，肯定是绕组内部短路。定子线包轻微短路，电动机运行不正常，其表观现象是转速过高，温升过高。遇到这种情况，将电动机通电空载运行 2～3min 后切断电源，立刻拆开电动机取出转子，用手触摸定子的两个线包，其中发热的一个即为发生短路的线包。

为了更准确地判断定子线包的短路，还可以用电桥测两个线包的直流电阻值，其中电阻值较小的线包有可能短路。

对于短路的线包须重新绕制或更换新线包。

（3）电枢绕组接地

电枢绕组接地故障最容易发生在铁芯两端的槽口处，因为在该部位绕组端部弯曲较大，槽绝缘很容易被槽口处的铁芯划破，形成对地短路。

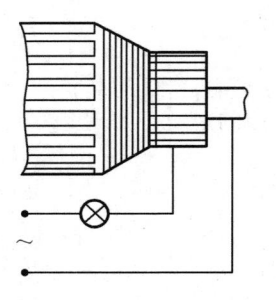

图 5.21　绕组接地故障检查

① 检查方法。用一个串有灯泡的交流电源，一端与电枢转轴接触，另一端接触换向片，如图 5.21 所示。若灯泡发亮，则说明绕组或换向器已与转轴接通，有接地故障，也可以用兆欧表检查。

② 修理方法。电枢绕组接地点发生在槽口端部处，可将绕组适当软化，把绕组与铁芯相碰处撬开，施加绝缘材料，烘干即可；若换向器绝缘击穿，而造成电枢绕组接地，则需要修理或更换换向器；若接地点发生在槽内，则应将整个绕组拆除重绕。

3. 电枢绕组的重新绕制

（1）绕制

在修理单相手电钻电动机时，电枢绕组是关键。电枢绕组绕制方法有两种，一种是迭绕式，另一种是对绕式。

单相手电钻电枢铁芯槽数与换向器片数之比通常为 1：2 或 1：3，线圈通常由 2 根或 3 根导线并绕而成。

（2）接线与焊接

当电枢绕组全部嵌入铁芯槽内后，用万用表分别测量线圈的面线与底线，找出不通的面线与底线，依次拧在一起成麻花状，再把并绕导线依次串联，分别焊在对应的换向片上。换向器上的焊接位置以原始记录为准，不能随意更改。如果没有原始记录时，可沿电枢旋转方向偏 1～2 换向片进行焊接。

（3）端部捆扎、检查试验与浸漆处理

焊接好后的电枢，在电枢绕组端部按原样进行捆扎牢固，检查有无短路、断路等故障，并用兆欧表测量绕组对地绝缘电阻，绝缘电阻应大于 1MΩ。再进行浸漆烘干处理，最后清理换向器表面。

任务实施

任务 5.3 单相串励电动机常见故障及检修

单相串励电动机常见故障可分为机械故障和电气故障两类。常出现的电气故障有接线上的问题，如电源电压过高或过低，定子线包短路、断路或通地，电枢绕组短路、断路或通地，换向器出现问题等。单相串励电动机经常出现的机械故障有整机装配质量不佳、转动不灵活、轴承质量问题等。

5.3.1 定子绕组故障的检查与修理

定子线包常见故障有定子线包短路、断路或通地。

1. 定子线包短路的检查与修理

定子线包短路严重，加电后会有烧焦的气味，线包表面有烧焦的痕迹，这样的线包可以直观检查判断，只要线包没有接地，肯定是绕组内部短路。定子线包轻微短路，电动机运行不正常，其表观现象是转速过高，温升过高。遇到这种情况，将电动机通电空载运行 2～3min 后切断电源，立刻拆开电动机取出转子，用手触摸定子的两个线包，其中发热的一个即为发生短路的线包。

为了更准确地判断定子线包的短路，还可以用电桥测两个线包的直流电阻值，其中电阻值较小的线包有可能短路。

对于短路的线包须重新绕制或更换新线包。

2．定子线包断路的检查与修理

定子线包断路则电动机不能工作。一般用万用表电阻挡来测量检查。

线包断路多发生在线包重绕后往定子铁芯磁极上装配时，被铁芯碰断，还有可能引出线焊接质量不好，用绝缘漆布包扎时把焊点拉断。使用时间过长，温度过高，绝缘老化都可能导致导线烧断。

因单相串励电动机定子线包表面涂有瓷漆，非常坚硬，对于有断路的线包只好废之不用。

3．定子通地检查与修理

定子线包通地是指线包与铁芯或机壳相通，在运行中机壳带电。遇到这种情况应该立刻切断电源停止运行，把碳刷从刷握中取出，用 500V 兆欧表测定子线包对机壳绝缘电阻。如果测得绝缘电阻比较小但不是零，说明定子线包已受潮。可将电动机拆开取出转子，把定子放入烘箱 100℃ 左右烘烤 4h 后，再用 500V 兆欧表测绝缘电阻，如果绝缘电阻上升，但还未达到 5MΩ 要继续烘烤，直到绝缘电阻符合要求为止。若兆欧表测得的绝缘电阻为零或经过烘箱烤 8h，绝缘电阻不上升，只能重绕更换新线包。

5.3.2 电枢绕组故障的检查与修理

单相串励电动机电枢与直流电动机电枢结构相同，电枢绕组常见故障及检修方法也基本相同，可参阅前面的具体内容。

5.3.3 换向器部位故障的检查与修理

单相串励电动机换向器部位常出现的故障有相邻换向片短路、换向器通地、电刷与换向器接触不良、刷握通地等。有关相邻换向片间短路，换向器通地等故障的检查可参照直流电动机电枢绕组的短路、通地故障的检查方法进行。下面只介绍电刷与换向器的接触不良和刷握通地，以及电枢绕组与换向片接错的检查方法。

1．电刷与换向器接触不良的检查和修理

串励电动机电刷与换向器接触不良，会使换向器与电刷之间产生较大的火花，甚至出现环火，造成电动机转速下降。运行中一旦发现电刷火花过大，应停止运行，打开电刷握，取出弹簧与电刷。首先检查电刷与换向器之间的接触面积，若小于电刷端面积的 2/3 则属接触不良。接触不良的电刷端面深浅不同并呈炭黑色，而且换向器表面有烧黑的痕迹。

当电刷与换向器接触良好时，电刷与换向器接触的端面呈光亮的银白色，接触面积达 2/3以上。一般接触面为电刷端面的 80% 以上为合格。

造成电刷与换向器接触不良的主要原因有电刷磨损严重、电刷压力弹簧变形、换向器表面粘有污物或磨损严重等。

电刷与换向器接触不良时，必须打开电刷握，将电刷和弹簧取出。仔细观察电刷、弹簧换向器表面，就容易发现是哪个部件出的问题。电刷磨损严重时，其端面偏斜严重，端面颜色深浅不一，这时只有更换电刷才行。在更换电刷时一定要注意电刷规格、电刷软硬和调节好电刷压力。这是因为，若电刷选择过硬会使换向器很快磨损，且使电动机运行时电刷发出嘎嘎声响；换向器与电刷间发生较大火花。若电刷选择得太软，则电刷磨损太快，容易粉碎。石墨粉末太多也易造成换向片间短路，使换向器产生环火。

电刷压力弹簧损坏或弹簧疲劳是容易发现的。弹簧的弹力不足，就说明弹簧疲劳。若弹簧扭曲变形，则说明弹簧已经损坏。弹簧一旦出现这样的情况，应及时更换。

换向器表面有污物时，只要用细砂布轻轻研磨即可。若换向片有烧伤斑点或换向器边缘处有熔点，可用锋利刮刀剔除。若发现换向片间云母烧坏，应清除烧坏的云母片，重新绝缘烘干。另一种可能是换向片脱焊，重新焊好即可。

2．刷握通地的检查和修理

电刷的刷握通地是单相串励电动机常见故障，刷握通地主要是因刷握绝缘受潮或损坏造成的。有时在调整刷握位置时，不慎也可能造成刷握通地。刷握通地后，随着电枢绕组与定子线包连接方式不同，电动机的运行表现也不同。

（1）如图5.22（a）所示，当接通电源时，电流由火线经定子线包2，再经接地刷握形成回路。此时熔丝将立即熔断，若熔丝太粗则会使定子线包2烧毁。

（2）如图5.22（b）所示，当接通电源时，电流由火线经定子线包1和电枢绕组，再由接地刷握形成回路。此时电动机能够启动运转，但由于只有一个定子线包起作用，主磁场减弱一半，因此电动机转速比正常转速快得多，电枢电流也大得多。同时还会因磁场的不对称，使电动机运转时出现剧烈振动，并使电刷与换向器之间出现较大绿色火花。时间稍长，电动机发热，引起绕组烧毁。

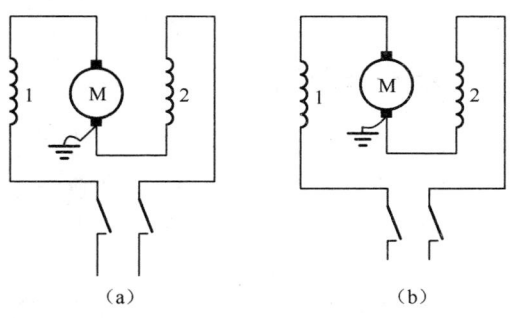

图5.22 刷握通地的不同情况

（3）电枢绕组串联于定子线包之外的连接方式，电刷的刷握接地后，则可能发生下列四种现象，如图5.23所示。

① 如图5.23（a）所示，当电源接通后，电流由火线经过电枢绕组和通地刷握形成回路。此时熔丝很快熔断，若熔丝熔断速度慢或不熔断，电枢绕组会因电流太大而烧毁。

② 如图5.23（b）所示，当电源接通后，电流由火线经两个定子线包和通地刷握形成回路，定子绕组立即烧毁。

③ 如图 5.23（c）所示，当电源接通后，电流由火线经通地刷握形成回路，熔丝会立即熔断。

④ 如图 5.23（d）所示，当电源接通后，电流由火线经定子两个线包和电枢绕组，再经通地刷握形成回路，电动机能够启动运行，转速正常，但电动机机壳带电，对人身安全有威胁，这是绝对不允许的。

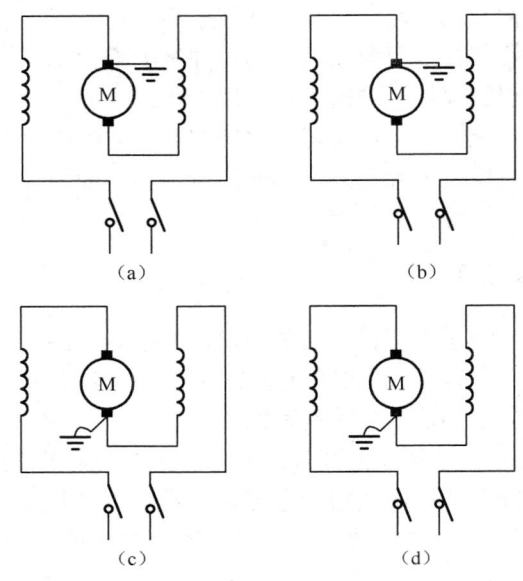

（a）　　　　　　　　　　（b）

（c）　　　　　　　　　　（d）

图 5.23　刷握通地的不同情况

刷握通地的故障容易判定，只需用 500V 兆欧表检测刷握对机壳的绝缘电阻，或者用万用表检测刷握与机壳之间的电阻就可以。一旦发现刷握通地，必须立即修理，不允许拖延。修理也很容易，只要加强刷握与机壳间绝缘或更换刷握即可。

3．电枢绕组与换向片位置接错的检查和修理

在单相串励电动机修理过程中，经常发现电枢绕组元件与换向片接错，尤其是电枢绕组重绕以后接线疏忽容易搞错。因此对于重绕的电枢绕组或者新买进的电动工具，遇到一加电转起来后很快又停转或者加电后根本不转的情况，首先应检查电枢绕组与换向片的连接位置是否正确。

可以用检测换向片间电压的方法来确定绕组元件与换向片是否接错。在检测过程中，若发现换向片间电压无规则地变化，有时有电压，有时无电压，有时电压突然增大，有时又突然变小，则说明电枢绕组与换向片连接错位太多，而且换向片出现虚焊。在这种情况下，只能重绕整理各绕组元件引出线，再焊接一次。焊接完后，重新检查一遍直到连接正确为止。

5.3.4　噪声过高的原因及降低噪声的方法

单相串励电动机运行时产生的噪声一般比直流电动机大得多。噪声来源主要有机械噪声、通风噪声、电磁噪声。

1．机械噪声

单相串励电动机转速很高，一旦电动机转子动平衡或静平衡不好，会使电动机产生很强烈的振动发出噪声。轴承稍有损坏、轴承间隙过大、轴承缺油会使电动机产生振动发出噪声；换向器与电刷接触不良也会产生噪声。

降低机械噪声的方法如下。

（1）对电动机转子进行精密的校平衡试验，尽量提高转子平衡精度。

（2）选用高精度等级的轴承，注意及时给轴承加润滑油。一旦发现轴承有损坏要及时更换。

（3）精磨换向器，提高其圆度，降低表面粗糙度。同时还要精磨电刷端面，使其与换向器表面吻合，接触面达80%以上，以减小电刷振动，从而降低噪声。

2．通风噪声

电动机运行时，其附属风扇产生的冷却用高速气流通过电动机时产生的噪声称为通风噪声。

降低通风噪声的方法如下。

（1）使冷却风扇的叶片数为奇数。

（2）提高扇叶的刚度，并尽可能使各扇叶平衡。

（3）风扇的扇叶稍有变形应立即修正，并且增大风扇外径与端盖间的径向间隙，也即减小风扇直径。

（4）将扇叶的尖锐边缘磨成圆形，并使通风道成流线型，以减小对空气流的阻力。

3．电磁噪声

电动机在交流电产生的交变磁场下工作会产生周期性交变的变形，这将发生噪声。

降低电磁噪声的方法如下。

（1）气隙大小适中尽量均匀减少偏心。

（2）研究定、转子铁芯的固有振动特性，选择好铁芯尺寸和所用材料，控制共振噪声。

单相串励电动机的噪声是不可避免的，只能加强控制。

 ## 自我测评

串励电动机绕组故障的检验及修理

故障种类（每空10分）	检验方法（每空10分）	修理方法（每空10分）

 ## 习题 5

1．单相串激电动机可使用哪两种电源工作？为什么？

2．单相串激电动机的优点是什么？

单相异步电机的认识与应用

知识学习

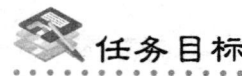

任务6.1　单相异步电动机的认识学习

任务目标

1. 掌握单相异步电动机和工作原理。
2. 单相异步电动机的启动、反转和调速方法。

6.1.1　单相异步电动机的分类及其结构

1. 单相异步电动机的分类

单相异步电动机种类繁多，但在家用电器中所用的单相异步电动机基本上只有两大类。第一类为单相罩极式电动机。单相罩极式电动机又可分为两种：第一种为凸极式罩极电动机；第二种为隐极式罩极电动机。第二类为分相式单相异步电动机。分相式单相异步电动机又可以分为三种：第一种为电阻启动异步电动机；第二种为电容启动异步电动机；第三种为电容启动和运转异步电动机。

上述这些电动机的结构虽有差别，但是其基本工作原理是相同的。

2. 单相异步电动机的结构

单相异步电动机与三相异步电动机相同，它们都由机壳、转子、定子、端盖、轴承、风扇等部件组成。

（1）单相异步电动机的转子

单相异步电动机的转子一般为鼠笼转子。

单相异步电动机的鼠笼转子大多采用斜槽式，转子的鼠笼导条两端，一般相差一个定子齿距。鼠笼导条和端环多采用铝材料，并且是一次铸造成形。

（2）单相异步电动机的定子

单相电动机的定子是由定子铁芯和定子绕组组成的。由于单相电动机的种类不同，定子结构也不同。下面分别介绍罩极式电动机和分相式电动机的定子结构。

① 凸极式罩极电动机的定子。凸极式罩极电动机的定子是由凸出的磁极铁芯、激磁主绕组线包和罩极短路环组成的，如图6.1（a）所示。这种电动机的每个凸出磁极的极身上绕有集中的主绕组线包。每个磁极的极掌的一端开有小槽，在小槽内嵌入一个短路环或几匝短路线圈，用其罩住磁极的1/3左右的极掌。这个短路环又称为罩极圈。

② 隐极式罩极电动机的定子。隐极式罩极电动机的定子由圆形定子铁芯、主绕组以及短路绕组（短路线圈）组成，如图6.1（b）所示。隐极式罩极电动机的圆形定子铁芯是用硅钢片叠成的，上面有均匀分布的槽。在槽内嵌有两套绕组，即主绕组和短路绕组。隐极式罩极电动机的主绕组分散嵌在定子铁芯槽内，匝数很多，它置于槽的底层。罩极短路绕组的匝数较少，线径较粗（常用1.5mm左右的高强度漆包线）。它嵌在部分定子铁芯槽内。

为了保证短路线圈有电流时产生的磁通在相位上滞后于主绕组磁通一定角度（一般约为45°），以便形成电动机的旋转气隙磁场。因此，在嵌线时，必须注意两套绕组的相对空间位置，如图6.1所示。

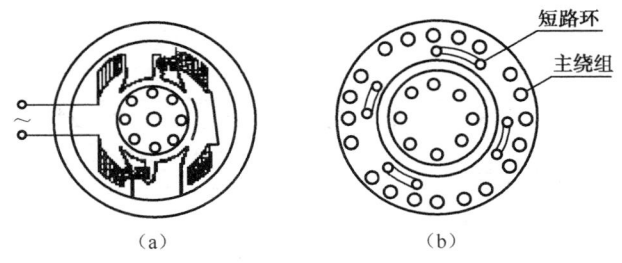

（a）　　　　　　　　　　（b）

图6.1　罩极式电动机定子

③ 分相式单相电动机的定子。分相式单相电动机虽然有电容分相式、电阻分相式、电感分相式三种，但是其定子结构相同，嵌线方法也相同。分相式单相电动机的定子是由圆形铁芯、主绕组和副绕组（启动绕组）组成的。主绕组和副绕组在空间相对位置差90°电角度，如图6.2所示。图6.2（a）为8槽、2极单相电动机的定子。其主绕组（AX）与副绕组（BY）互相垂直，即成90°电角度。图6.2（b）为8槽、4极分相式电动机的定子。其主绕组（AX）与副绕组（BY）互差45°机械角度，即相当于90°电角度。分相式单相电动机定子铁芯是用硅钢片叠成的，铁芯内腔均匀分布着定子槽，在槽内嵌有主绕组和副绕组。

家用电器中的洗衣机电动机主绕组与副绕组匝数相同，线径相同，在定子腔内分布相同，占的槽数相同。主绕组和副绕组在空间相差90°电角度。电风扇电动机和电冰箱电动机的主绕组与副绕组匝数不相同、线径不相同、占的槽数也不相同，但是主绕组和副绕组在空间上相对位置互相也差90°电角度。

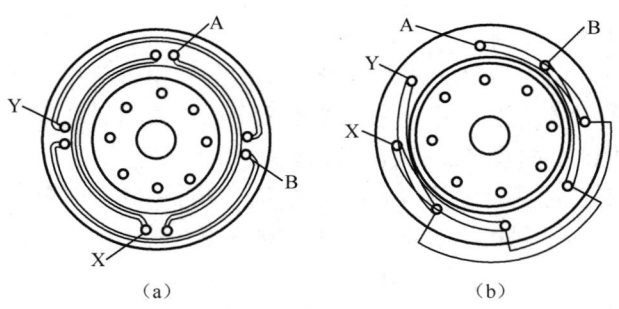

图 6.2　分相异步电动机定子

6.1.2　单相异步电动机转动原理

1．单绕组的定子磁场——脉振磁场

在电动机的定子槽内只嵌有一组绕组，它的磁场如图 6.3 所示。

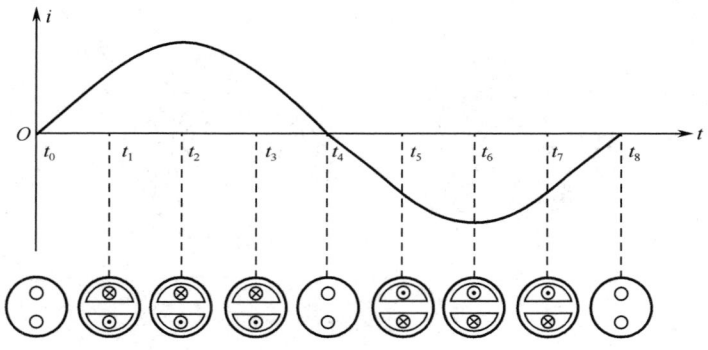

图 6.3　单绕组电动机旋转磁场

在图 6.3 中，展示出绕组通以正弦交流电流 $i=I_m\sin\omega t$ 时，在不同时刻所形成的磁场。

从图中可以看出，t_0、t_4、t_8 时刻，绕组电流 $i=0$，所以定子磁场为零。t_1 和 t_5 时刻，绕组电流大小相等，方向相反，所以定子磁场的磁场强度相同，但磁场方向相反。同理，t_2 和 t_6 时刻，t_3 和 t_7 时刻绕组电流大小相等，但磁场方向相反。还可以看出 t_2 时刻和 t_5 时刻定子磁场最强，磁场位置是固定的，其磁场位置在绕组平面的垂直中心线位置。

单绕组磁场实际是一个脉振磁场，也就是说，磁场的位置固定，而磁场的强弱却按正弦规律变化。

2．两相绕组的定子磁场

分相式单相电动机的定子腔内有两组绕组，即主绕组和副绕组，它们的电角度相互成 90°，如图 6.4 所示。

当图 6.4 所示的电动机定子两绕组中各通以 $i_A = I_m\sin\omega t$ 及 $i_B = I_m(\sin\omega t + 90°)$ 两电流时，两相绕组形成的磁场如图 6.5 所示。

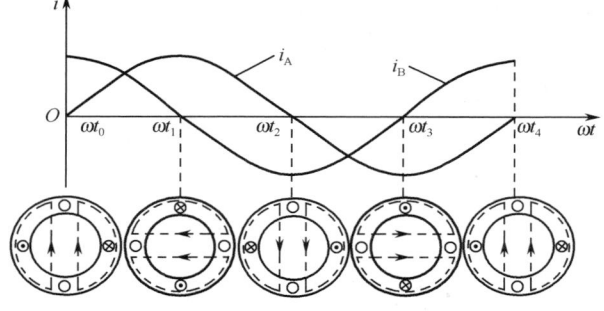

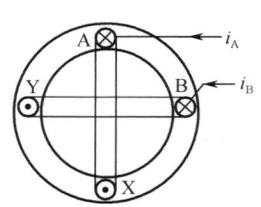

图 6.4　两相绕组定子示意图　　　　　图 6.5　两相绕组电动机旋转磁场

下面分析两相绕组不同时刻的电流与定子磁场之间的关系。

在 t_0 时，$i_A=0$、$i_B=I_m$，这时 AX 绕组没有电流，BY 绕组电流最大，磁场在 AX 绕组位置。在 t_1 时，$i_A=I_m$、$i_B=0$，这时 AX 绕组电流最大，BY 绕组电流为零，此时磁场在 BY 绕组位置。

由图 6.5 可以看出，电流从 t_0 到 t_1 时刻变化了 90° 电角度，磁场也移动了 90° 电角度。以此类推，电流变化 180° 时，磁场也移动了 180° 电角度；如果电流变化一个周期（360°），磁场也正好旋转 360° 电角度。当电动机绕组形成一对磁极（一个 N 极，一个 S 极）时，电流变化一个周波，磁场只旋转一周。当电动机为两对磁极时，电流变化一个周波，磁场只旋转半周。由此分析，可以得知电动机定子磁场转速 n_0 与电流的频率（每秒周波数，Hz）和定子磁极对数有关，其关系为：

$$n_0=60f/P \tag{6-1}$$

式中　n_0——定子磁场转速（r/min）；

　　　f——电源电压频率（Hz）；

　　　P——磁极对数。

由以上分析可得出如下结论：

（1）当两相绕组在空间相差 90° 电角度，两相绕组匝数相同，绕组分布相同，通过电流大小相等，相位差 90° 时，则形成圆形旋转磁场。

（2）旋转磁场的转速（称为电动机的同步转速）与电源电压频率成正比，与定子磁场的磁极对数成反比，即 $n_0=60f/P$（r/min）。

（3）旋转磁场方向从电流跃前的绕组向电流滞后绕组的方向旋转。

3. 罩极电动机的定子磁场

罩极电动机有主绕组线包和罩极短路线圈。这两绕组在空间位置相差不是 90° 角，而且只有主绕组线包通正弦交流电，而短路线圈不接电源。这样就使罩极电动机定子磁场有其特殊性。

现在研究主绕组产生的磁场对于短路线圈的作用。前面已经介绍单相绕组产生的定子磁场是脉振磁场，其磁场强度幅值按正弦规律变化。这一变化的磁场所产生的磁通，在穿过短路线圈时必然在短路线圈内产生感应电流。根据法拉第电磁感应定律得知，在罩极短路线圈内产生感应电势和感应电流也是正弦交流电，感应电流滞后主绕组的电流 90°。这里用 i_1 表示主绕组线圈电流，用 i_2 表示罩极短路线圈电流，则：

$$i_1=I_{m1}\sin\omega t, i_2=I_{m2}(\sin\omega t-90°)$$

由于主绕组与罩极短路线圈在空间有一定位置差，通过的电流又相互差90°相位差，只不过匝数不同，因此罩极电动机的定子磁场也是旋转磁场（不是圆形旋转磁场）。图6.6和图6.7分别画出了罩极电动机主绕组和短路线圈的电流与罩极电动机结构示意图和磁场（转子）旋转方向。

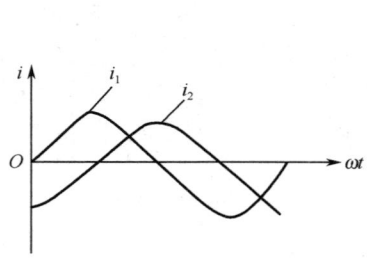

图6.6　罩极电动机两绕组中的电流

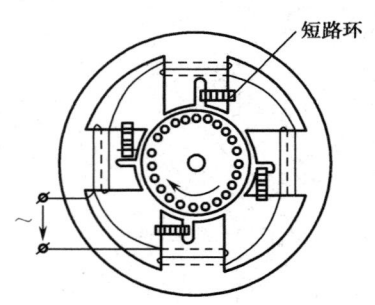

图6.7　罩极电动机的结构

通过对单相异步电动机工作原理的分析，可得出如下结论。

（1）单相异步电动机启动运行的首要条件，就是电动机定子磁场必须是旋转磁场。产生旋转磁场的条件有两条：其一是电动机的主绕组和副绕组在空间上相差一定的电角度；其二是两绕组通过的电流必须是相位差90°角的正弦交流电。

（2）定子磁场的转速与电动机转子的转速必须异步，转子鼠笼导条中才能产生感应电势和感应电流；通电的导条与定子磁场的相互作用使得转子产生电磁转矩，电动机才能启动运行。电动机转子的转向与定子磁场旋转方向相同；转子转速低于定子磁场转速。

6.1.3　单相异步电动机的启动、反转和调速

1. 单相异步电动机的启动

单相异步电动机的主要特点是没有启动转矩，一旦在任意方向启动后就能运行。所以为了解决启动问题，启动时要在单相电动机的气隙中形成旋转磁场，而产生旋转磁场的条件是多相绕组（空间的）通入多相电流（时间的）。所谓多相至少是两相。因此在单相电动机中除了空间有相位差以外，流过它们的电流在时间上也必须要有相位差。这样才能产生旋转磁场，使电动机能够自行启动。

（1）分相式异步电动机的启动

分相式单相异步电动机的定子铁芯上嵌有主绕组和副绕组，两者的轴线在空间相距90°电角度，并接在同一电源上。图6.8为分相式单相异步电动机的接线原理图。

① 单相电阻启动异步电动机。单相电阻启动异步电动机的接线图如图6.8（a）所示，定子具有主绕组和副绕组，它们的轴线在空间相差90°电角度。电阻值较大的副绕组经启动开关与主绕组并联后接于单相电源上。当转速上升到同步转速的75%～80%时，使开关自动打开，切断启动绕组电路。此开关可用装在电机轴上的离心开关，当转速升至一定程度靠离心力打开；也可以用电流继电器的触点作此开关，启动开始电流大，触点吸合，转速上升至一定程度时电流渐小，触点打开。

单相电阻启动异步电动机结构简单，具有中等启动转矩和过载能力，适用于小型机床、鼓风机和医疗器械。

② 单相电容启动异步电动机。单相电容启动异步电动机的接线图如图 6.8（b）所示，定子绕组分布与电阻启动异步电动机相同，但副绕组和一个容量较大的电容器串联，经启动开关，再与主绕组并联后接在单相电源上。当电动机的转速达到额定转速的 75%～80% 时，通过启动开关将副绕组和电容切离电源，由主绕组单独工作。

当电容量的大小合适时，启动绕组的电流超前运行绕组的电流 90° 电角度。这样可使启动时电机中的磁动势接近于圆形旋转磁动势，所以这种单相电动机的启动转矩大，启动电流小，启动性能最好，适用于小型空气压缩机、磨粉机、水泵等。

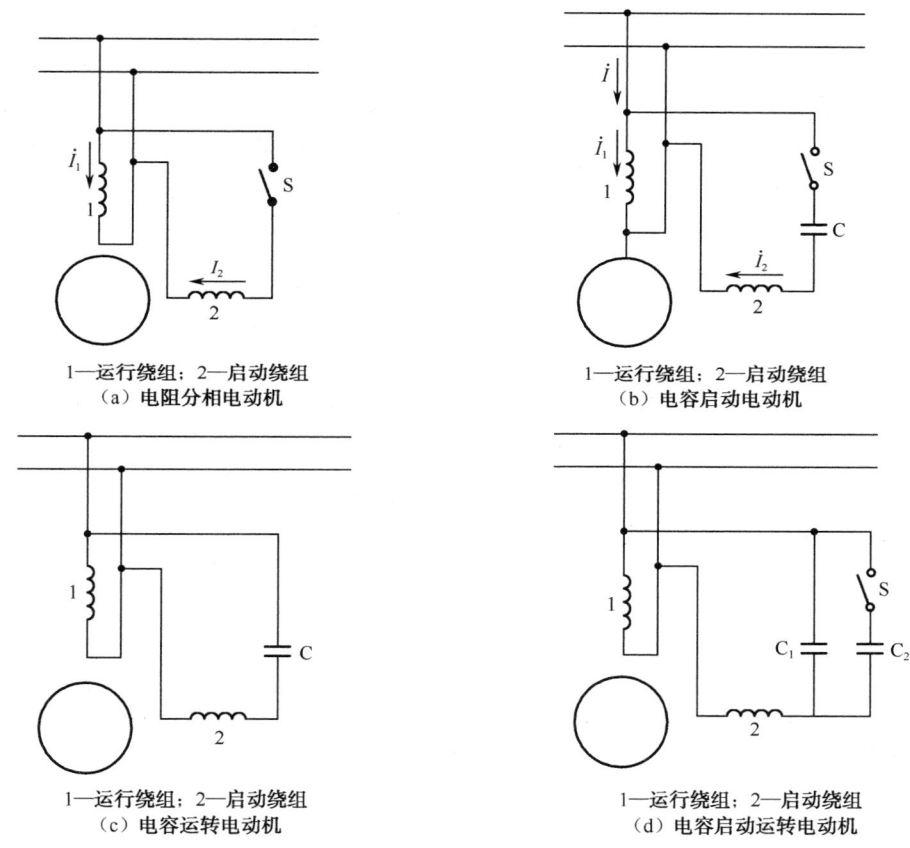

图 6.8　单相异步电动机接线原理图

③ 单相电容运转异步电动机。单相电容运转异步电动机的接线图如图 6.8（c）所示，单相电容运转异步电动机的接线与单相电容启动异步电动机相比，仅将启动开关去掉，使启动绕组和电容器不仅启动时起作用，运行时也起作用。这样可以提高电动机的功率因数和效率，所以这种电动机的运行性能优于电容启动电动机。

单相电容运转异步电动机启动绕组所串电容器的电容量，主要是根据运行性能要求而确定的，比根据启动性能要求而确定的电容量要小，为此，这种电动机的启动性能不如电容启

动电动机好。电容运转电动机不要启动开关，所以结构比较简单，价格比较便宜，维护也简单一些，适用于风扇、洗衣机等。

④ 单相电容启动和运转异步电动机。单相电容启动和运转异步电动机的接线图如图 6.8（d）所示，在启动绕组中串入两个并联的电容器：启动电容器和工作电容器。其中启动电容器串接启动开关，启动时，闭合启动开关，两个电容器同时作用，电容量为两者之和，电动机有良好的启动性能；当转速上升到一定程度，开关自动打开，切除启动电容器，运行电容器与启动绕组参与运行，确保良好的运行特性。由此可见，电容启动运转电动机虽然结构较复杂、成本较高，维护工作量较大，但其启动转矩大，启动电流小，功率因数和效率较高，适用于空调机、小型控压机和电冰箱等。

（2）单相罩极式异步电动机的启动

单相罩极式异步电动机一般采用凸极式定子，主绕组是集中绕组，并在极靴的一小部分套上电阻很小的短路环（又称罩极绕组）。另一种是隐极定子，其冲片形状与一般电动机相同，主绕组与罩极绕组均为分布式绕组。它们的轴线在空间位置相差一定的电角度（一般为45°）。这样也达到了在时间和空间上获得不同相的两个脉振磁场的目的，从而产生旋转磁场而启动。

单相罩极式异步电动机的启动转矩、功率因数和效率均较低，一般可作小型风扇、电动模型以及各种空载或轻载的小功率电气设备。

2．单相异步电动机的反转

分相式单相异步电动机，若要改变电动机的转向，可以将工作绕组或启动绕组中的任意一个绕组接电源的两出线对调，即可将气隙旋转磁场的旋转方向改变，随之转子转向也改变。

单相罩极式异步电动机，对调工作绕组接到电源的两个出线端，不能改变它的转向。

3．单相异步电动机的调速

单相异步电动机的转速与电动机绕组所加的电压有直接关系。如果电动机的磁极不变，电动机的转速与绕组所加电压成正比关系。所以，可以通过改变绕组电压的大小来实现调速。分相式单相异步电动机的调速，一般有 4 种方法，即电抗器调速、电动机嵌调速绕组调速、定子绕组抽头调速和电子调速，这 4 种调速方法都是通过改变绕组电压的大小来实现单相异步电动机调速的。

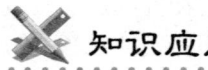知识应用

任务 6.2 单相异步电动机在洗衣机上的应用

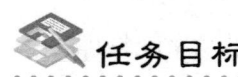任务目标

1．了解波轮式洗衣机、滚筒式全自动洗衣机以及搅拌式洗衣机电动机的结构与特点。
2．了解洗衣机常见电控器件以及洗衣机电动机的基本控制方式。

3．掌握典型的洗衣机电气控制线路。

4．了解模糊控制洗衣机、变频洗衣机等新型洗衣机的电气控制线路。

6.2.1 洗衣机电动机的结构与特点

洗衣机的类型很多，按照洗涤方式可分为波轮式、滚筒式、搅拌式。所谓波轮式，即在立式的洗衣桶内安装有搅动水流的波轮，依靠波轮定时正、反转或连续转动进行洗涤；滚筒式，即把被洗衣物放在滚筒内，依靠滚筒定时正、反转或连续转动进行洗涤；搅拌式，即依靠摆动叶往复运动进行洗涤。下面重点讨论这三种洗衣机电动机的结构和特点。

1．波轮式洗衣机电动机的结构和特点

常见的波轮式洗衣机有双桶洗衣机和全自动洗衣机两种。所用电动机目前普遍采用的是电容运转式单相异步电动机。

（1）结构

电容运转式电动机主要由定子和转子两部分组成。

定子包括定子铁芯和定子绕组。定子铁芯用来嵌放定子绕组。定子绕组分为运转绕组（又称主绕组）与启动绕组（又称副绕组），电容器串联在启动绕组回路中。

转子包括转子铁芯、转子绕组与转轴。转子槽内压铸纯铝或铝合金，两端为短路环，构成转子绕组。

（2）特点

双桶洗衣机电动机按其用途可分为洗涤电动机和脱水电动机。由于洗涤和脱水的工作方式不同，因此对电动机两个定子绕组的参数要求也有所不同。对于洗涤电动机，由于需要经常变换旋转方向，两个定子绕组交替作为运转绕组与启动绕组，因此要求它们的线径、匝数、节数和绕组分布等参数完全相同。而脱水电动机由于仅作单向运转，因此主、副绕组的参数可以不相同。

洗涤电动机的突出特点是启动性能好、过载能力强、能正反向交替运转，且无论正转与反转，其输出功率、额定转速、启动转矩、最大转矩等都相同。而脱水电动机由于常常工作在满载或超载的情况下，因此其启动转矩和最大转矩都比较大，且仅作单向高速运转。

全自动洗衣机的洗涤与脱水共用一台电动机，其结构、原理与双桶洗衣机洗涤电动机完全相同，只是由于全自动洗衣机需脱水桶高速运转，与双桶洗衣机相比，要求其输出功率更大。

2．滚筒式全自动洗衣机电动机的结构和特点

滚筒式洗衣机通常采用单相电容运转式双速电动机。

（1）结构

结构与 6.1 节所讨论的电容运转式电动机结构相似。只是双速电动机有两套绕组装在同一定子上，一套绕组为 2 极高速绕组（脱水时采用），另一套绕组为 12 极低速绕组（洗涤、漂洗时采用），所以称为 2 极 12 极电动机。其中高速绕组由主绕组和副绕组组成，其线路原

理如图 6.9 所示；低速绕组由主绕组、副绕组和公共绕组组成，这三个绕组采用 Y 形接法，在空间互成 120° 电角度，它们的末端接在一起，形成三绕组的星点，其线路原理如图 6.10 所示。

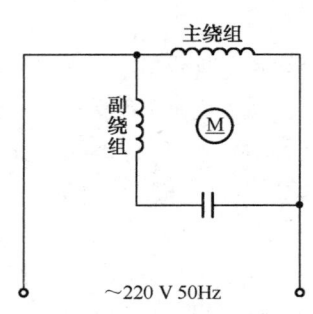

图 6.9　2 极绕组线路原理图

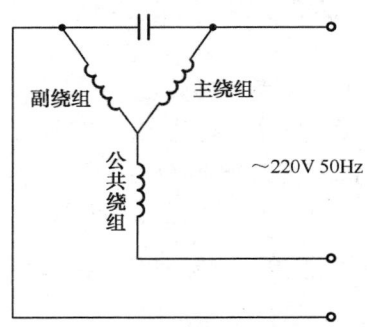

图 6.10　12 极绕组线路原理图

（2）特点

与波轮式双桶洗衣机的两个电动机相类似，由于 12 极低速绕组在洗涤或漂洗时，要求滚筒按一定周期频繁地正反转交替运转，并要求正反转效果相同，因此它的启动绕组（副绕组）与运转绕组（主绕组）应完全相同。而 2 极高速绕组仅用于脱水，只要求单方向运转，所以它的启动绕组与运转绕组可有明显的差别，其中启动绕组的线径细、匝数多、直流电阻大；运转绕组的线径粗、匝数少、直流电阻小。

双速电动机具有良好的启动特性和运转性能，过载能力强，并设有电动机过载保护器。电动机一旦发生堵转，温度升到一定值时，便会自动断电，起到保护作用。

3. 搅拌式洗衣机电动机的结构和特点

市场上多数为直接驱动搅拌式洗衣机，它所采用的是永磁无刷直流电动机。

（1）结构

无刷直流电动机由三部分组成：电动机本体、位置传感器和电子驱动器。

① 电动机本体。电动机本体由永磁主转子和带电枢绕组的主定子组成。其结构如图 6.11 所示。

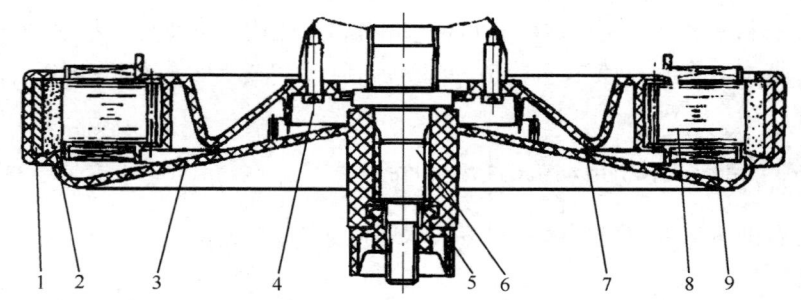

1—导磁体；2—永磁体；3—主转子；4—螺钉；5—固定螺母；6—主轴；7—主定子；8—铁芯；9—电枢绕组

图 6.11　无刷直流电动机本体结构图

外部的主转子是电动机本体的转动部分，是产生励磁磁场的部件，它由永磁体、导磁体和支撑零部件组成。内部的主定子是电动机本体的静止部分。它由导磁的定子铁芯、导电的电枢绕组及固定铁芯和绕组用的一些零部件、绝缘材料、引出部分等组成。主定子绕组是电动机本体的一个最重要部件，在将电能转换为机械能的过程中起着重要的作用。

② 位置传感器。位置传感器是把检测到的主转子当前位置信息输出给电子驱动器。它是电机实现无接触换向的重要部件，也是无刷直流电动机的一个关键部件。

③ 电子驱动器。电子驱动器即电子换向线路。洗涤时，电子驱动器控制电动机以一定的角速度往复转动一定的角度，以实现搅拌叶的往复摆动；脱水时，控制电动机平稳地持续运转或间断地加速直至高速连续运转；刹车时，控制电动机从高速运转中迅速减速，以实现对洗涤脱水桶的制动。

（2）特点

无刷直流电动机具有旋转的磁场和固定的电枢，电子驱动器可直接与电枢绕组连接。另外，装在电动机内的位置传感器，用来感应主转子在运动过程中的位置，它与电子驱动器相配合，代替了有刷电动机的机械换向装置。因此这种电动机的特点是没有换向火花，无有害干扰，寿命长，运行可靠，维护简单。此外，它的转速不受机械换向的限制，可以真正地实现无级调速。

6.2.2 洗衣机电动机的控制线路

1. 洗衣机常用电控器件

洗衣机的主要电控器件除电动机外，还有定时器、程序控制器、电容器、进水电磁阀、排水电磁阀、开关等。

（1）定时器

定时器是双桶洗衣机的时间控制器件，它的作用一是控制洗衣机的整个工作时间，二是控制洗衣机电动机的正、反转及间歇时间。

定时器按结构分类，可分为机械式、电动式和电子式。机械式是以旋紧的发条释放能量作动力源，主要由发条、齿轮机构与电气开关组件构成。其特点是价格低、工作可靠、操作手感强、不易损坏、维修方便，但走时精度较差；电动式是以小型同步电动机或罩极式电动机为动力源，主要由电动机、传动轮系与电气开关组件构成。其特点是工作性能稳定、定时精度高；电子式是采用电子延时线路，电子线路按设计规定的工作程序和时间使执行元件工作，由继电器控制洗衣机电动机的工作。目前波轮式双桶洗衣机中常用的是机械式定时器。下面重点讨论这种定时器。

机械式定时器分为洗涤定时器和脱水定时器。

洗涤定时器用来控制洗涤总时间，即控制在定时范围内洗涤电动机的正转—停—反转，从而带动波轮正转—停—反转的往返运动，它多为 15min 定时器。为了控制洗涤总时间，定时器内有一个时间控制凸轮（即主凸轮）；通常洗涤有弱洗、中洗、强洗 3 挡，定时器内有两组正反转控制凸轮：一组控制弱洗（正转 3s 左右—停止 9s 左右—反转 3s 左右—停止 9s 左右，周而复始循环）；一组控制中洗（正转 25s 左右—停止 7s 左右—反转

25s 左右—停止 7s 左右，周而复始循环）；强洗时电动机在一个方向上连续旋转，无须正反转控制。

洗涤定时器主要由齿轮组、主凸轮、正反转控制凸轮、控制簧片等构成，如图 6.12 所示。发条绕在主凸轮轴 I 上，顺时针拧动旋钮上紧发条。手松开后，在发条弹力作用下，齿轮系开始工作，传动顺序是 I 轴→II 轴→III 轴→IV 轴→V 轴。V 轴上带有棘轮，它与 VI 轴上的振子配合构成对齿轮系的阻尼作用，从而控制齿轮系的转动速度，实现旋转一周定时 15min（最长洗涤时间）。主凸轮与电源开关相连构成定时器的总开关，并控制洗涤时间；控制凸轮和琴键开关相配合构成对洗衣机的强弱控制。需注意的是，洗衣机强弱的转换只是电动机转动与停止时间的改变，而不是电动机转速的改变。

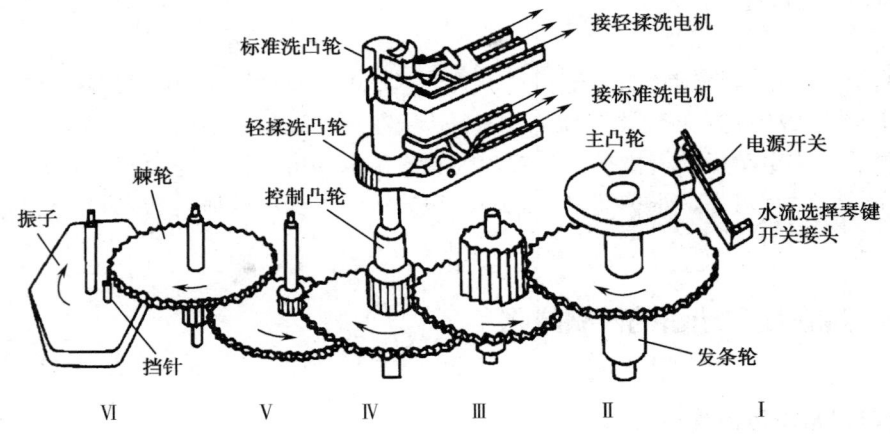

图 6.12　洗涤定时器结构图

脱水定时器比洗涤定时器简单，只控制脱水总时间。在定时范围内，电动机单方向高速旋转，一般转速为(1 350～1 450) r/min。洗涤后的衣物，一般经 1～2min 的脱水即可。脱水定时器的最长定时为 5min。

脱水定时器主要由齿轮组、主凸轮控制簧片等构成，如图 6.13 所示。发条上紧后，齿轮组等开始工作，主凸轮使触点接通，电动机运转。当发条能量释放完毕后，主凸轮回位，触点断开，电动机停止运转。

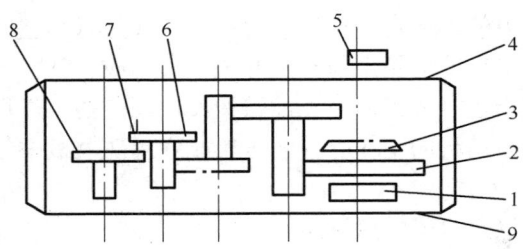

1—发条；2—摩擦片；3—盖碗；4—上夹板；5—主凸轮；6—棘轮；7—摆轮；8—振子；9—下夹板

图 6.13　脱水定时器结构图

（2）程序控制器（程控器）

程序控制器实现了洗衣过程的自动化。在程序控制器中储存有多种洗涤程序可供用户选择。用户一旦通过选择开关选定好某种程序后，程控器便按这种程序自动实施对电机、进水电磁阀、排水电磁阀等控制。程控器按结构分类，可分为机电式和微计算机式。

① 机电式程控器。机电式程控器主要由微型同步电动机、控制凸轮组、换向凸轮组和相应的簧片组、触点等组成。机电式程控器发出指令进行电气控制，其结构如图 6.14 所示。微型同步电动机通过齿轮组与钟表擒纵机构带动 1 根长轴，长轴上装有 4 个凸轮，这 4 个凸轮具有特定的形状及相对位置，以便适时地改变对应触点的通断状态。

图 6.14 中，凸轮 1 控制微型电机的动作。为使洗衣机动作，操作者必须适当拧动一下凸轮组，使凸轮 1 顶动控制杆上升，电触点闭合，此时微型电机通电运转，直至凸轮 1 转动到使控制杆重新落下，电触点脱离才停止转动。凸轮 2 控制着洗衣机主电机的运转。为保证洗衣机有充足的时间注水，这个凸轮的停动段较长。只要稍一拧动凸轮组，凸轮 1 使微型电机开始转动，进水也立即开始，当进水达到预定水位时，水位开关断开使进水电磁阀断开，停止进水。此时，凸轮 2 使洗涤电机运转，几乎同时凸轮 3 使洗涤电磁线圈通电，离合器动作，使波轮或搅拌器随传动机构动作。到达预选的洗涤时间结束，凸轮 3 使电磁线圈电路断开，波轮或搅拌器停转。洗衣机开始排水，排水后，凸轮 4 使甩干桶的电磁线圈电路通电，离合器使甩干桶高速旋转。由于凸轮 4 有多组高点和低点，因此可多次漂洗，而最后一组高点和低点，便可控制最终脱水程序。

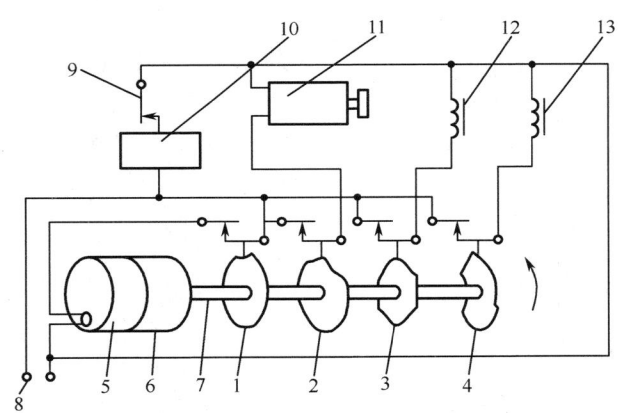

1、2、3、4—1#~4#凸轮；5—微型同步电机；6—齿轮组及钟表擒纵机构；7—长轴；8—电源；9—水位开关；
10—进水电磁阀；11—洗涤电机；12—洗涤电磁线圈；13—脱水电磁线圈

图 6.14 机电式程控器结构图

机电式程控器的特点是利用微型同步电动机带动控制系统工作，工作可靠、抗干扰能力强、能够直接控制较大电流、成本低、寿命长，设有轻转机构，旋转力矩小。

② 微计算机式程控器。微计算机式程控器主要是由各种电子元器件构成，核心是单片微计算机。在微计算机的外围有各种检测电路、输入信号放大电路、开关输入电路、输出驱动电路、功能显示电路等。全部元器件装配在一块印制电路板上，通过接插件与整个洗衣机电气线路相连接。它对各电气部件的控制主要是通过双向晶闸管的触发控制来进行的。

洗衣机所需的各种程序已储存在微计算机的只读存储器中，使用者只要通过按键选定其中的某种程序，微计算机便会控制洗衣机按这种程序运行，即有条不紊地驱动电机、进水电

磁阀、排水电磁阀等，自动完成洗衣机中的进水、洗涤、排水、脱水等各种工作和功能。

微计算机式程控器采用了触摸式开关与无触点开关，实现了无凸轮、无触点控制。其特点是结构紧凑、运行可靠、精度高、可以编制多种程序。

（3）电容器

要使电容运转式电机正常工作，必须配合合适的电容器。双筒洗衣机的洗涤电动机和脱水电动机绕组上都串联有电容器。电容器在洗衣机电路中起着三个作用：一是通过主绕组和副绕组的电流产生 90° 的相位差，从而形成两相旋转磁场，使电动机启动运转；二是提高电路的功率因数；三是交流电容器具有滤波作用，可降低电动机的振动和噪声。

（4）进水电磁阀

进水电磁阀的作用是控制自来水的进水、关闭，从而保证洗衣机的正常运转。

进水阀的主体结构有直体、弯体两种。进水轴线与出水轴线若在一条直线上，称为直体结构；若相互垂直，称为弯体结构。图 6.15（a）为弯体结构的进水电磁阀，主要由线圈、活动铁芯、膜片、弹簧等组成。

当线圈 1 不通电时，活动铁芯 2 在自重和复位弹簧 5 的作用下，关闭膜片 3 的中心孔 7，使得由平衡孔 4 进入 B 腔的水不能外泄。由于膜片 3 上下两面的有效承压面积不同而形成了压力差，B 腔压力大于 A 腔压力，致使膜片紧压在阀体 8 上，进水电磁阀呈关闭状态，如图 6.15（b）所示。

当线圈 1 通电后，铁芯被吸引向上移动，B 腔的水经中心孔 7 至阀的出口，接通了低压腔 C。由于孔 7 的流量远大于孔 4 的流量，因此水通过孔 4 产生足够大的压降，B 腔压力急剧下降，使进水处于出水处压力相平衡，膜片 3 鼓起，进水电磁阀开启，水流导通，如图 6.15（c）所示。

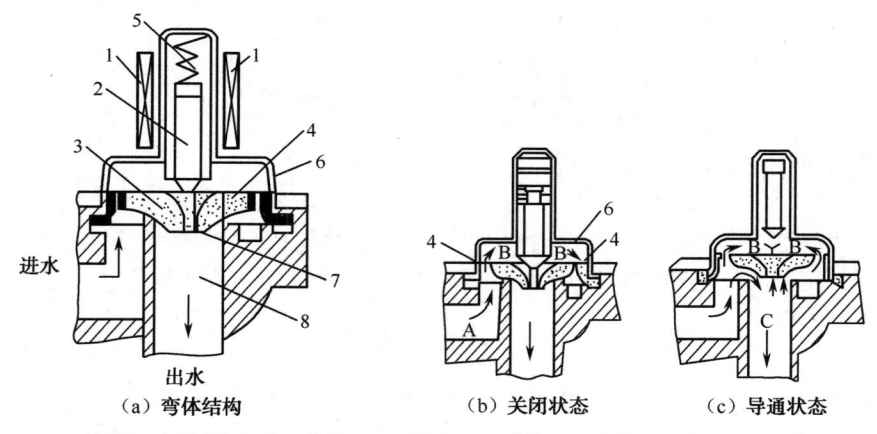

1—线圈；2—活动铁芯；3—膜片；4—平衡孔；5—弹簧；6—壳体；7—中心孔；8—阀体

图 6.15　进水电磁阀结构图

（5）排水电磁阀

排水阀的种类较多，图 6.16 为电动排水电磁阀的结构图，主要由电动机、电磁铁、杠杆、齿轮、凸轮、滑动杆等组成。它是利用电动机的转矩力控制排水阀的开启与关闭。

当电动机、电磁铁通电时，所有齿轮转动，吸入滑动杆，使排水阀开启排水。经过足够

的时间，排水结束，齿轮转动，凸轮的低凹处 A 到达各触点处，各触点断开，切断了电动机、电磁铁的电流，排水阀关闭。

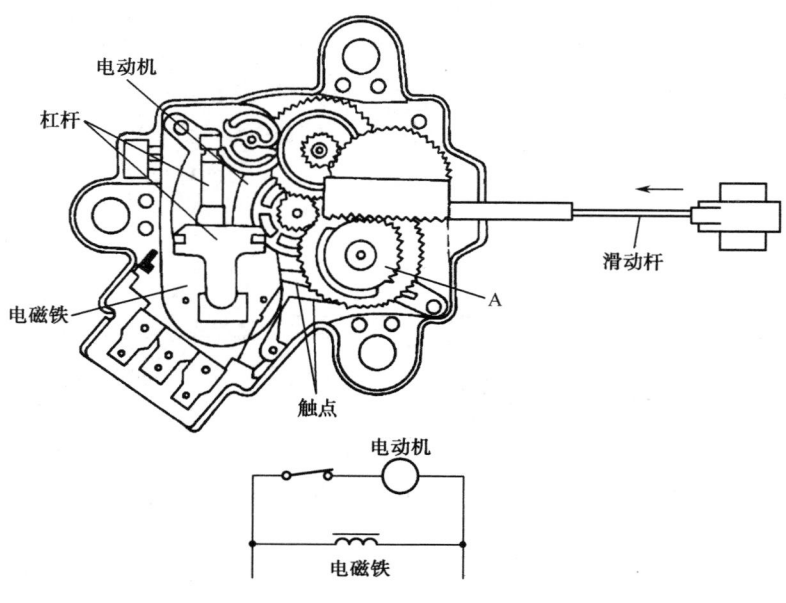

图 6.16　排水电磁阀结构图

（6）开关

双桶洗衣机为了实现水流切换和脱水盖板开盖安全，其上设置了两个开关：选择开关（按键开关）和安全开关。

选择开关的作用是由用户操作按键来选择洗涤方式。具有标准洗和强洗两种洗涤方式的洗衣机，采用二键式；具有标准洗、强洗和弱洗三种洗涤方式的洗衣机，采用三键式。它们的构造和工作原理相似，只是后者比前者多一组按键。图 6.17 是二键式开关结构图。它主要由按键组件、凸轮机构和触点开关组成。按下按键，按键组件带动凸轮机构动作，凸轮机构带动动触点或和下触点接触，或和上触点接触，构成电路回路。

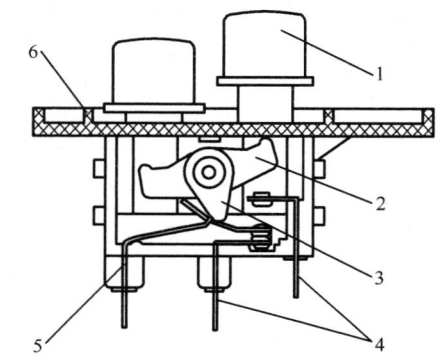

1—琴键按钮；2—摆片；3—凸轮；4—静触点；5—动触点；6—壳体

图 6.17　二键选择开关结构图

安全开关也称为盖开关，其作用是打开脱水盖板时，使脱水电动机电路断路，在刹车系统的配合下，使脱水桶迅速停转，以保证操作者的安全。其结构如图 6.18 所示。安全开关与脱水电动机、脱水定时器串联构成脱水电路，当脱水盖板闭合后，脱水盖板上的后部托起安全开关凸台，安全开关触点闭合，脱水电路接通，脱水电动机开始工作。当脱水盖板掀开约50mm 时，脱水盖板上的后部离开安全开关凸台，安全开关触点断开，脱水电路断路。

全自动洗衣机的安全开关与双桶洗衣机的安全开关相比，多了一种功能。即当洗衣桶出现异常情况，如洗衣桶盖未盖好、洗衣桶异常振动、盖开关损坏或接触不良时，盖开关能自动切断电源。

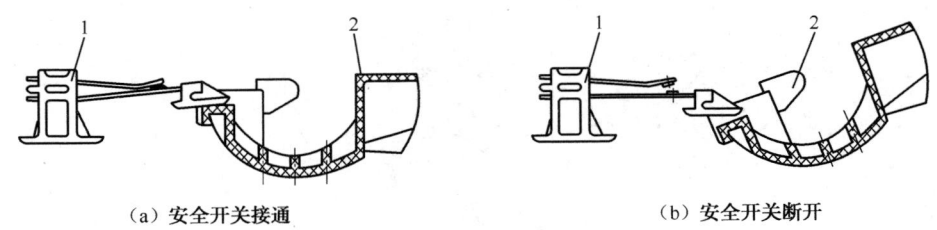

（a）安全开关接通　　　　　　　　　　　（b）安全开关断开

1—安全开关；2—脱水盖板

图 6.18　安全开关结构及通断状态图

2．洗衣机电动机的基本控制方式

（1）电容运转式单相异步电动机的控制

波轮式双桶洗衣机的两个电动机中，洗涤电动机必须要实现正、反转双向运转，而脱水电动机仅需作单方向运转。

图 6.19 为洗涤电动机正反转控制原理图。接通电源，当开关 2 与触点 1 接通时，由于电容器 C 的作用，使通过副绕组的电流超前主绕组 90°相位差，形成两相旋转磁场，电动机启动运转；当开关 3 与触点 1 接通时，由于电容器 C 的作用，使通过主绕组的电流超前副绕组90°相位差，这时所形成的两相旋转磁场与上述磁场方向相反，电动机反方向运转。这就是洗涤电动机正反转控制的原理。

图 6.20 为脱水电动机单向控制原理图。它的开关只有一组触点，当该开关的一组触点闭合时，无论是通过主绕组的电流超前副绕组 90°相位差，还是通过副绕组的电流超前主绕组90°相位差，形成的两相旋转磁场只有一种可能性，因此电动机也只能朝一个方向运转。

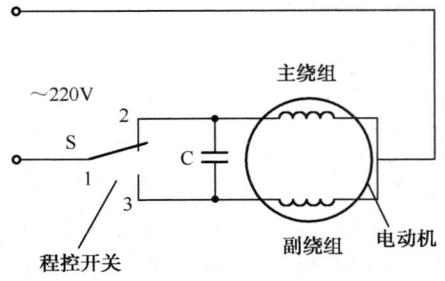

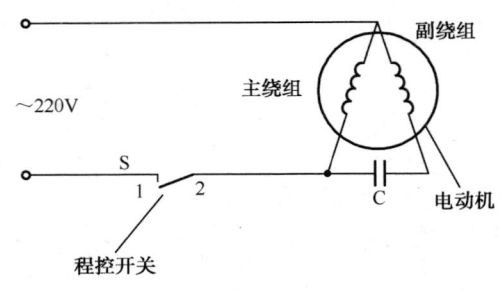

图 6.19　洗涤电动机正反转控制原理图　　　图 6.20　脱水电动机单向控制原理图

（2）电容运转式双速电动机的控制原理

滚筒式洗衣机在洗涤或漂洗时，要求电动机能正、反向周期性低速运转；在脱水时，要求电动机单向高速运转。对于双速电机来说，洗涤或漂洗时，电机的低速绕组得电，而高速绕组不工作；脱水时的情况正好相反，且两种状态使用同一个电容器。双速电动机运转控制电路原理图如图 6.21 所示。

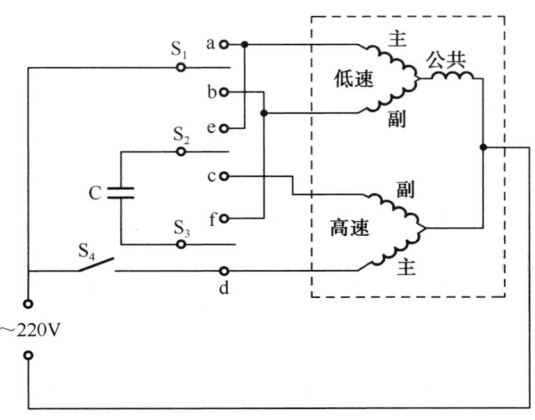

图 6.21　双速电机控制电路原理图

S_1、S_2、S_3、S_4 分别是程控器中由凸轮控制的电触点。S_2、S_3 分别与 e、f 接通时，电容器 C 跨接在低速绕组的主绕组和副绕组之间。此时 S_1 重复与 a、b 接通、断开，使电动机重复正转—停—反转—停—正转……这时电动机的转速约 470r/min（12 极）。当 S_2、S_3 分别与 c、d 接通时，电容器 C 跨接在高速绕组的主绕组和副绕组之间。S_4 闭合后，电机作单方向的高速转动，转速约为 2 800r/min。

3．典型的洗衣机电控线路

（1）波轮式双桶洗衣机典型电路

图 6.22 为波轮式双桶洗衣机的典型电路。

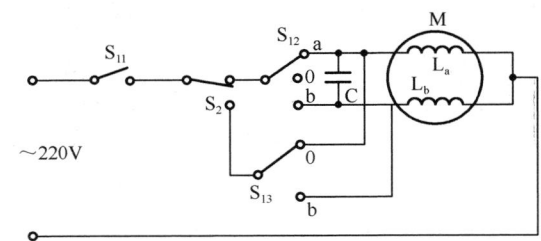

S_{11}、S_{12}、S_{13}—双程序定时器；S_2—强弱洗转换开关

图 6.22　双桶普通型洗衣机的控制原理图

采用定时器调节其主触点 S_{11} 的接通时间，即电动机通电的时间，来控制洗衣机每次洗涤或漂洗的时间。在 S_{11} 接通的时间内（定时时间内），副触点组 S_{12} 或 S_{13} 不时地自动改变接触位置：当接通 a 点时，电动机的 L_b 绕组通过电容器 C 连接到电源，使电动机带动波轮正转；当接通 b 点时，则使电动机与波轮反转；当处于中间位置 0 点时，电动机两绕组断电而停转。

用转换开关 S_2 来选择"强洗"或"弱洗"。当 S_2 接到 S_{12} 时，电动机（波轮）就按 S_{12} 的强洗程序工作；而当 S_2 接到 S_{13} 时，就按 S_{13} 的弱洗程序工作。

脱水电动机、电容器和脱水定时器组成脱水控制系统。当洗好的洗涤物从洗涤桶取出放入脱水桶，并用压盖压紧后，盖好外盖使连锁开关闭合，调节脱水定时器到适当时限，电动机即被接通电源，带动脱水桶作高速旋转进行脱水。

（2）机电式程控全自动洗衣机典型电路

图 6.23 为一种机电式程控全自动洗衣机典型电路。图中洗涤与脱水共用一台电动机。水流强度转换键为 S_1（轻揉洗）、S_2（标准洗）、S_3（单向洗）；$C_1 \sim C_8$ 为程控器的触点，C_7、C_8 控制电动机正反转；6 为水位开关，COM 表示公共引出端，NC 表示常闭触点，NO 表示常开触点。NC 和 NO 与进水电磁阀配合，可根据洗衣桶内水位的高低，自动控制进水电磁阀的关闭或开启；与程控器配合，可根据洗衣程序与洗衣桶内水位的高低，控制洗涤电动机的通断（洗衣桶注水水位达到要求后，自动接通洗涤电动机运转）。整机工作原理分析如下。

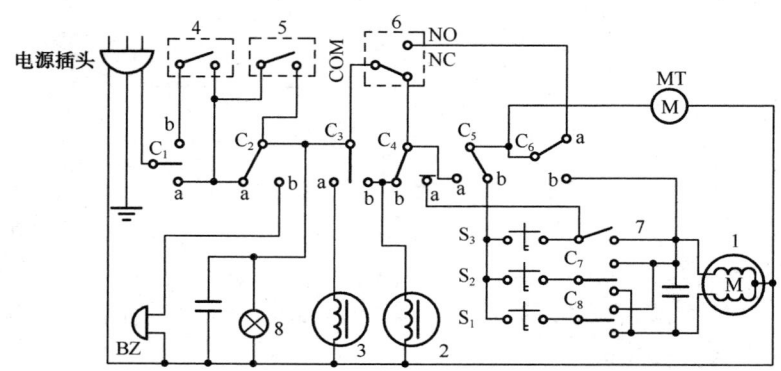

1—电动机，供洗涤、脱水；2—进水阀；3—排水阀；4—脱水停止转换开头；5—盖开关；6—水位开关；7—间隙开关；8—指示灯；MT—定时器电机；BZ—蜂鸣器；S_1、S_2、S_3—水流转换键；$C_1 \sim C_8$—定时器内各凸轮开关的接触点

图 6.23 机电式程控全自动洗衣机电路

① 接电：转动机电式程控器旋钮，从"停"转到"洗涤"，然后向外拉，电源接通，此时电流经 $C_1 \to a \to a \to C_2 \to$ 指示灯亮。

② 进水：电流经 $C_1 \to a \to a \to C_2 \to C_3 \to$ 水位开关 6 的 COM$\to$NC$\to C_4 \to b \to$ 进水阀 2 通电，开启进水。当洗衣桶内水位达到预定水位时，水位开关 6 转换成 COM$\to$NO$\to$进水阀 2 断电，停止进水。

③ 洗涤：电流经 $C_1 \to a \to a \to C_2 \to C_3 \to$ 水位开关 6 的 COM$\to$NO$\to a \to C_6 \to$ 分成两路：一路是 $C_6 \to$ 定时器电机 MT，定时器转动；另一路是 $C_6 \to C_5 \to b \to$ 水流强度转换键，设为标准洗 $S_2 \to C_7$ 正反转控制$\to$电动机正反转，进行洗涤。

④ 注水漂洗：与洗涤相同，只是增加了 $C_3 \to b \to$ 进水阀通电，开启注水。

⑤ 排水：程序中间的排水为电流经 $C_1 \to a \to a \to C_2 \to C_3 \to a \to$ 排水阀 3 通电，开启排水；程序终结的排水为电流经 $C_1 \to b \to$ 脱水停止转换开关 4 $\to a \to C_2 \to C_3 \to a \to$ 排水阀 3 通电，开启排水。

⑥ 间歇脱水：电流经 C_1→a→盖开关 5→C_2→C_3→水位开关 6 的 COM→NC→C_4→a→间歇开关 7→脱水机间歇转动，进行间歇脱水。

⑦ 终结脱水：电流经 C_1→b→脱水停止转换开关 4→盖开关 5→C_2→C_3→水位开关 6 的 COM→NC→C_4→a→C_5→分成两路：一路至定时器电机 MT 通电运转；另一路至 C_6→b→电动机通电单方向转动，进行脱水直至定时结束。电路中的脱水停止开关 4 与盖开关 5，起安全保护作用，只要它们断开，电动机即停转。

6.2.3 新型洗衣机电控线路简介

为了提高自动化程度，增强洗涤效果，方便操作及节省洗涤剂，人们从洗衣机的结构、洗涤方式及控制原理等方面进行了改进，出现了许多新型的洗衣机。下面进行简单的介绍。

1. 模糊控制洗衣机

模糊控制技术是当今世界最先进的控制技术之一，它是将模糊数学理论应用于控制领域，更真切地模拟人脑思维和判断，对产品工作过程进行选择和控制，从而达到智能化的新技术。

（1）模糊控制洗衣机的模糊控制

模糊控制洗衣机通过设置的各种传感器，自动判断所要洗涤的衣物的重量、布质、水温及污垢程度等，然后通过微处理器对收到的信息进行综合判断，自动决定最佳洗涤方案，并由计算机模糊控制各部件精确执行洗涤指令，自动完成整个洗衣过程。

模糊控制全自动洗衣机主要由电机、波轮、进水阀、排水阀及光电传感器、衣量传感器、水位传感器等构成。

图 6.24 为模糊控制框图。来自光传感器的信号被送到一片 4 位微计算机中进行处理。单片微计算机的存储器内已编入了模糊控制程序。所有传感器的信息在计算机中经微处理器进行数据处理后，进行模糊推理判断，以决定当时最适合的水位、水流、强度、洗涤时间、漂洗次数和时间以及脱水时间等，进而通过控制器控制电机的运行、洗涤剂的投入量、水位的高低等。

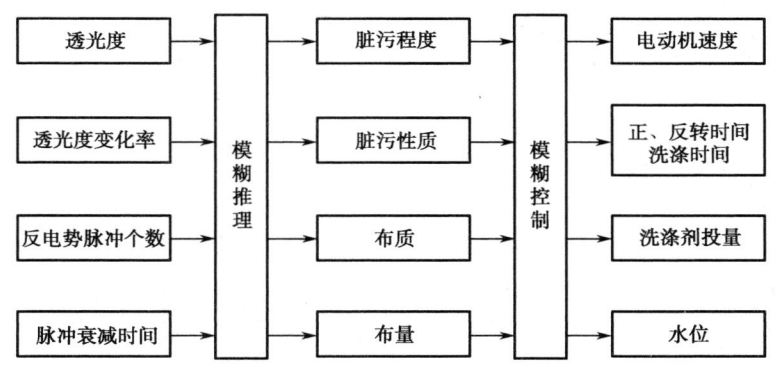

图 6.24 模糊控制洗衣机的模糊控制框图

图 6.25 是微处理器控制原理框图。图中表示出微处理器与各种传感器、操作电路、负载电路的连接。微处理器用开关器件检测洗衣机盖的开与关及脱水桶是否平稳运行，并从水位传感器、衣量传感器、脏污度传感器获取信号。

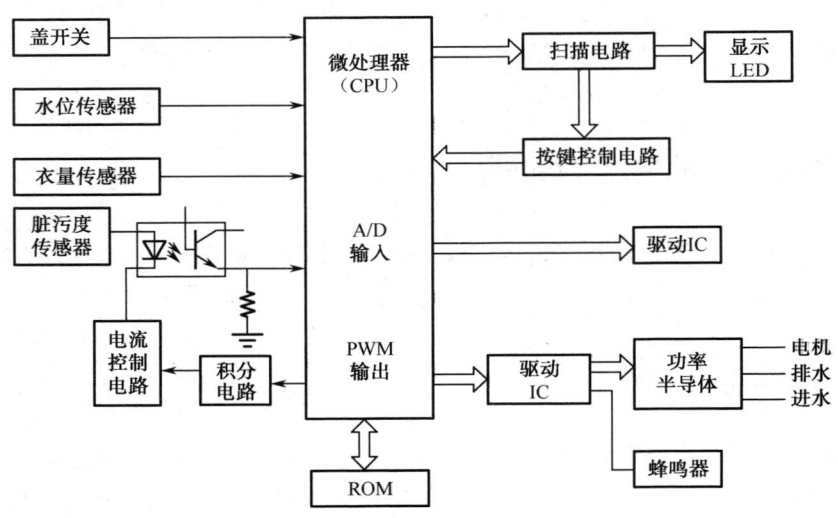

图 6.25　模糊控制洗衣机微处理器工作原理框图

（2）传感器的功能

① 水位传感器。用于检测洗涤桶内水位高低。水位传感器是一个可变电压的压力传感器，此传感器由一个振荡线圈和铁氧体及压力传感元件组成。利用铁氧体上下移动过程中引起振荡线圈电感量的变化，来检测水位高低的变化。

② 不平衡传感器。用于检测脱水过程中，脱水桶是否运行平稳（衣物是否偏向一侧）的传感器件。

③ 脏污度传感器。用于检测衣物的脏污程度。它主要由红外线发光二极管和光敏三极管组成。它们面对面安放在排水开关的两侧，利用光敏三极管检测红外发光二极管所发出红外光穿透排出污水的损失程度及变化，判断衣物的脏污程度，并将光信号的变化转变为电压信号的变化，传输给微处理器。微处理器根据接收到的电压信号的强弱，测知液体的浑浊度，推算出衣物的脏污程度，并根据此数据决定水位、水流、洗涤时间等洗衣参数。

④ 衣量传感器。用于测定洗涤物的数量。衣量的检测，是通过检测电动机带动波轮正反转转换过程中电机断电状态下，洗衣桶每分钟惯性转数的多少来判定的。微处理器根据衣量传感器的数据决定水位的高度和洗涤时间的长短。

2．变频洗衣机

变频洗衣机是融变频调速控制技术和现代电机控制技术为一体的全自动洗衣机。它利用先进的变频技术、将电源电压经过交流—直流—交流或交流—直流逆变后再施加到电动机上，可方便地通过调节电压的波形来调节电动机的转速。因此，变频洗衣机可根据洗涤物的种类和质地来选择洗涤水流、洗涤时间和脱水转速、脱水时间，在保证最佳洗涤效果的前提下，节约能源。

变频洗衣机电机通常采用直流变频而不采用交流变频。原因是直流电机效能高、噪声低、控制精确；交流电机虽工艺简单，成本低，但交流变频驱动系统调速范围窄，效率比直流无刷电机低，而且由于采用开环控制系统，对电机的控制精度差，转速随载荷波动也大。因此，变频洗衣机通常采用直流变频系统。

变频洗衣机与普通洗衣机相比，其突出特点有二：一是运行平稳，变频洗衣机实现了洗衣机带负载平缓启动、加速，平缓减速刹车，克服了普通洗衣机硬启动的缺点，既减少了启动冲击电流，又避免了冲击载荷对洗衣机的影响，减少振动、噪声，延长洗衣机使用寿命；二是安全可靠，变频洗衣机采用软件、硬件结合进行安全保护；智能功率驱动模块内置温度、电流保护子模块；高、低压保护可靠，控制器随时检测电机运转状态和功率电子器件温度，对各种异常情况能够及时预警、报警，保证系统安全、可靠地运转。

3．超声波洗衣机和离子洗衣机

超声波洗衣机没有波轮，也没有电动机，主要由洗涤桶、超声波发生器、气泡供给器及若干金属板组成。洗衣机内安装着含油电磁式气泵、风量调节器、转换阀及定时器等基本部件。

超声波洗衣机是利用超声波产生的空穴现象和振动作用，以及在洗涤液中的气泡上产生的乱反射特性工作的。超声波由插入电极的 2 个陶制振动元件产生。振动头的前端以每秒上万次的速度在 20μm 的微小范围内上下振动。在前端部分与衣物分离的瞬间会形成真空部分，并在此间隙产生真空气泡。气泡破裂之际，能产生很强的水压，使衣物纤维振动，使洗涤剂乳化，从而使污垢与衣物分离，达到洗涤去污的作用。

由于超声波洗衣机没有转动部件，因此衣物不会产生缠绕，磨损率低，且洗净度高、无噪声、节水、节电，适合洗涤各类衣物。

离子洗衣机是通过在洗衣机内部安装特殊的活水装置，把普通自来水分解为离子水，通过离子水的高渗透性及离子独有的对污渍、灰尘的分解作用和吸附作用，达到对衣物的清洁。其结果是既把衣物磨损降至最低，又免去了使用洗涤产品，减少了漂洗过程，节水、节电又环保。

任务6.3 单相异步电动机在电风扇上的应用

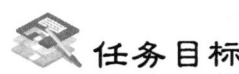 任务目标

1．了解台扇、吊扇和转页扇用电动机的结构与特点。
2．了解电风扇常用电气控制器件的结构、原理和使用。
3．掌握电风扇电动机的基本控制方式以及典型电风扇电气控制线路。

6.3.1 电风扇用电动机的结构与特点

电风扇种类很多，按其结构及使用方式可分为台扇、吊扇、壁扇、落地扇、转页扇、排气扇等。下面以典型的台扇、吊扇、转页扇为例，介绍其电动机的结构与特点。

1. 台扇电动机的结构与特点

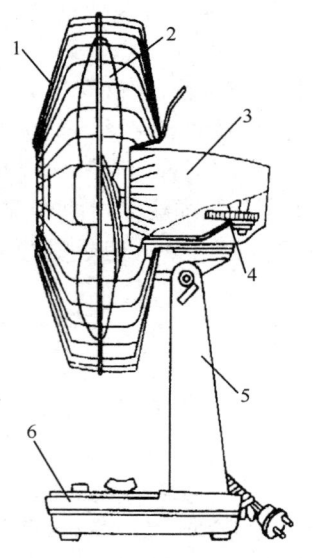

1—网罩；2—扇页；3—电动机；

4—摇头控制机构；5—立柱；6—底座

图 6.26　台扇的基本结构

台扇主要由电动机、扇叶、网罩、摇头机构、底座等部件组成。台扇的基本结构如图 6.26 所示。

台扇电动机一般为防护式。其定子铁芯常以 0.5mm 的硅钢片叠压而成。国产台扇电动机定子铁芯多数为 16 槽或 18 槽，定子槽内嵌有单层或双层绕组。转子为铸铝鼠笼式转子。电风扇电动机的极数不能任意取，它与所允许的扇叶最大圆周速度有关。

家用台扇电动机，一般采用单相电容运转式电动机或单相罩极式电动机。罩极式电动机结构简单、嵌线方便、成本低，但功率小、效率低、电性能差、启动转矩小、过载能力低。在早期生产的电风扇中较多采用，但目前使用的越来越少。由于电容运转式电动机不仅结构简单，而且具有启动转矩大、启动电流小、功率因数高、过载能力强、噪声小、温升低等优点，在目前生产的电风扇中广泛采用。

2. 吊扇电动机的结构与特点

吊扇主要由扇头（即电动机）、扇叶、悬吊装置（包括吊杆、吊攀、上下罩）及调速器组成。吊扇的结构如图 6.27 所示。吊扇的扇头主要由定子、转子、滚珠轴承和上下盖组成。扇头的基本结构如图 6.28 所示。

吊扇电动机多采用电容运转式电动机，少数也用罩极式电动机。吊扇电动机与普通内转子式结构不同，它采用封闭式外转子结构。其特点是定子在转子里面，定子与吊扇轴连在一起并固定在吊杆上不能转动。转子与上、下端盖固定在一起，上、下端盖上均装有滚动轴承，扇叶直接固定在扇头的端盖上。当外转子绕定子旋转时，就带动端盖和扇叶一起转动。

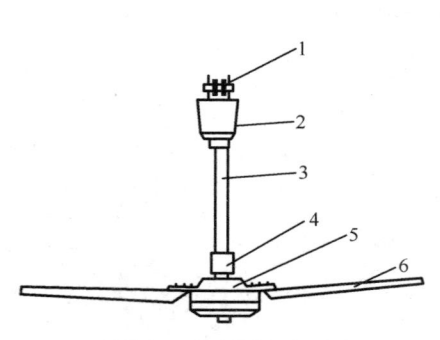

1—吊攀；2—上防尘罩；3—吊杆；

4—下防尘罩；5—扇头；6—叶片

图 6.27　吊扇的基本结构

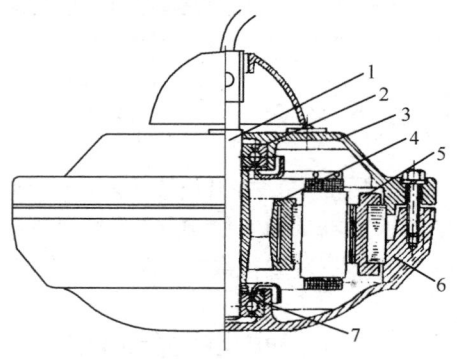

1—转轴；2—上轴承；3—上盖；4—定子；

5—外转子；6—下盖；7—下轴承

图 6.28　吊扇扇头结构

3. 转页扇电动机的结构与特点

转页扇又称为鸿运扇或箱式风扇,转页扇主要由箱体、导风机构、电动机、扇叶及其他控制部件组成。转页扇的结构如图 6.29 所示。

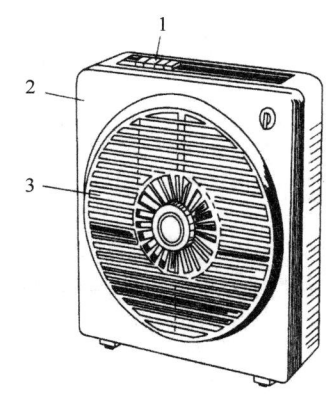

转页扇一般采用电容运转式单相交流异步电动机,也有的采用罩极式电动机。转页扇电动机的结构与原理同台扇电动机基本相同。

转页扇导风轮的驱动方式分为风力驱动和微型同步电动机驱动。风力驱动是依靠电风扇本身的风力吹动导风轮旋转,再用阻尼法稳速。这种方法结构简单、成本低,但导风轮的转速不稳,且转速不能调节。而采用专用的微型同步电动机经减速机构驱动导风轮旋转,是目前应用最普遍,性能较好的一种方式。

1—按键;2—外壳;3—导风轮

图 6.29　转页扇的结构

6.3.2　电风扇电动机的控制线路

1. 电风扇常用电控器件的结构、原理和使用

电风扇电气控制线路中常用的控制器件有电容器、调速开关、定时器、热保护器等。

（1）电容器

电风扇多数采用电容运转式单相交流电动机。与电动机副绕组所串联的电容器为无极性交流电容器,不可使用直流电容器,通常采用油浸、蜡浸或金属膜纸介电容器。电容器的主要参数是电容量和额定工作电压（即耐压）。工作时加在电容器上的电压不应超过它的额定工作电压,否则电容器会被击穿。

（2）调速开关

电动机的启动、停止和变速,都是用开关控制的。常用的结构形式有琴键式开关和旋钮式开关。琴键式开关的结构如图 6.30 所示。当琴键开关未按下时表示电风扇电源没有接通,当分别按下标有数字 1、2、3 的按键时,可使电风扇在不同的转速下运行。当按下停止键时电风扇停止运行,并使运转状态的数字键复位。

旋钮式开关结构如图 6.31 所示。当调速旋钮指示在 0 位时,表示电风扇电源没有接通,当旋转调速旋钮指向不同的转速挡位时,可使电风扇在不同的转速下运行。当旋转调速旋钮回到 0 位时,电风扇停止运行。

（3）定时器

定时器用于控制电风扇的工作时间,当定时时间到时自动切断电源,使电风扇停止运转。目前电风扇上普遍采用的是机械式计数器。一种机械式定时器的结构如图 6.32 所示。定时器有 6 个轴,用 Ⅰ、Ⅱ、Ⅲ、Ⅳ、Ⅴ、Ⅵ表示,6 个轴均固定在两侧的基板上。每个轴上分别带有一个轮,Ⅰ、Ⅱ、Ⅲ、Ⅳ、Ⅴ轮组成四级增速齿轮组,Ⅵ轮为摆轮,发条的一端钩挂在转轴上,另一端钩挂在发条柱上。当将定时器旋钮顺时针旋转至某一时间刻度时（发条上紧）,

定时器开始工作。随着电风扇的运转，转轴在发条回弹力的作用下带动凸轮沿逆时针方向缓慢转动。当转轴与凸轮回到原始位置上时，定时器触点断开，切断电源，电风扇停止运转，这时定时器旋钮指向 OFF 位置，定时结束。当定时器旋钮指向 OFF 位置时，即使其他开关处于工作状态，电动机也不能运转。当不需要定时时应将定时器旋钮指向 ON 位置，这时定时器的触点处于常通状态，其他开关才能起作用。

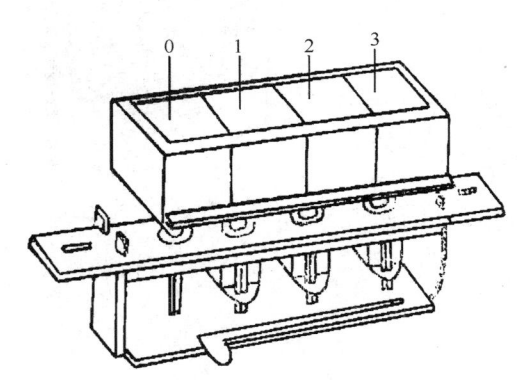

1—旋钮；2—转轴；3—圆盘；4—支架；5—滑板；

6—底板；7—接线片；8—定位柱

图 6.30　琴键式调速开关 　　　　　图 6.31　旋钮式调速开关结构

（4）热保护器

热保护器的作用是当电风扇电动机过载或非正常工作，引起电动机温升过高时，能够自动切断电源，保护电动机绕组不被烧坏。热保护器应串接在电动机的主回路中，并安装在靠近电动机绕组端部的位置。目前常用的热保护器是温度熔断器，当绕组的温度过高或电流过大时，熔断器就自行熔断，从而切断电源，保护电动机。

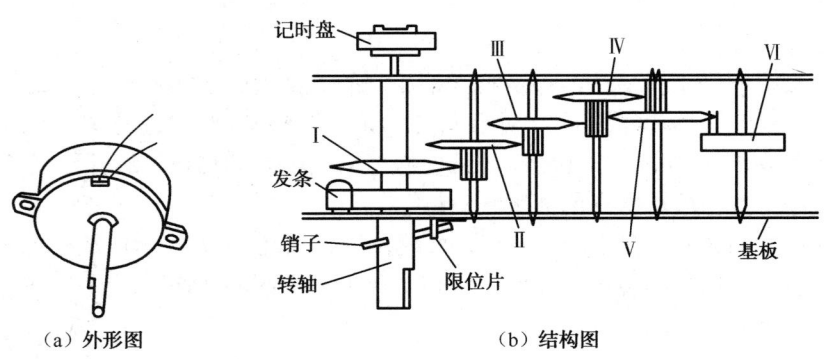

图 6.32　定时器的外形与结构

2．电风扇用电动机的基本调速方法

目前电风扇一般都具有调速功能，通过调速来实现人们对风速和风量的不同要求。常用的单相交流电风扇的调速方法较多，普通电风扇目前广泛采用的调速方法是电抗器调速、抽头调速和电容器调速。

（1）电抗器调速

电抗器调速一般是与电风扇电动机的定子绕组串接一个电抗器，通过电抗器改变电动机的端电压，从而达到调速的目的。电容式电动机和罩极式电动机串电抗器调速的原理电路如图 6.33 所示。

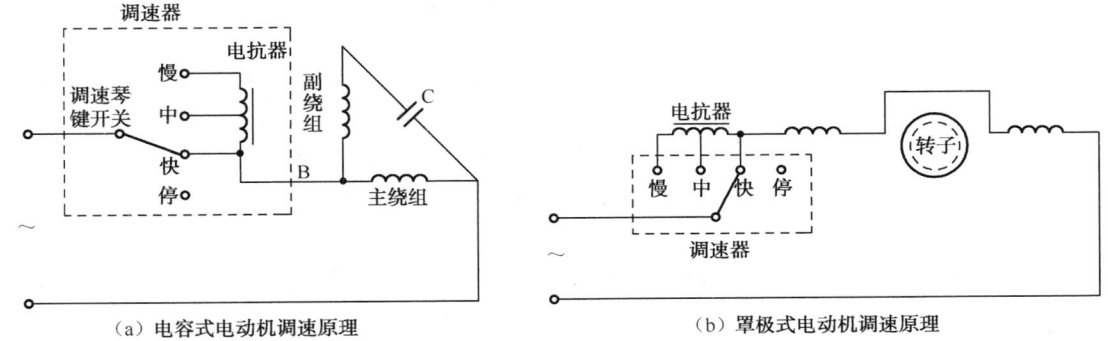

（a）电容式电动机调速原理　　（b）罩极式电动机调速原理

图 6.33　电抗器调速原理图

将电抗器的抽头分别与调速开关的不同转速挡相连接。接通电源后，当调速开关接通快速挡时，电动机绕组回路中没有串入电抗器线圈，电源电压全部加在电动机上，电动机以高速运转，电风扇的风量最大；当调速开关接通中速挡时，电动机绕组回路中串入一部分电抗器线圈，使电动机的端电压下降，电动机转速也相应降低，电风扇的风量相应减小；当调速开关接通低速挡时，电动机绕组回路中串入了全部的电抗器线圈，使电动机的端电压进一步降低，电动机转速也达到最慢，电风扇的风量也为最小。

（2）抽头调速

抽头调速是在电动机定子绕组上再串接一组中间绕组（又称调速绕组），在中间绕组上抽头，分别与调速开关的不同转速挡相连接，当调速开关接通不同的挡时，便可得到不同的转速。

① 罩极式电动机抽头调速。罩极式电动机抽头调速电路如图 6.34 所示。

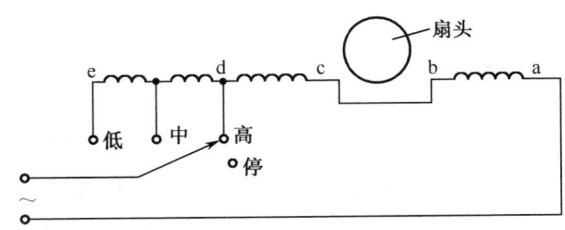

图 6.34　罩极式电动机绕组分配示意图

在电动机定子主绕组上串接一个中间绕组，中间绕组上的抽头分别与调速开关的快、中、慢挡相连。接通电源后，当调速开关接在不同的挡时，可得到不同强度的定子磁场，从而得到不同的转速。

② 电容式电动机抽头调速。电容式电动机抽头调速是在电动机定子上设置三套绕组：

主绕组、副绕组、中间绕组。在中间绕组上的抽头分别与调速开关的相应挡相连。当调速开关分别与不同的抽头接通时，就可得到不同的主、副绕组匝数比，从而得到不同的转速。抽头调速常用的接法有 L 形接法和 T 形接法。

a. L 形接法调速。L 形接法调速又分为 L_I 型接法和 L_{II} 型接法，其调速原理电路如图 6.35 所示。

L_I 形接法的中间绕组与主绕组串联并嵌放在同一槽内，它们在空间上保持同相位。为了接线方便，中间绕组置于主绕组之上。如果在中间绕组上抽 2～3 个头，分别与调速开关的相应挡连接，便可实现 3～4 挡调速。而副绕组在空间上与主绕组相差 90° 电角度。如图 6.35 所示，当调速开关接至快速挡时，中间绕组全部串接在副绕组上，这时主绕组电流大，转速最快；当调速开关接至慢速挡时，中间绕组全部串接在主绕组上，使主绕组电流减小，转速最慢；当调速开关接至中速挡时，中间绕组的一部分串接在主绕组上，另一部分串接在副绕组上，电动机以中速运转。

L_{II} 形接法的中间绕组与副绕组串联并嵌放在同一槽内，它们在空间上保持同相位。为了接线方便，中间绕组也置于副绕组之上，并与主绕组在空间上相差 90° 电角度。其调速原理与 L_I 形接法相同。

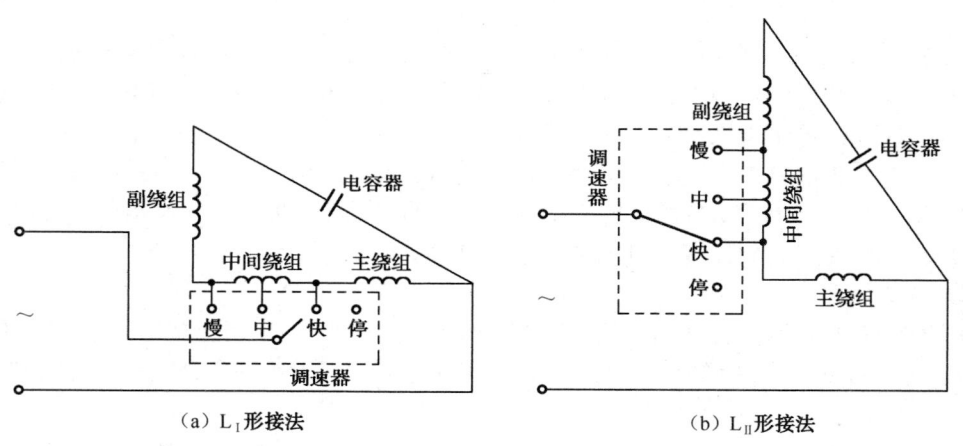

（a）L_I 形接法　　　　　　　　　（b）L_{II} 形接法

图 6.35　L 形接法抽头调速原理

b. T 形接法调速。T 形接法调速又分为 T_I 形接法和 T_{II} 形接法，其调速原理电路如图 6.36 所示。

T_I 形接法是将中间绕组接在主、副绕组之外。中间绕组与主绕组嵌放在同一槽内，在空间上与主绕组同相位，而副绕组与它们相差 90° 电角度。当接通电源时，通过中间绕组的电流为主、副绕组电流之和。在中间绕组上抽头，分别与调速开关的相应挡连接。当调速开关接至不同的挡时，定子主绕组两端便可获得不同的端电压，从而得到不同的转速。

T_{II} 形接法是将主绕组分成两部分，其中一部分串接在电源回路中，始终通过总电流，通过转换开关连接中间绕组的不同抽头。中间绕组与副绕组嵌放在同一槽内，两者在空间上是同相位的。当开关接至快速挡时，中间绕组全部与副绕组串联，电动机以高速运行；当开关接至中速挡时，中间绕组的一部分与主绕组串联，一部分与副绕组串联，这时电动机以中速运行；当开关接至慢速挡时，中间绕组全部与主绕组串联，这时电动机转速最慢。这种接法其实就是 T 形与 L_Ⅱ 形的复合接法，也称为 T-L_Ⅱ 形接法。这种接法可获得良好的启动性能和调速比，电容器两端承受的电压比 T 形和 L 形接法的低，运行更安全。

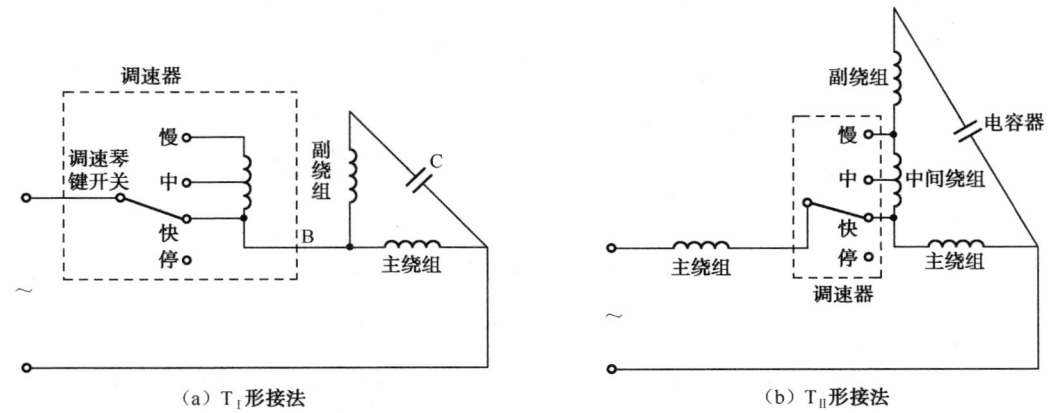

图 6.36　T 形接法调速原理

（3）电容器调速

电容器调速与电抗器调速类似。它是将电容器串入电动机主回路中，利用调速开关来调节串入回路的电容量的大小，从而改变电动机的端电压以达到调速的目的。电容器调速原理电路如图 6.37 所示。

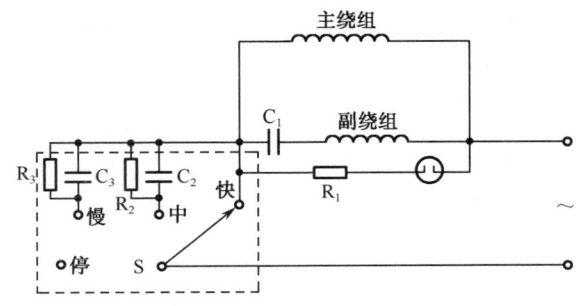

图 6.37　电容器调速原理图

图 6.37 中，C1 为电动机的分相电容，C2 和 C3 为调速电容，当调速开关接至快速挡时，调速电容没有接入电动机回路，此时电动机两端电压为电源电压，电动机以高速运转；当调速开关接至中速挡时，琴键开关将使电容 C2、C3 并连接入电动机回路，使电动机端电压降低，以中速运转；当调速开关接至慢速挡时，只有 C3 接入电动机回路，电动机以低速运转。

3. 典型电风扇电控线路

（1）台扇的典型电路

一种采用电抗器调速的台扇典型电路如图 6.38 所示。该电路主要由电风扇电动机、电容器、电抗器、调速开关、定时器和指示灯组成。电路中指示灯线圈 df 与电抗器的调速线圈 ac 为反向串接，通电后,当调速开关接通低速挡时，两线圈电压降有部分抵消，使加在启动绕组上的电压比较大，有利于电动机的低速挡启动。如图6.38所示，定时器与调速开关串连接于主回路中，只有当定时器触点闭合时，按下调速开关的1～3调速键，电动机主回路才能接通，电风扇才能启动运转。台扇的引出线为三根，其中两根为220 V电源线，一根为保护接地线，所以采用三脚插头。

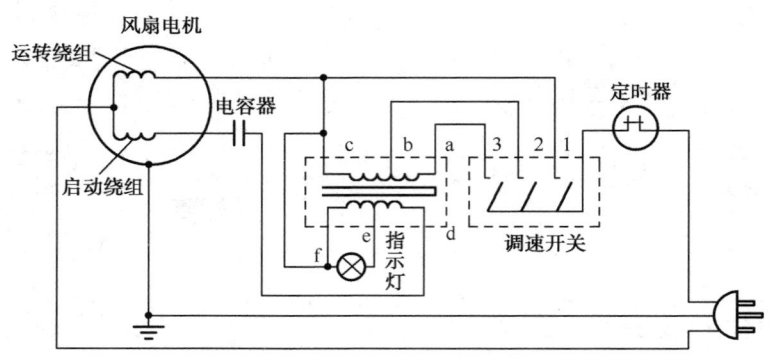

图6.38　电抗器调速的台扇典型电路

（2）吊扇的典型电路

采用电容式电动机的一种单相交流吊扇的典型电路如图6.39所示。一般吊扇的速度挡较多，常采用电抗器调速。其调速器由电抗器和转换开关组成，通常与吊扇分开装配。吊扇与调速器配合使用。接通电源后，吊扇的电源通路为：电源→转换开关→电抗器→电动机。通过调节转换开关接通不同的电抗器抽头，从而可改变电风扇电动机的端电压，实现调速。

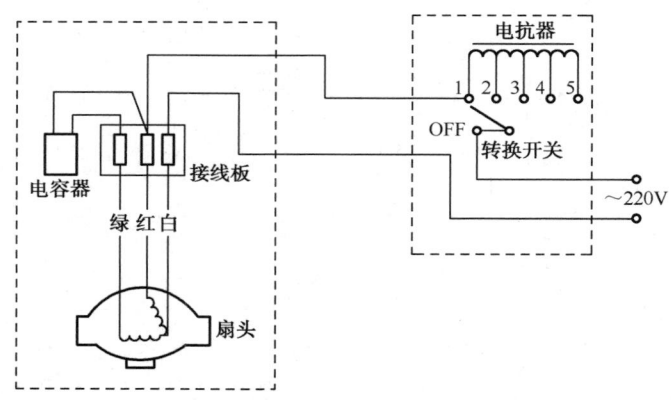

图6.39　吊扇的电气接线图

（3）转页扇的典型电路

转页扇多采用抽头调速，其原理电路如图6.40所示，在转页扇电路中增加了微型同步电动机及开关和自动断电安全器。转页扇电动机的运行和微型同步电动机的运行，既相关又独立。转页扇工作时的电源通路为：电源→定时器→调速开关→电动机→安全器。当调速开关接通不同的转速挡时，即可得到不同的调速。只有转页扇处于工作状态时，才允许微型同步电动机运行，由微型同步电动机带动导风轮低速运转。当转页扇停止工作时，微型同步电动机也停止运行。

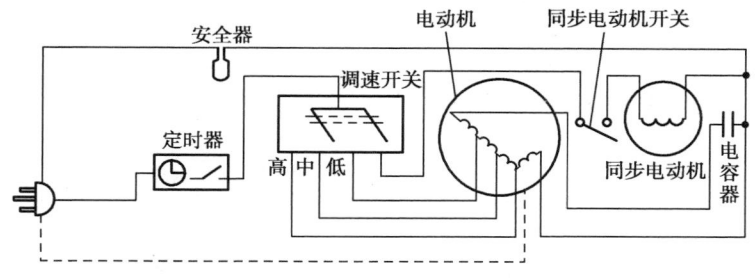

图 6.40 转页式电风扇电路图

任务 6.4 单相异步电动机在电冰箱、空调器上的应用

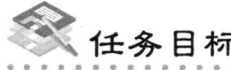任务目标

1．了解电冰箱、空调器压缩机用电动机的结构及其工作原理。
2．了解电冰箱、空调器的常用电控器件的结构、原理和特点。
3．掌握电冰箱、空调器的典型电气控制线路。

6.4.1 电冰箱、空调器压缩机用电动机的结构及其工作原理

1．电冰箱、空调器压缩机用电动机的结构

家用电冰箱、空调器压缩机用电动机均采用单相交流异步电动机，它与压缩机一起安装在封闭的壳体内。压缩机用电动机的转子均采用铸铝鼠笼式转子。为了得到启动转矩，定子上嵌有两套绕组：主绕组（又称运转绕组）和副绕组（又称启动绕组），二者在空间上相隔90°电角度。根据启动方式的不同，定子绕组的结构及接线形式也不同。目前压缩机用电动机通常采用的是电阻分相启动式（RSIR）、电容分相启动式（CSIR）、电容运转式（PSC）、电容启动运转式（CSR）单相异步电动机。

对于电阻分相启动式（RSIR）单相异步电动机的定子绕组，其主绕组与副绕组的匝数及线径不同。通常主绕组线径较粗、匝数较多；副绕组线径较细、匝数较少，两绕组并联接电源，并在副绕组回路串接一启动开关，常用电流继电器或 PTC 热敏继电器等，以便启动结束后，使副绕组断开。其结构如图 6.41（a）所示。

电容分相启动式（CSIR）单相异步电动机，是在副绕组回路中串联一个电容器（称为启动电容器）和一个启动开关，当电动机转速达到额定转速的 70%～80%时将副绕组断开。其结构如图 6.41（b）所示。

电容运转式（PSC）单相异步电动机，在副绕组中串接一个电容器，然后与主绕组并连接电源。副绕组不仅在启动时起作用，而且在电动机运行过程中也始终与主绕组一起工作。其结构如图 6.41（c）所示。

电容启动运转式（CSR）单相异步电动机，在副绕组回路中串联两个互相并联的电容器，

其中一个为启动电容和一个启动开关串联，另一个为工作电容（又称运行电容）。电动机启动后，当转速达到额定转速的 70%～80%时，启动开关断开，将启动电容切断，工作电容仍接在电路中。其结构如图 6.41（d）所示。

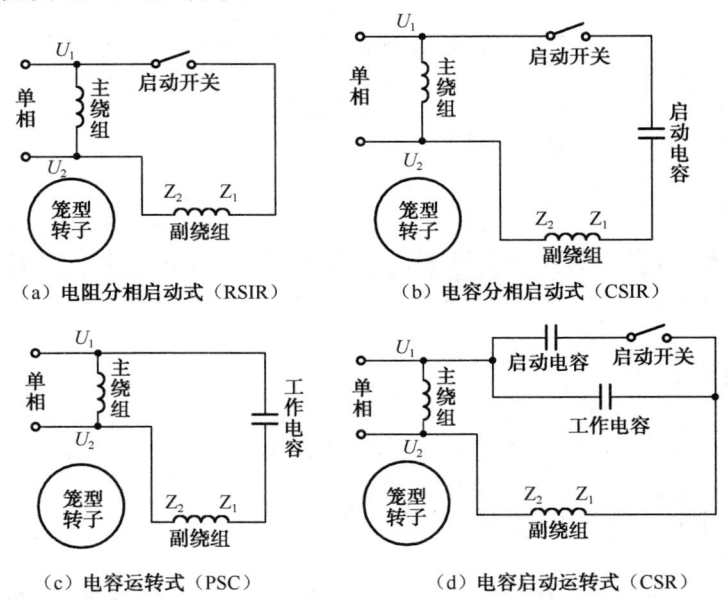

图 6.41　电冰箱、空调器的压缩机用电动机的结构原理图

2．电冰箱、空调器压缩机用电动机的工作原理

电阻分相启动式（RSIR）单相异步电动机的原理电路如图 6.41（a）所示，由于主绕组与副绕组的匝数及线径不同，主绕组线径较粗、匝数较多，则电阻较小而感抗较大；副绕组线径较细、匝数较少，则电阻较大而感抗较小，接通电源后，使得通过两个绕组的电流相位不同，形成两相电流，因此产生旋转磁场，使电动机启动运转，当转速达到额定转速的 70%～80%时，启动开关断开，切断副绕组，而主绕组仍通电，电动机继续运转。这种电动机的结构简单，运行可靠，但启动电流较大，多用于中小型电冰箱压缩机中。

电容分相启动式（CSIR）单相异步电动机原理电路如图 6.41（b）所示，由于在副绕组回路中串联了一个电容器，使副绕组回路的阻抗呈容性，从而使副绕组在启动时的电流超前电源电压一个相位角；而主绕组的阻抗为感性，它的启动电流滞后电源电压一个相位角。因此，在电动机启动时，副绕组电流超前主绕组电流一定的相位。如果电容器的容量配得合适，能够使启动时的副绕组电流超前主绕组电流约 90°电角度，从而可产生一个接近圆形的旋转磁场，获得较大的启动转矩。电动机启动后，当转速达到额定转速的 70%～80%时，启动开关断开，使副绕组断路，而主绕组仍接通，电动机仍继续运转。电容分相启动式单相异步电动机，启动转矩大，启动电流较小，多用于中小型电冰箱、冷藏柜等。

电容运转式（PSC）单相异步电动机原理电路如图 6.41（c）所示，在副绕组中串联一个电容器，并在电动机启动和运行过程中一直处于工作状态，使副绕组电流始终超前主绕组电流一定的相位，从而在电动机中可形成旋转磁场并产生启动转矩。这相当于一个两相电机，其运行性能较好，但启动转矩小，启动电流较大，多用于家用小型空调器。

电容启动运转式（CSR）单相异步电动机原理电路如图6.41（d）所示，在副绕组中串接的是2个并联的电容器。启动时，串接在副绕组中的总电容为启动电容和工作电容之和，电容量比较大，使副绕组电流超前主绕组电流一个较大的相位角，可以使电动机气隙中产生一个接近圆形的旋转磁场，并获得较大的启动转矩。当电动机转速接近额定转速时，启动继电器动作，将启动电容从副绕组回路中切除，而工作电容仍接在电路中，使电动机运行时的气隙中磁势也接近圆形，运行性能较好。电容启动运转式单相异步电动机，启动转矩和运行转矩都较大，启动电流小，多用于大型电冰箱和空调器。

6.4.2 电冰箱、空调器的控制线路

1. 常用电控器件的结构、原理和特点

为保证电动机的启动和正常运行，电冰箱、空调器中都装有与电动机配套的电控器件。常用的控制器件有启动电容器和运行电容器、启动控制器、过载保护器、温度控制器等。

（1）启动电容器和运行电容器

由于启动电容器只是在电动机启动时接入电路，通电时间很短，一般电容量很大，因此通常使用电解电容器。而运行电容器是在电动机启动和运行过程中一直接在电路中，应满足长期工作要求，通常选用蜡浸、油浸或金属膜纸介电容器。

（2）启动控制器

启动控制器是一种用来控制压缩机电动机启动的继电器。它的主要作用是控制启动电容器与电动机副绕组回路的接通与断开。目前常用的启动控制器主要有重力式启动控制器、弹力式启动控制器和PTC启动控制器。

① 重力式启动控制器。重力式启动控制器（又称为组合式启动控制器），它由重力式启动继电器和碟形热保护器组合而成。其结构及控制原理如图6.42所示。

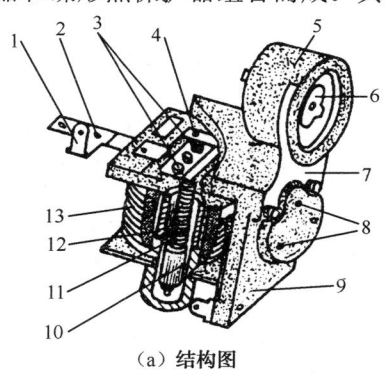
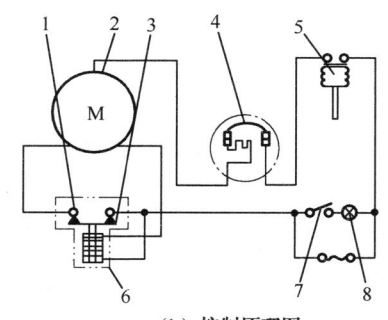

（a）结构图

1—动绕组抽头；2—静抽头；3—动触点；

4—静触点；5—保护开关；6—碟形双金属片；

7—金属片架；8—插座孔；9—胶木壳；10—衔铁；

11—复位弹簧；12—固定铁芯；13—励磁线圈

（b）控制原理图

1—静触点；2—压缩机电动机；3—动触点；

4—保护继电器；5—温控器；6—启动继电器；

7—门灯开关；8—箱内照明灯

图6.42 重力式启动控制器

启动继电器主要由励磁线圈、衔铁、触点等组成，其控制原理是：启动继电器的励磁线圈串接在电动机主绕组回路中，在电动机启动的瞬间，启动电流很大，主绕组中的电流很快达到额定电流的3倍以上，使启动继电器的励磁线圈产生足够大的磁力，立即吸合衔铁，接通启动触点，从而使副绕组回路获得启动电流，电动机开始启动。随着转速的上升，电动机主绕组的电流迅速下降，使励磁线圈的磁场大大减弱，当回路电流接近正常运行值时，无法再吸住衔铁，在重力作用下，衔铁释放，启动触点断开，启动绕组断电，电动机进入正常运行状态。碟形热保护器主要由电热丝和双金属片、触点等组成，其结构和控制原理参见后面所述。

② 弹力式启动控制器。弹力式启动控制器（又称为整体式启动控制器），这种启动控制器的励磁线圈和双金属片热保护器组装成一个整体，靠弹力来接通或断开电路。其结构及控制原理如图6.43所示。

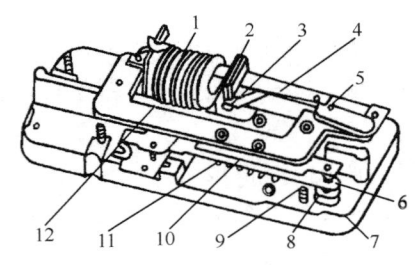
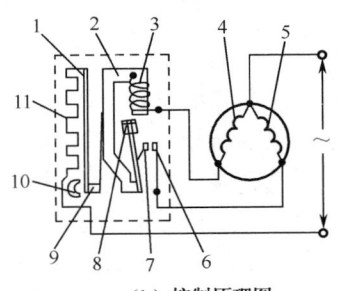

（a）外形结构图　　　　　　　　　　　（b）控制原理图

1—电流线圈；2—衔铁；3—启动触点；4—弹簧片；　　　1—双金属片；2—电工纯铁架；3—电流线圈；

5—调节螺丝；6—过电流触点；7—胶木底座；　　　　4—电动机运行绕组；5—电动机启动绕组；

8—永久磁铁；9—调节螺丝；10—双金属片；　　　　6—启动固定触点；7—启动活动触点；8—衔铁；

11—电阻热元件；12—电工纯铁架　　　　　　　　9—过电流常闭触点；10—永久磁铁；11—电阻热元件

图6.43　弹力式启动控制器的结构和控制原理图

它的控制原理是：电流线圈、电阻热元件、过电流常闭触点与电动机的运行绕组串联。启动触点串联于启动绕组回路。启动时，因启动触点处于断开状态，启动绕组中无电流通过，电动机不能产生旋转磁场，转子不运转。此时电路中电流很大，一般为额定电流的5～7倍，使电流线圈产生较强的磁场，衔铁受到的吸引力大于弹簧片的弹力，使启动触点闭合，接通启动绕组，电动机开始运转。当电动机转速接近额定转速时，电流线圈中的电流迅速下降，使电流线圈产生对衔铁的吸力小于弹簧片的弹力，启动触点断开，从而切断启动绕组回路，电动机进入正常运行状态。

当压缩机在启动或运转过程中电路出现故障，引起电路中电流过大时，电阻热元件温度迅速升高，双金属片因受热产生弯曲变形，使过电流常闭触点断开，从而切断电源保护电动机。

③ PTC启动控制器。PTC元件是一种正温度系数热敏电阻元件，它与碟形热保护器组装在一起，构成了PTC启动控制器。PTC元件的特性是：在常温下电阻值较小，当温度升高到一定值时，其电阻值急剧上升。PTC元件的电阻温度特性和控制原理如图6.44所示（纵坐标为电阻变化率，指不同温度时的电阻值与25 ℃时的电阻值之比）。

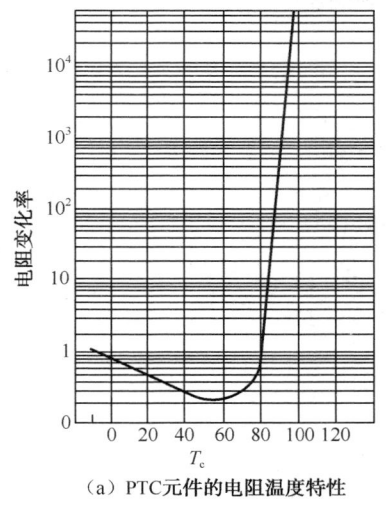

（a）PTC元件的电阻温度特性

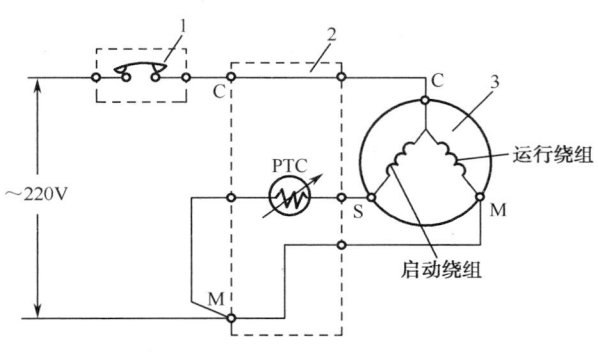

（b）PTC启动控制器的控制原理

1—碟形热保护器；2—启动装置；3—电动机

图 6.44 PTC 元件的电阻温度特性和控制原理

将 PTC 元件与电动机的启动绕组串联，在刚接通电源瞬间，由于此时 PTC 元件呈低阻状态，使启动绕组中有较大电流通过，于是电动机开始启动运转，随着 PTC 元件温度的上升，其阻值急剧增大，通过启动绕组的电流大幅度下降接近断路，使电动机进入正常运行状态。这一启动过程在极短时间内完成，PTC 元件起到了一个无触点自动开关的作用。但是由于 PTC 元件的热惯性，每次启动后必须间隔 2～3min 以上时间才能再次启动。

（3）过载保护器

过载保护器的主要作用是，当因某种因素使电动机电流过大或压缩机温升过高时，及时切断电源，保护电动机不受损坏。

过载保护器按功能可分为过流型和过热型，前者以电动机工作电流为控制信号，后者以电动机运行温度为控制信号；按结构形式可分为碟形热保护器、内埋式热保护器和 PTC 热保护器（原理同 PTC 启动控制器）。

① 碟形热保护器。碟形热保护器的结构如图 6.45 所示。其触点为常闭触点，当电动机回路中的电流过大时，电阻丝发热，烘烤上面的碟形双金属片，使双金属片温度上升而发生变形，从而使常闭触点断开，切断电源，保护电动机。碟形热保护器通常与重力式启动器一起装在压缩机壳体外侧的接线盒内，保护器的开口紧贴在压缩机外壳的侧壁上，当因故压缩机壳体温度过高时，即使工作电流正常，也会使双金属片受热变形，触点断开，切断电源，从而保护电动机。所以，这种过载保护器具有过流和过温两种保护作用。

② 内埋式热保护器。内埋式热保护器的结构如图 6.46 所示。把它装在压缩机电动机的定子绕组中，直接感受绕组的温度变化。无论何种原因，使绕组温度超过允许值时，热保护器内的双金属片变形，触点断开，切断电源，保护电动机不受损坏。

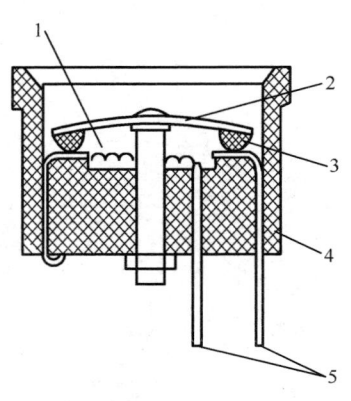

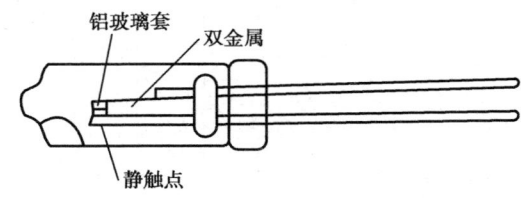

1—电阻丝；2—双金属片；3—触点；

4—绝缘壳体；5—接线端子

图 6.45　碟形热保护器结构　　　　　图 6.46　内埋式热保护器结构

（4）温度控制器

前面所述的启动控制器和过载保护器是用来控制压缩机电动机的启动和正常运转的。但要使压缩机的制冷温度达到人们所要求的范围，还需要有温度控制器来控制压缩机电动机的制冷工作时间或制冷量。目前电冰箱、空调器中使用的温度控制器以感温囊式温控器最普遍，另外还有热敏电阻式温度控制器等。

① 感温囊式温控器。感温囊式温控器的控制原理如图 6.47 所示。感温囊（为波纹管或膜盒）、感温管及其内部的感温剂组成一个密闭的感温系统。感温管紧压在蒸发器表面，而机箱内温度的高低随蒸发器表面温度变化，当蒸发器的表面温度高时，箱内温度也高，反之亦然。如果蒸发器表面温度低于某预定值，则感温管内的感温剂压力下降，使拉簧 6 的拉力大于感温腔体前端传动膜片的推力，而使力点 A 右移，由于杠杆的作用，力点 A 处只要有很小的位移，就可在活动触点 2 端获得较大的位移，从而使固定触点 1 与活动触点 2 迅速脱离接触，电路断开，压缩机停止工作。经过一段时间后，机箱内温度回升并达到某预定值时，由于感温管内感温剂压力变大，使感温腔前端传动膜片向左的推力大于拉簧 6 的拉力，便推动杠杆左移，使活动触点 2 与固定触点 1 闭合，电路接通，压缩机重新开始运行。上述过程交替进行，从而可使机箱内的温度控制在预定的范围内。

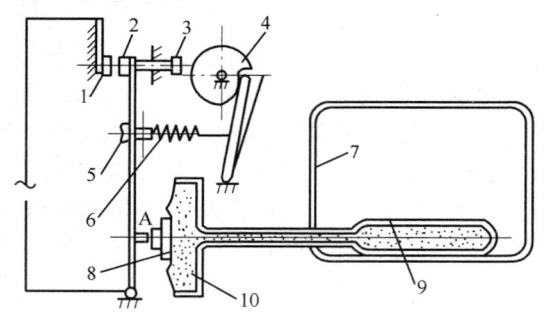

1—固定触点；2—活动触点；3—温差调节螺丝；4—温度高低调节凸轮；5—最低温度极限调节螺丝；

6—拉簧；7—蒸发器；8—传动膜片；9—感温腔；10—感温管；A—力点

图 6.47　感温囊式温控器的控制原理

② 热敏电阻式温控器。热敏电阻温控器的感温元件是负温度系数的热敏电阻，其温度越低，电阻值越大。利用热敏电阻和相应的电子电路构成的热敏电阻式温控器的原理电路图如图 6.48 所示。将热敏电阻 R_1 置于机箱内，当箱内温度发生变化时，热敏电阻的阻值也发生相应的变化，经信号放大器放大后控制继电器 J 的动作，从而控制压缩机电动机的启停，实现对箱内温度的控制。箱内温度的调节可通过调整电位器 RP 实现。

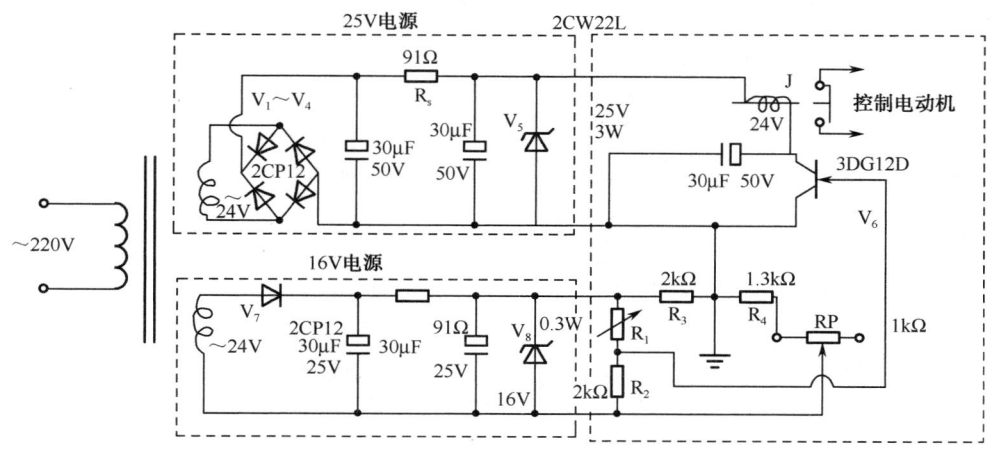

图 6.48   热敏电阻式温控器原理图

（5）电磁换向阀

电磁换向阀又称为电磁四通阀，是冷、热两用热泵式空调器中不可缺少的重要部件。它主要由电磁阀和四通换向阀组成，其结构及工作原理如图 6.49 所示。

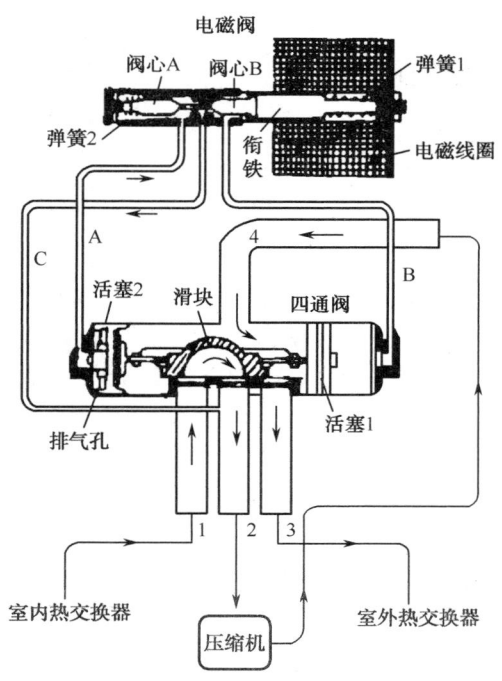

图 6.49   电磁换向阀结构及工作原理图

电磁阀主要由线圈、弹簧、衔铁及两个阀心组成。阀芯和衔铁构成可以左、右移动的整体，当接通电源时，线圈产生磁场，衔铁在磁场力的吸引下，带动阀芯向右移动，这时毛细管 A 被阀芯 A 堵住，毛细管 B 畅通；当断电时，线圈磁场消失，衔铁在弹簧弹力作用下，带动阀芯向左移动并复位，这时毛细管 B 被阀芯 B 堵住，毛细管 A 畅通。

四通换向阀上有 4 根接管和 3 根毛细管，阀体内装有半圆形阀座、滑块和 2 个活塞，2 个活塞分别装在阀体内左、右端口，活塞与滑块用滑架连在一起，滑块可以左右移动。四通阀体上的 1 管与室内热交换器相连接，2 管与压缩机吸气管连接，3 管与室外热交换器连接，4 管与压缩机排气管相通。当滑块右移时，滑块使 2 管和 3 管相通，而 4 管和 1 管通过阀体内腔连通；当滑块左移时，滑块使 1 管和 2 管相通，而 4 管和 3 管通过阀体内腔连通，这样就可以改变制冷剂在系统中的流向。四通阀体的两端分别与毛细管 A 和 B 相连，而毛细管 C 与 2 管接通。

制冷运行时，电磁阀的线圈不通电，这时毛细管 B 被阀芯 B 堵住，毛细管 A 和 C 连通。由于四通阀体上的 4 管与压缩机排气管相连，使阀体内充满高压气体，并通过活塞上的小孔，向左、右两端的空腔充气，由于 B 管不通，而 A 管、C 管、2 管和压缩机吸气管彼此相通，使活塞 2 左端空腔的气体被压缩机吸走，在四通阀两端空腔中形成较大的压力差，因而使活塞与滑块一起左移，使 1 管和 2 管相通，而 4 管通过阀体内腔和 3 管连通，如图 6.49 所示。此时，室内端的热交换器成为蒸发器，制冷剂液体在蒸发器中吸热冷化，达到制冷作用。

制热运行时，电磁阀的线圈通电，线圈的磁场吸引衔铁并带动阀芯右移，这时毛细管 A 被阀芯 A 堵住，毛细管 B 和 C 连通，同上类似，可在四通阀两端空腔中形成与制冷时相反的压力差，因而使活塞与滑块一起右移，2 管和 3 管相通，而 4 管通过阀体内腔和 1 管连通，压缩机排出的高温高压气体，由 4 管—1 管进入室内端的热交换器，并排出热量，这时室内的热交换器变成冷凝器向室内供暖。

2. 电冰箱、空调器的典型电控线路

（1）电冰箱的典型电控线路

电冰箱的种类较多，它们的电气控制线路也不完全相同，主要由压缩机电机、启动继电器、过载过热保护器、温度控制器、箱内照明灯及灯开关、除霜电路等组成。

电容启动式单门直冷电冰箱典型电控线路如图 6.50 所示。该电冰箱压缩机电动机为电容启动式单相异步电动机。温度控制开关和热保护器串联在电动机供电回路中。启动继电器线圈与电动机的运行绕组串联。启动时，在接通电源瞬间电动机运行绕组回路电流较大，使启动继电器产生足够的磁力吸动衔铁，启动触点闭合，电动机启动绕组通电，产生旋转磁场，使电动机启动运转。随着转速升高，电路中电流减小，运行绕组电流下降到额定值，使启动继电器的磁力不足以吸动衔铁，启动触点断开，电动机进入正常工作状态。

过载过热保护器的触点在正常工作时处于常闭状态。当电动机发生故障引起电流过大时，热保护器的电阻丝发热量增大，使双金属片受热变形，热保护器的触点断开，切断电路。当压缩机电动机因长期工作而使压缩机壳温度过高时，双金属片也会受热变形，切断电路，保护电动机不受损坏。

温度控制器利用感温管检测箱内温度，通过控制压缩机电动机的启停，来实现对箱内温度的控制。

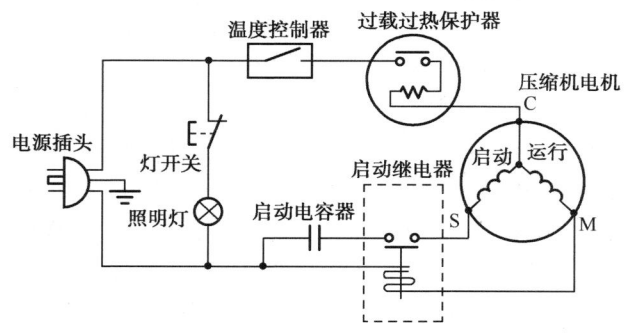

图 6.50 电容启动式单门直冷电冰箱典型电路

箱内照明灯和灯开关串连接于电源，它与压缩机电动机控制电路是并联的，不管压缩机电动机是否运转，只要箱门一打开，灯开关便接通，照明灯即亮；箱门一关闭，灯开关便断开，照明灯即灭。

目前，新型电冰箱中大多已应用了变频控制与模糊逻辑控制，计算机温控与自动除霜、自我诊断、自动报警、深冷速冻等智能化技术。变频控制的电冰箱中采用变频压缩机，由变频控制器根据不同使用情况自动控制压缩机的工作频率（转速），从而可提高制冷效果、实现节能降噪。模糊逻辑控制主要是根据传感器测得的各室温度值和计算出的温度变化，运用模糊神经推理确定食品的温度，进而控制压缩机运转、风扇运转和风门开闭，从而达到最佳的运行状态和最佳的保鲜效果。

（2）空调器的典型电控线路

空调器的种类较多，各种空调器电路也各不相同，它们都由主电路、保护电路、操作与控制电路组成，各部分电路由不同的电器部件构成，完成相应的控制功能。

① 单冷型空调器典型控制电路。电容运转式单冷型空调器的典型控制电路如图 6.51 所示。电路有两条主回路，一条是压缩机的电动机控制与保护电路；另一条是电风扇的电动机控制与保护电路。空调器的压缩机电动机和电风扇电动机均为电容运转式单相异步电动机，以提高电动机运行的功率因数。

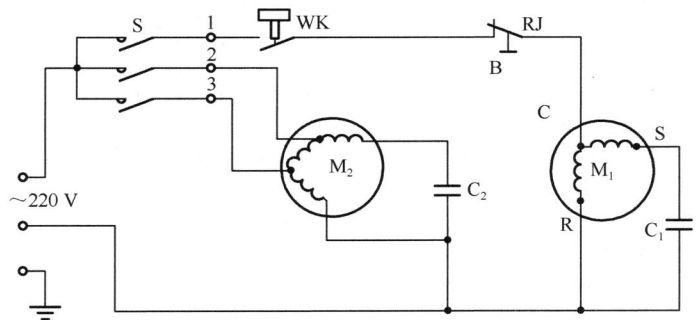

S—空调器主控开关；C—电容器；WK—温度控制器；RJ—过载保护器；M_1—压缩机；M_2—风扇电动机

图 6.51 电容运转式单冷型空调器的典型控制电路

电路中的温度控制器 WK，可以根据室内温度的设定值来控制压缩机电动机的启停，以达到控制房间温度的目的。

电路中的过载保护器 RJ，当电路出现故障，引起压缩机电动机电流过大或压缩机外壳温升过高时，切断电路，可以对压缩机进行过流过热保护。

空调器的主控开关 S，是控制电风扇电动机和压缩机电动机工作的操作开关。它有多对触点，通过操作开关可以使电风扇单独运行，也可以使电风扇与压缩机同时工作。利用操作开关可以选择电风扇以高、中、低速运行。在压缩机制冷运行时，当室温达到设定值后温度控制器动作，切断压缩机电动机的供电回路，使压缩机停止工作，而电风扇继续运行。当室温回升到预定值时，温度控制器又将压缩机电动机回路接通，压缩机又开始制冷工作。在接通压缩机电动机电路时，必定同时接通电风扇电路，否则空调器会发生故障。

② 冷热两用热泵式空调器典型控制电路。图 6.52 是一台日立冷热两用热泵式空调器的电路。它比单冷型空调器增加了冷热转换开关、电磁换向阀及保护开关等。

电路的工作程序是，接通电源后先开风扇：将选择开关接通风扇挡（低速挡 5-6 通，中速挡 3-4 通，高速挡 1-2 通），并使选择开关 9-10、11-12 及冷热开关 2-1、5-4 闭合，使风扇电动机绕组回路通电，电风扇启动运转。

制冷运行时，再接通选择开关 7-8 和温控器开关 L-C，使压缩机电动机通电运转。此时，由于电磁阀线圈不通电，因此工作于制冷状态。

制热运行时，将冷热开关转换到制热位，使冷热开关 2-3、4-6 接通，再接通选择开关 7-8 和温控器开关 H-C，此时电路中有三条供电回路：第一条是电源→选择开关 9-10→冷热开关 2-3→电磁阀保护开关 2-3→冷热开关 6-4→FAN 熔断器→风扇电动机，使风扇运转；第二条是电源→选择开关 9-10→冷热开关 2-3→温控器开关 H-C→选择开关 7-8→压缩机电动机→选择开关 5-1-12-11→电源，使压缩机通电运行；第三条是电源→选择开关 9-10→冷热开关 2-3→电磁阀保护开关 2-3→电磁阀线圈→选择开关 5-1-12-11→电源，使电磁阀线圈通电，控制压缩机工作在制热运行状态。

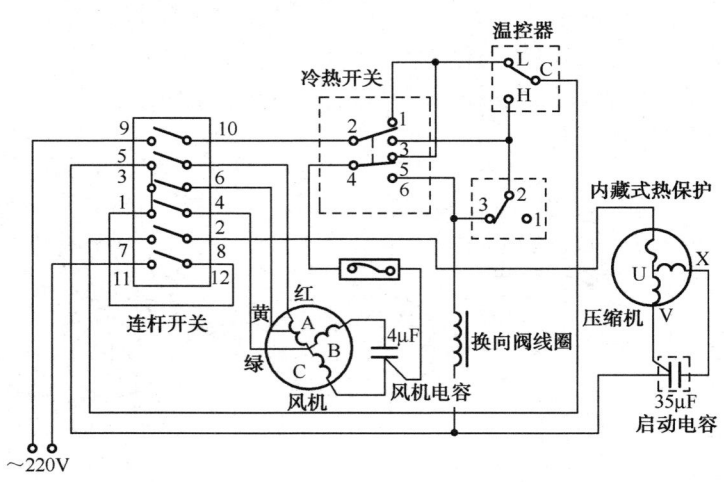

图 6.52　冷热两用热泵式空调器（日立）控制电路

目前，新型空调器中大多已应用了微计算机控制和变频控制技术。在微计算机控制的空调器中，由微计算机组成的中央控制系统，可以接收来自各种传感器的输入信号和外部输入的各种控制信号，并经 CPU 分析比较后发出相应的控制命令，完成相应的处理功能，如制冷、制热、除霜运行、温度控制、定时控制、延时控制、风量控制、保护电路控制等。而且微计算机控制系统功能强、运行速度快、控制精度高，能更好地满足人们的需求。

在变频式空调中，利用改变电源频率来调节交流电动机的转速，以实现调节制冷量或供热量的要求。它避免了传统空调器压缩机频繁启动所引起的较大启动电流对电网的冲击，使电网运行较平稳，电源容量可以得到更充分的利用。而且室内温度波动较小，使人体感觉更为舒适。

任务 6.5 单相异步电动机常见故障、检修方法及检验内容

6.5.1 单相异步电动机常见故障

单相异步电动机常见故障以及产生这些故障的原因、处理方法列于表 6.1 中。

表 6.1 单相异步电动机常见故障及其产生原因和处理方法

故　　障	故障产生原因	处　理　方　法
1. 电动机通电不能启动，只能听到嗡嗡声	(1) 电动机启动绕组断路 (2) 启动电容损坏 (3) 罩极电动机短路环开裂 (4) 电动机控制电路中启动继电器损坏 (5) 单元绕组接线错误	(1) 修理启动绕组 (2) 更换启动电容 (3) 更换短路环 (4) 更换启动继电器 (5) 重新接线
2. 电动机不能启动，也没有嗡嗡声	(1) 电源线断 (2) 绕组短路 (3) 接线头松动 (4) 鼠笼断条 (5) 绕组内部断路	(1) 换电源线 (2) 短路不严重时，可以局部处理，如果短路严重要换绕组 (3) 重新接线 (4) 焊接断条 (5) 重新嵌线
3. 电动机中温升过高	(1) 电源电压严重下降 (2) 电动机负载过重 (3) 电动机绕组短路 (4) 轴承损坏或缺润滑油 (5) 轴承装配不当	(1) 提高电压 (2) 减轻电动机负载 (3) 重新绝缘处理或更换绕组 (4) 更换轴承或加润滑油 (5) 重新装轴承
4. 触摸电动机有烫手的感觉，但电动机能继续运转	(1) 定子绕组有轻微短路 (2) 定子绕组通地 (3) 轴承润滑不良或损坏 (4) 转子鼠笼断条	(1) 查出短路点，重新绝缘 (2) 查出通地点，重新绝缘 (3) 加润滑油或更换轴承 (4) 焊接新条
5. 触摸电动机外壳有触电麻手感	(1) 绕组通地（通机壳） (2) 接地头通地 (3) 电机受潮，绝缘强度下降 (4) 电动机连续使用的时间过长，绕组绝缘老化，绝缘程度下降	(1) 查出通地点，重新绝缘 (2) 查出通地点，重新接线 (3) 可采用通低电流、小电压法，或用灯泡烘烤除潮气 (4) 更换绕组

续表

故　障	故障产生原因	处　理　方　法
6．电动机转动时噪声大	（1）轴承损坏或缺润滑油 （2）轴承松动 （3）电动机端盖松动 （4）电动机轴不正，使电动机扫膛，或电动机变形使电动机扫膛	（1）换轴承或加润滑油 （2）重新装配轴承 （3）紧固端盖螺钉 （4）重新装配电动机端盖或者校正电动机轴，如果电动机无法校正，应更换
7．电动机运转过程中突然停止运转	（1）电动机过热或过电流 （2）电动机过载严重使控制电路过电流过温升，继电器动作，电动机断电 （3）绕组烧毁	（1）查找过电流或过热原因进行处理 （2）减轻电动机负载 （3）重新嵌线
8．电动机转速太低	（1）绕组短路 （2）单元绕组有接反的 （3）电动机过载严重 （4）转子断条 （5）电源电压太低或频率太低	（1）查出短路点，重新绝缘处理或更换绕组 （2）重新更换单元绕组接线 （3）减轻电动机负载 （4）焊接断条，或更换转子 （5）调整电源
9．电动机运行时发出焦糊味	（1）绕组短路烧毁 （2）绝缘受潮严重，电动机通电时，使绝缘层烧毁 （3）绝缘老化，使绝缘层烧毁	更换绕组

由表 6.1 可见，使电动机发生故障的主要因素是电动机绕组短路、断路和通地，电动机轴承损坏，电动机装配质量不合格等。下面介绍电动机绕组短路、断路和通地，电容损坏，轴承损坏的原因和检修方法。

6.5.2　单相异步电动机检修方法

1．电动机绕组短路的原因和检验、修理方法

电动机绕组出现短路时电动机转速要下降，电流增大，电动机发热。短路严重时，还会烧坏绕组。造成绕组短路的原因，其一是电动机绕组受潮严重，破坏了绕组导线间的绝缘性能，以致通电时发生导线间的绝缘击穿，造成绕组短路。所以当电动机停电较长时间时，若再用，应先通较低电压，让电动机空转一段时间，待潮气排除后，再加全压运行。造成绕组短路的第二个原因是，电动机嵌线时破坏了绕组导线间的绝缘层。另外的一个原因是，电动机作绝缘强度检验（耐高压检验）时造成极少数导线间有轻微的绝缘击穿，经过一段时间使用，使原来绝缘击穿点扩大，导致绕组短路。检验绕组短路故障时，需先拆下电动机盖，取出转子，先检验定子绕组有没有黑色的烧焦点，若有黑色烧焦点，说明此处就是绕组短路点。可以更换个别短路的单元绕组，从而消除绕组的短路故障。若发现绕组烧焦元件较多时就需重新嵌线了。

如果绕组短路点不易被发现，可用"匝间短路探测器"测量绕组的短路点最方便可靠。

如图 6.53 所示，当依次移动"匝间短路探测器"和响应小铁片在电动机定子铁芯上的位置时可以查出定子绕组所有的短路线圈。检查出短路线圈后，可根据短路的具体情况，决定更换部分导线或者更换整个线圈，直至电动机重新嵌线。

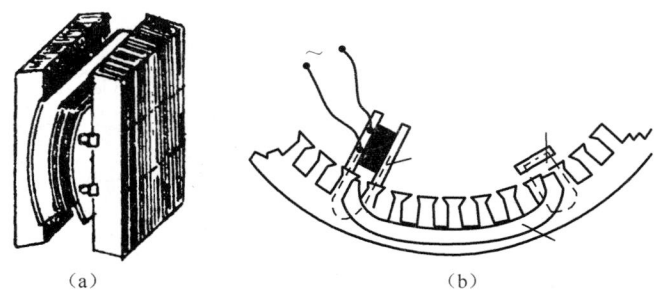

（a）　　　　　　　（b）

图 6.53　用"匝间短路探测器"检验绕组短路

2．电动机绕组通地故障的检验和修理

电动机绕组通地，就是定子绕组与定子铁芯短路。绕组通地点多发生在导线引出定子槽口处，或者绕组端部与定子铁芯短路。造成绕组通地主要是由于绝缘层破坏或绕组严重受潮。

检查绕组通地可以用校验灯法，如图 6.54 所示。也可以用 500 V 兆欧表测绝缘电阻法。

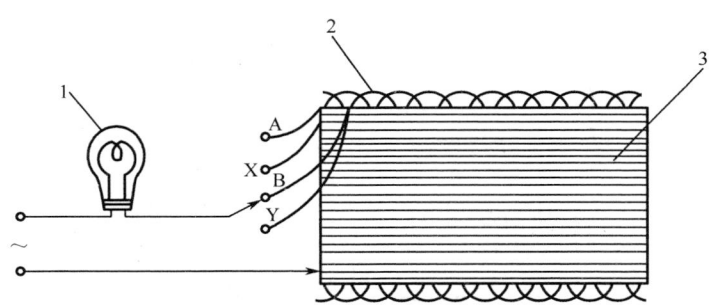

1—白炽灯；2—定子绕组；3—定子铁芯

图 6.54　用校验灯法检验绕组通地

在用上述两种方法检查绕组是否通地时，应先将电动机主绕组 A—X 和副绕组 B—Y 的公共端拆开，分别检查主绕组和副绕组是否通地。

用 500V 兆欧表检查绕组通地时，应将兆欧表的两个接线柱分别用两条绝缘软线与机壳（或者定子铁芯）和定子绕组的一条引出线相连，然后摇动兆欧表手柄，观察表针情况。若发现表针指示为零值，则说明该相绕组已经通地；若发现电阻值小于 5MΩ，说明绕组受潮；若发现指示值大于 5MΩ，说明绕组正常。用同样方法可检验另外一个绕组是否通地。

当绕组因受潮，使得绝缘强度下降（绝缘电阻小于 5MΩ）时，可用 100～200W 灯泡和电阻放在一个箱子内烘烤 24 h，或使绕组通以 36V 以下低压交流电除去潮气，使电动机的绝缘强度达到要求。

当绕组通地时，如果通地点在绕组端部，则可以采取加强绝缘方法解决；若绕组通地点在定子铁芯槽内，则只能重新绕制。

3．电动机绕组断路的检查与修理

电动机绕组若只有一个绕组断路，电动机不能运转，但是只要用手转动转子时，电动机便可以启动运转。若两个绕组都断路，电动机不会运行。用绕组通电方法可以判定绕组是否断电，且是哪个绕组断电。具体判定方法是使电动机两个绕组分别加电压，然后用手转动转子，若电动机转，则说明该绕组通；若电动机不转，说明该绕组断路。在判定绕组是哪个断路后，可用万能表测电阻法逐段查找绕组的断路点，如图 6.55 所示。

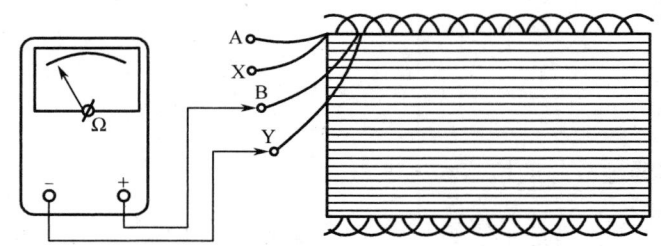

图 6.55　用万能表测电阻法检验绕组断路点

在用万用表测绕组断路点时，应先将电动机绕组端部捆扎线拆掉，找出主绕组和副绕组各线圈之间的过渡线，用剪刀剪断各线圈组间的过渡线，依次用万能表检验每个线圈组是否断路。若确定出哪个线圈组断路，用更换该线圈组，然后再将剪断点焊接好，进行绝缘处理。最后再全面检查绕组是否全通，经初检无误后可通电实验。

4．检测分相电容器

分相式单相异步电动机，因分相电容器质量不合格而使电动机不能运行是常见故障。

电容器最常见的故障是短路、断路，以及电容器电解质干涸，引起电容量变小。

（1）电容器耐压试验。家用电器电动机所用分相（启动）电容器耐压应在 400 V 以上。实际中电容器在出厂时作的耐压试验电压比 400 V 高得多。在作电容器耐压试验时，电容器两个极之间电压一定要从零开始加，并逐渐地升高电压。千万不能突然加高电压，以免损坏试验设备或者发生其他事故。

（2）判断电容器断路、短路和估测电容量。1μF 以上的电解电容器，利用其充放电特性，可用万能表检查电容器断路、短路及大致估测电容器数值。具体检验时，先将万能表旋钮放到测电阻状态（×1kΩ或 10kΩ）。然后用黑表笔接电容器正极，用红表笔接电容器负极，观察万能表指针摆动情况。若万能表的指针不动，说明电容器断路。若万能表的表针大幅度摆动至零位后，表针不再返回，则表明电容器短路。若万能表的表针摆动幅度很小，说明电容器的电容量很小。只有万能表的表针摆动幅度很大，然后表针慢慢返回到靠近∞端，则说明电容器正常。

5．电动机轴承损坏的判定方法

电动机轴承损坏，必然使电动机运行时噪声大，严重时电动机转子会被卡死，乃至烧毁电动机绕组。造成轴承损坏的主要原因是轴承长时间缺油运行所致，所以平时注意给轴承加润滑油是避免轴承损坏的重要方法。

轴承损坏比较容易判断。在电动机停止运行后，用手左右摆动电动机轴，若发现其间隙过大，说明轴承损坏，可更换同型号轴承。

6. 电动机铁芯表面损伤及其修理

由于单相异步电动机定子与转子间的气隙非常小，因此若遇到轴承磨损超过限度、负荷过重或受到冲击使轴稍有弯曲变形，都可能使转子扫膛。这样，轻则使铁芯表面擦伤，重则将铁芯磨坏，造成绕组碰机壳短路、烧毁绕组。因此，及时发现电动机铁芯表面损伤，并加以及时修理是很重要的。

电动机在运行过程一旦发现有转子轻微扫膛响声应及时停止工作，打开电动机端盖，取出转子，仔细检查铁芯擦伤程度并且查出擦伤原因。

电动机与转子间发生碰撞，多数是因轴承损伤所致，应及时更换轴承，然后再对铁芯擦伤部位进行适当处理即可。

当铁芯擦伤处的硅钢片因摩擦过热而被退火（多呈蓝灰色），这会降低导磁率。另一方面，硅钢片的端面被磨起毛刺，毛刺向两边倒，使得硅钢片之间短路，铁芯的涡流增大，埋下隐患。如不及时处理，则会随着铁芯绝缘老化，使涡流继续增大，电动机温升过高，从而使电动机过热，甚至烧毁电动机。

遇到上述情况，可用三角刮刀将硅钢片端面的毛刺刮去并在铁芯表面涂上绝缘漆。如果硅钢片的齿部有松动，可在硅钢片间隙插入云母片，涂上绝缘漆，这样做既可以加强硅钢片间绝缘，以防止片间短路，又可以加强铁芯齿部的强度。

有时绕组击穿短路或者绕组对地短路产生电弧，也会使铁芯表面烧坏。烧坏的铁芯表面就会凸凹不平。这不但会影响电动机正常运转也会引起硅钢片间的短路，加大涡流。

对铁芯表面的烧伤处理，可将容积物剔除，然后用刮刀将硅钢片表面清理好，再涂上绝缘漆即可。

电动机修理完后，需要进行电气性能方面的检测和空载试运行。当检测项目合格，试运行合格后才能算修理完毕。

6.5.3 单相异步电动机的验收方法

单相异步电动机主要用于洗衣机、电冰箱、电风扇及其他家用电器中。由于电动机使用条件和工作方式不同，对不同家用电器中的单相异步电动机的检验虽有不同的要求，但总的来看单相异步电动机的测试内容差异不大，也就是说测试内容基本相同。下面列出重要检验项目。这些检验在修理中不一定全部都要一一进行，应根据修理对象选其必要者进行。

1. 电动机安全技术检验

（1）电动机绕组温升，定子铁芯温升、电动机壳温升（测试条件，环境温度为 20℃±5℃）试验。

（2）泄漏电流（电动机带电部分之间的与不带电部分泄漏电流）检验。一般要求泄漏电

流不大于 0.25μA。

（3）电动机绕组与机壳之间以及相互间绝缘电阻检验（用 500V 兆欧表测量）。不应低于 5MΩ。

2．电气强度检验

主要是耐压检验，电动机绕组与机壳及其相互间应能承受 1 500V、50Hz 正弦交流电压，试验历时为 1min。在试验过程中不能有击穿和闪烁现象发生。

3．防止触电保护检验

带电部分与易于触及金属之间的距离和电气间隙不应小于 3mm；不同极性带电部分之间的距离和电气间隙不应小于 3mm。

4．电动机性能检验

（1）电动机启动转矩。T_0/T_N 应等于 1.8～2 倍（电冰箱用电动机要求 2 倍以上）。
（2）电动机过载能力。一般用 T_{max}/T_N 表征，T_{max}/T_N 应等于 2 倍以上（电冰箱用电动机要求 2.5 倍以上）。这里 T_{max} 为最大负载时转矩，T_N 为正常负载时转矩。

 # 习题 6

1．双桶洗衣机中，洗涤电动机和脱水电动机有哪些主要区别？
2．简述滚筒式洗衣机电动机的结构和特点。
3．电控器件定时器、程控器、电容器在洗衣机中各起什么作用？
4．机电式程控器和微计算机式程控器各有什么特点？
5．简述双桶洗衣机中电动机的控制原理。
7．目前交流电风扇一般采用哪种电动机？它有什么优点？
8．吊扇电动机与台扇电动机的结构有什么不同？
9．电风扇定时器的作用是什么？当不需要定时工作时定时器旋钮应置于什么位置？
10．热保护器的作用是什么？应安装在什么位置？
11．电风扇常用的调速方法有哪些？简述它们的调速原理。
12．吊扇通常采用何种调速方法？如何进行调速？
13．家用电冰箱、空调器的压缩机一般采用什么类型的电动机？简述电容启动运转式电动机的结构和工作原理。
14．单相异步电动机的启动电容和运转电容的作用有何不同？使用中各应选用什么类型的电容器？
15．启动继电器的作用是什么？简述重力式启动控制器的控制原理。
16．过载保护器的作用是什么？为什么说碟形热保护器具有过流和过热两种保护作用？
17．简述电磁换向阀在冷热两用热泵式空调器中的作用。它如何决定空调器的运行状态？
18．简要说明图 6.51 电路中启动继电器的启动控制过程。

三相同步电机的认识与应用

 **知识学习**

任务 7.1 三相同步电机的认识学习

同步电机包括同步发电机和同步电动机，其基本特点是转子转速与定子电流频率保持严格关系，即 $n = n_1 = \dfrac{60 f_1}{p}$。

 任务目标

1. 掌握同步电机的基本结构。
2. 同步发电机、同步电动机的基本运行原理。

7.1.1 同步电机的基本结构

同步电机基本结构包括定子、转子、气隙。

同步电机定子的结构与异步电机完全相同，作用是输入输出电功率；而转子则有所不同。按照转子励磁方式的不同，同步电机可分为永磁式同步电机和转子带直流励磁绕组的同步电机；按照转子结构的不同，同步电机又分为隐极式同步电机和凸极式同步电机。凸极式有明显磁极，极靴上有阻尼绕组，既可作同步电动机用又可作同步发电机用；隐极式无明显磁极（大齿、小齿），由磁极、励磁绕组、磁轭、转轴及集电环构成，常作同步发电机用。

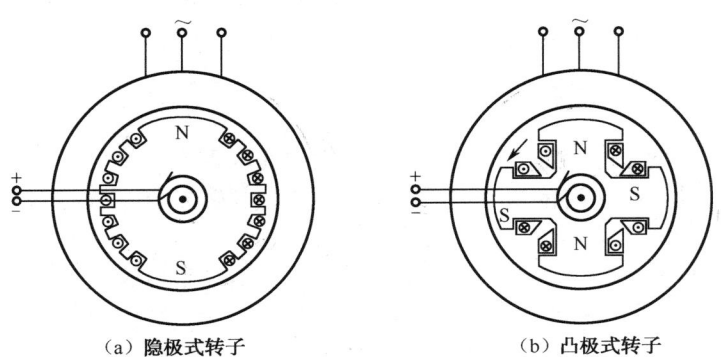

图 7.1 旋转磁极式同步电机结构示意图

7.1.2 同步电机的工作原理

1. 同步电动机的基本运行原理

图 7.2 给出了同步电动机的结构示意图和相应的定子空间轴线位置。图中,A-X、B-Y、C-Z 分别表示等效的定子三相绕组。

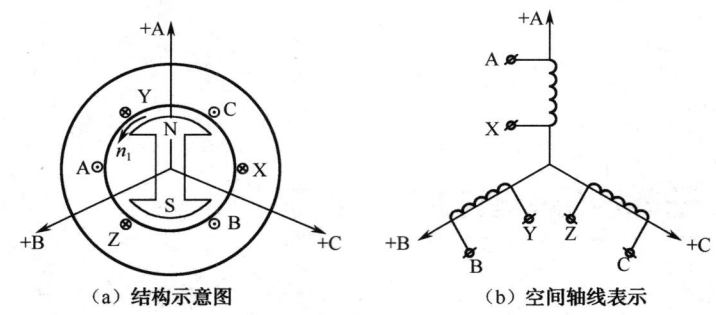

(a) 结构示意图　　　　　　　　(b) 空间轴线表示

图 7.2　同步电动机的基本运行原理

若在同步电动机的定子三相对称绕组中分别通以如下三相对称电流:

$$\begin{cases} i_A = \sqrt{2}I\cos(\omega_1 t) \\ i_B = \sqrt{2}I\cos(\omega_1 t - 120°) \\ i_C = \sqrt{2}I\cos(\omega_1 t - 240°) \end{cases} \tag{7-1}$$

则在三相对称电流的作用下,定子三相对称绕组必然产生圆形旋转磁势和磁场,定子旋转磁场的转速(即同步转速)为:

$$n_1 = \frac{60f_1}{p} \tag{7-2}$$

式(7-2)表明:同步转速既取决于电机自身的极对数,又取决于外部通电频率。改变三相绕组的通电相序,定子旋转磁场将反向。

与异步电动机不同,同步电机采用的是双边激磁,即不仅定子绕组通以三相交流电产生旋转磁势和磁场,而且转子绕组也通以直流励磁(或采用永磁体)产生磁势和磁场,从而要求转子转速必须与定子旋转磁场保持同步(其转差为零),才能产生有效的电磁转矩。

2. 同步发电机的工作原理

同步发电机基于电磁感应定律,转子励磁绕组中通以直流电流励磁,产生恒定的磁场。当原动机拖动转子以转速 n 旋转时,定子绕组导体将切割磁力线,在定子绕组中将感应出交变电动势。

当导体经过一对磁极,导体中的感应电动势就变化了一个周波,若转子极对数为 p,转子旋转一周,导体感应电动势就变化了 p 个周波,设转子转速为 n,则感应电动势的频率为:

$$f_1 = \frac{pn_1}{60} \tag{7-3}$$

同时，当三相对称绕组接有三相对称负载时，绕组中会有三相对称电流流通，形成磁场，其合成磁动势是一个幅值恒定的旋转磁动势，且转速决定于电流的频率和磁极对数，即转速 $n_1 = \dfrac{60 f_1}{p}$；

显然，转子的转速与气隙磁场的旋转速度相等，所以称为同步发电机。

7.1.3 同步电机的额定数据

（1）额定功率 P_N；
（2）额定电压 U_N；
（3）额定电流 I_N；
（4）额定功率因数 $\cos\varphi_N$；
（5）额定频率 f_N (Hz)；
（6）额定转速 n_N (r/min)，即为同步转速；
（7）额定效率 η_N。
此外，还包括：转子额定励磁功率 P_{fN}、额定励磁电压 U_{fN} 以及额定温升等。
额定数据之间满足下列关系式：
对于三相同步电动机：

$$P_N = S_N \cos\varphi_N = \sqrt{3} U_N I_N \cos\varphi_N \qquad (7\text{-}4)$$

对于三相同步发电机：

$$P_N = \sqrt{3} U_N I_N \cos\varphi_N \eta_N \qquad (7\text{-}5)$$

 **知识应用**

任务7.2 三相同步发电机在汽车上的应用

 **任务目标**

掌握汽车交流发电机按磁场绕组搭铁方式分类、按整流器结构分类；并能根据电路图对电源系统的常见故障进行诊断和排除。

7.2.1 汽车交流发电机的分类

发电机是汽车电器的主要电源。汽车电源系统主要由蓄电池、发电机和电压调节器等组成。发电机由汽车发动机驱动，在发动机正常工作时，发电机对除启动机以外的所有用电设备供电，并向蓄电池充电以补充蓄电池在使用中所消耗的电能。

汽车发电机有交流发电机和直流发电机两类。目前主要有硅整流交流发电机、感应式交流发电机等几种，其中以硅整流交流发电机应用最为普遍，其内部带有二极管整流电路，将交流电整流为直流电，已基本取代了传统的直流发电机。

更换发电机时应选用同型号的发电机。不同型号的发电机使用保养有所差别，熟悉发电机的分类也是有益和必要的。

汽车用交流发电机有不同的分类方法。常用的有按总体结构分类、按磁场绕组搭铁方式分类和按整流器结构不同分类。

1．按总体结构分类

按总体结构交流发电机分为：普通交流发电机（外装电压调节器）、整体式交流发电机（内装电压调节器）、带泵交流发电机、无刷交流发电机、永磁交流发电机等。

（1）普通交流发电机（外装电压调节器）

没有特殊装置、特殊功能的汽车交流发电机称为普通交流发电机。这种交流发电机往往外装电压调节器，在载货汽车和大型客车上运用较普遍。例如，解放 CA1091 型载货汽车用 JF1522 型交流发电机、东风 EQ1090 型载货汽车用 JF132 型交流发电机等。

（2）整体式交流发电机（内装电压调节器）

交流发电机的电压调节器安装在交流发电机的内部，形成整体式的交流发电机。轿车用的交流发电机普遍采用整体式交流发电机。例如，上海桑塔纳 JFZ1913Y、一汽奥迪等轿车用的 JFZ1813Z 型交流发电机。

（3）带泵交流发电机

带有真空泵的交流发电机利用发电机的轴把真空泵和交流发电机连成一个整体，真空泵连接在汽车的真空助力制动装置上，可以把真空罐内的空气吸出来，使真空助力制动装置的真空罐内形成真空，满足汽车制动的需要。此种发电机主要用于没有真空源的柴油发动机汽车上，作为真空助力系统中的真空动力源以及其他用途的真空源。

（4）无刷交流发电机

没有电刷和滑环的交流发电机称为无刷交流发电机，如福建仙游电机厂生产的 JFW14X 型无刷交流发电机。

（5）永磁交流发电机

转子的磁极采用永磁材料的交流发电机称为永磁交流发电机。

2．按磁场绕组搭铁方式分类

按磁场绕组搭铁方式交流发电机分为内搭铁式交流发电机、外搭铁式交流发电机。

（1）内搭铁式交流发电机

磁场绕组的一端引出来形成磁场接线柱，而另一端与发电机壳相连接，如东风 EQ1090 车用的 JF132 型交流发电机。

（2）外搭铁式交流发电机

即磁场绕组的两个端子都和发电机外壳绝缘，引出来形成两个磁场接柱，磁场绕组是通过调节器搭铁的，如解放 CA1091 型车用的 JF152D，JF1522A 型交流发电机。目前，大多数汽车都采用外搭铁式交流发电机。

3．按整流器结构不同分类

（1）六管交流发电机

其整流器由三只正和三只负共六只硅二极管组成，是目前应用最为广泛的形式。例如，

东风 EQl090 车用的 JF132 型，解放 CA1091 型车用的 JF1522A、JF152D 型交流发电机等。

（2）八管交流发电机

在六管交流发电机的基础上，增加两个中性点二极管，形成八管交流发电机，其整流器总成共有八只二极管，如天津夏利 TJ7130 型微型轿车用的 JFZ1542 型交流发电机。

（3）九管交流发电机

在六管交流发电机的基础上，增加三个磁场二极管形成九管交流发电机，其整流器共有九只二极管，如北京 BJ1022 型轻型载重车用的 JFZ141 型交流发电机，斯太尔（STEYR）汽车用的 JFZ2518A 型交流发电机。

（4）十一管交流发电机

在六管交流发电机的基础上，同时增加 2 个中性点二极管和 3 个磁场二极管形成十一管交流发电机，其整流器总成共有十一只二极管，如桑塔纳轿车用的 JFZ1913Z 型交流发电机。

4．国产交流发电机的型号

根据中华人民共和国汽车行业标准 QC/T 73－1993《汽车电气设备产品型号编制方法》的规定，国产汽车交流发电机型号主要由五大部分组成，如表 7.1 所示。

表 7.1　国产汽车交流发电机型号表示方法

产品代号	电压等级代号	电流等级代号	设计序号	变形代号
1	2	3	4	5

第 1 部分为产品代号。交流发电机产品名称代号有 JF、JFZ、JFB、JFW 四种，分别表示交流发电机、整体式交流发电机、带泵交流发电机和无刷交流发电机。

第 2 部分为电压等级代号。用 1 位阿拉伯数字表示：1 表示 12V；2 表示 24V；6 表示 6V。

第 3 部分为电流等级代号。用 1 位阿拉伯数字表示其含义如表 7-2 所示。

表 7.2　电流等级代号

电流等级代号	1	2	3	4	5	6	7	8	9
电流（A）	≤19	20～29	30～39	40～49	50～59	60～69	70～79	80～89	≥90

第 4 部分为设计代号。按产品的先后顺序，用阿拉伯数字表示。

第 5 部分为变形代号。交流发电机以调整臂的位置作为变形代号。从驱动端看，Y 表示右边；Z 表示左边；无表示中间。

例如，JF152 表示交流发电机，其电压等级为 12V，输出电流大于 50A，第 2 次设计；桑塔纳、奥迪 100 型轿车所使用的 JFZ1913Z 型交流发电机，其含义为电压等级为 12V、输出电流大于 90A、第 13 次设计、调整臂位于左边的整体式交流发电机。

7.2.2　汽车交流发电机的构造

目前，国内外汽车上广泛使用的发电机是硅整流发电机。硅整流发电机包括一个三相同步交流发电机和数个整流硅二极管，利用硅二极管将发电机定子绕组中所感应的三相交流电

电机与控制（第3版）

整流为直流电。由于发电机先产生交流电，因此也称为交流发电机。

普通硅整流发电机由三相同步交流发电机和 6 只硅二极管组成的三相桥式全波整流器组成。各国生产的交流发电机都大同小异，主要由定子、转子、滑环、电刷、整流二极管、前后端盖、风扇及皮带轮等组成。图 7.3 为 JF1311 型发电机的分解图，图 7.4 为其结构剖视图。

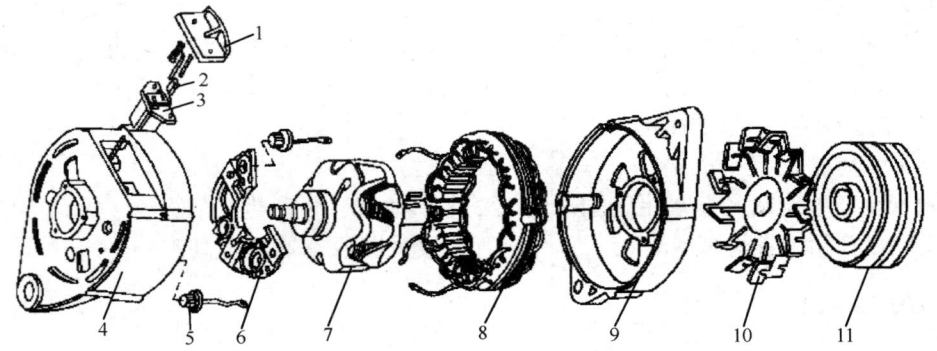

1—电刷弹簧压盖；2—电刷；3—电刷架；4—后端盖；5—硅二极管；6—散热板；

7—转子总成；8—定子总成；9—前端盖；10—风扇；11—三角皮带轮

图 7.3　JF1311 型发电机分解图

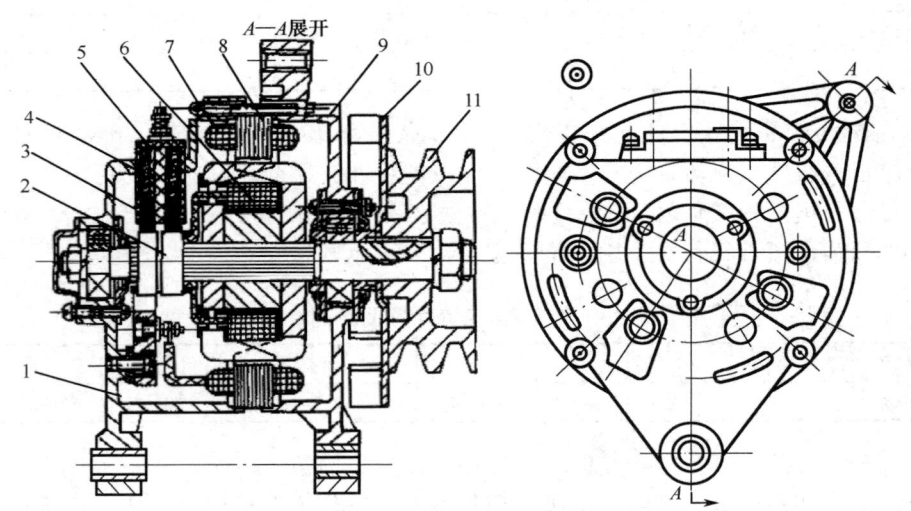

1—后端盖；2—滑环；3—电刷；4—电刷弹簧；5—电刷架；6—磁场绕组；7—电枢绕组；

8—定子铁芯；9—前端盖；10—风扇；11—三角皮带轮

图 7.4　JF1311 型发电机结构剖视图

1. 转子

转子是交流发电机的磁场部分，主要由两块爪极、磁场绕组、轴和滑环等组成，如图 7.5 所示。两块爪极各具有 6 个鸟嘴形磁极，压装在转子轴上，在爪极的空腔内装有磁轭，其上绕有磁场绕组（又称为励磁绕组或转子线圈）。磁场绕组的两引出线分别焊在与轴绝缘的两个滑环上，滑环与装在后端盖上的两个电刷接触。当两电刷与直流电源接通时，磁场绕组中便有磁场电流通过，产生轴向磁通，使得一块爪极被磁化为 N 极，另一块爪极为 S 极，从而形成了六对相互交错的磁极。

转子爪极的形状做成鸟嘴形，目的是使磁力线在定子、转子之间气隙中成正弦分布，以保证定子感应电势有较好的正弦波形。若磁极对数记为 p，则转子每转一圈，定子的每相绕组中便产生 p 个周期的交变电势。

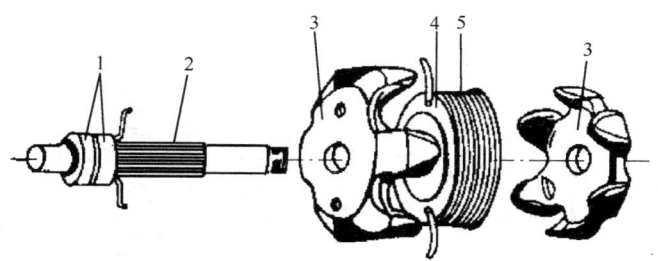

1—滑环；2—轴；3—爪极；4—磁轭；5—磁场绕组

图 7.5　转子总成分解图

2．定子

定子又称为电枢，由铁芯和三相绕组组成，其功用是产生感应电动势。定子铁芯由相互绝缘的内圆带槽的环状硅钢片叠成。定子槽内置有三相绕组。

3．整流器

交流发电机的整流器，由 6 只硅二极管接成三相桥式全波整流电路。其作用是将定子绕组产生的三相交流电转换为直流电；其次，防止蓄电池电流向发电机倒流，避免烧坏发电机。

压装在后端盖上的三只硅二极管，引线为负极，外壳为正极，俗称"负极管子"，管壳底部一般涂有黑色标记；压装在铝制元件板上的三只硅二极管，与上述情况恰好相反，俗称"正极管子"，为了区别，管壳底部一般涂有红色标记。由于这种管子的外壳压装在元件板的 3 个孔中和元件板接在一起成为发电机的正极，元件板与后端盖之间，用尼龙或其他绝缘材料制成的垫片隔开，并固定在后端盖上。元件板经螺栓引至后端盖的外部作为发电机的火线接线柱，标记为"+"或"电枢"，如图 7.6 所示。

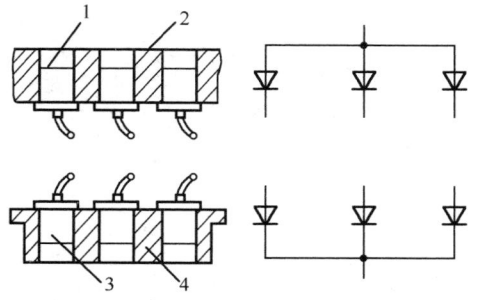

1—负极管（黑色标记）；2—后端盖；3—正极管（红色标记）；4—元件板

图 7.6　硅二极管安装示意图

7.2.3 汽车交流发电机工作原理

1. 三相交变电动势的产生

汽车用硅整流发电机的工作原理图如图 7.7 所示。

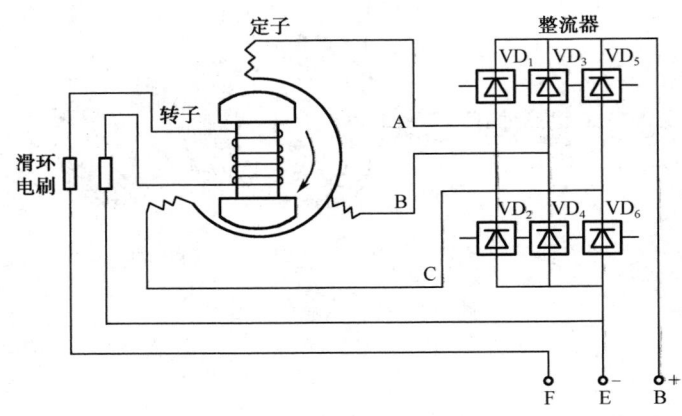

图 7.7 硅整流发电机工作原理

当磁场绕组接通直流电源时即被激励,转子的爪极被磁化为 N 极和 S 极。其磁力线由 N 极出发,穿过转子与定子之间很小的气隙进入定子铁芯,最后又通过气隙回到相邻的 S 极。

当转子旋转时,磁力线和定子绕组之间产生相对运动,在三相定子绕组中产生交流电动势。交流电动势的频率 f(Hz)为:

$$f = pn/60 \tag{7-6}$$

式中 p——磁极对数;

$\quad\quad n$——发电机转速(r/min)。

在汽车用硅整流发电机中,由于转子磁极呈鸟嘴形,其磁场的分布近似正弦规律,因此交流电动势也近似正弦波形。三相电枢绕组在定子槽中是对称绕制的,因此,三相交流电动势大小相等,相位差互为 120° 电角度,其瞬时值为:

$$e_A = \sqrt{2}E_\Phi \sin \omega t$$
$$e_B = \sqrt{2}E_\Phi \sin(\omega t - 2/3\pi) \tag{7-7}$$
$$e_C = \sqrt{2}E_\Phi \sin(\omega t - 4/3\pi)$$

式中 E_Φ——每相电动势的有效值(V);

$\quad\quad \omega$——电角速度, $\omega = 2\pi f = \pi pn/30$。

每相电动势的有效值 E_Φ 为:

$$E_\Phi = 4.44K\Phi_m fN \tag{7-8}$$

式中 K——绕组系数,采用整距集中绕组时 $K=1$;

$\quad\quad f$——感应电动势的频率(Hz);

$\quad\quad N$——每相绕组匝数;

$\quad\quad \Phi_m$——每极磁通(Wb)。

2．整流二极管

定子绕组中感应出的交流电动势，是靠 6 个硅二极管组成的三相桥式整流电路改变为直流电的。二极管具有单向导电性：

（1）当给二极管加上正向电压（正极电位高于负极电位）时导通，即呈现低电阻状态；

（2）当给二极管加上反向电压（正极电位低于负极电位）时截止，即呈现高电阻状态。

由此得出，在某一时刻，总是正极电位最高和负极电位最低的一对管子导通。利用二极管的这种单向导电性，就可以把交流电变为直流电。

发电机输出直流电压的平均值为：

$$U = 1.35U_{\mathrm{L}} = 2.34U_{\varphi} \quad （星形连接） \tag{7-9}$$

$$U = 1.35U_{\mathrm{L}} = 1.35U_{\varphi} \quad （三角形连接） \tag{7-10}$$

式中　U_{L}——线电压的有效值（V）；

　　　U_{φ}——相电压的有效值（V）。

星形连接的三相绕组 $U_{\mathrm{L}} = \sqrt{3}U_{\varphi}$；三角形连接的三相绕组 $U_{\mathrm{L}} = U_{\varphi}$。

由于三相桥式整流电路中，在交流电的每一个周期内，每只二极管只有 1/3 时间导通，因此每只二极管的平均电流 I_{D} 为负载电流 I 的 1/3，即：

$$I_{\mathrm{D}} = \frac{1}{3}I \tag{7-11}$$

每只二极管所承受的最高反向电压 U_{DRM} 为线电压的最大值，即：

$$U_{\mathrm{DRM}} = \sqrt{2}\,U_{\mathrm{L}} \tag{7-12}$$

实际上，汽车硅整流发电机中所选用的二极管其最高反向工作电压要高得多，这是因为考虑到汽车电路中由其他电器设备产生的自感电动势可能会作用于发电机的二极管，所以反向电压必须有一定的安全系数。国产硅整流发电机配用的 **ZQ** 型二极管，其最高反向工作电压为 200V。

3．中性点电压

三相定子绕组采用星形接法时，三相绕组 3 个末端的公共接点称为三相绕组的中性点（N），中性点对发电机的搭铁是有电压的，称为中性点电压。它是通过 3 个负极管子整流后得到的直流电压，故该点的直流电压等于发电机直流输出电压的一半，即：

$$U_{\mathrm{N}} = \frac{1}{2}U \tag{7-13}$$

式中　U_{N}——中性点直流电压（V）；

　　　U——发电机直流电压（V）。

有些硅整流发电机用导线将中性点引出，接线柱标记为"N"。中性点通常用来控制各种用途的继电器，如磁场继电器、充电指示灯继电器等。

4．整流原理

（1）六管交流发电机的整流原理

在交流发电机中，整流器利用硅二极管的单向导电性进行整流，六管交流发电机的整流装置实际相当于由六个硅整流二极管组成的三相桥式整流电路，三相桥式整流电路及电压波形如图 7.8 所示。三个二极管 VD₁、VD₃、VD₅ 组成共阴极接法，而三个二极管 VD₂、VD₄、VD₆ 组成共阳极接法。每个时刻有 2 个二极管同时导通，其中一个在共阴极组，一个在共阳极组，同时导通的两个管子总是将发电机的电压加在负载两端。

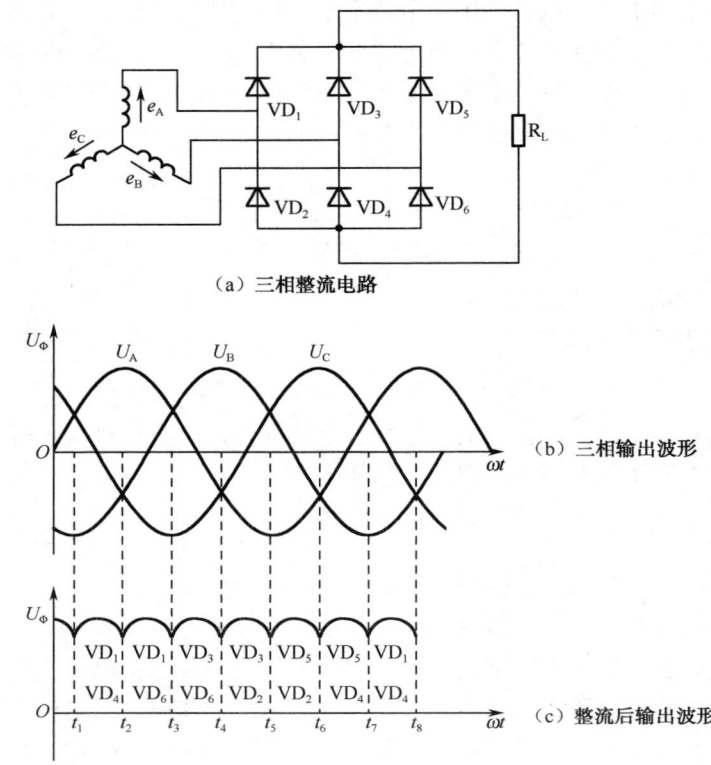

（a）三相整流电路

（b）三相输出波形

（c）整流后输出波形

图 7.8　三相桥式整流电路及电压波形

在 $t_1 \sim t_2$ 时间内，A 相的电位最高，而 B 相的电位最低，故对应 VD₁、VD₄ 处于正向导通状态，电流从 A 相出发，经 VD₁、负载 R_L、VD₄ 回到 B 相构成回路，如图 7.9（a）所示。此时发电机的输出电压为 A、B 相间的线电压。

在 $t_2 \sim t_3$ 时间内，A 相的电位最高，而 C 相的电位最低，故对应 VD₁、VD₆ 处于正向导通状态，电流从 A 相出发，经 VD₁、负载 R_L、VD₆ 回到 C 相构成回路，如图 7.9（b）所示。此时发电机的输出电压为 A、C 相间的线电压。

在 $t_3 \sim t_4$ 时间内，B 相的电位最高，而 C 相的电位最低，故对应 VD₃、VD₆ 处于正向导通状态，电流从 B 相出发，经 VD₃、负载 R_L、VD₆ 回到 C 相构成回路，如图 7.9（c）所示。此时发电机的输出电压为 B、C 相间的线电压。

以此类推，周而复始，在负载上即可获得一个比较平稳的直流脉动电压。发电机输出电压的平均值为：

$$U = 2.34 U_\Phi \qquad (7\text{-}14)$$

式中　U ——输出直流电压平均值（V）；

　　　U_Φ ——发电机相电压有效值（V）。

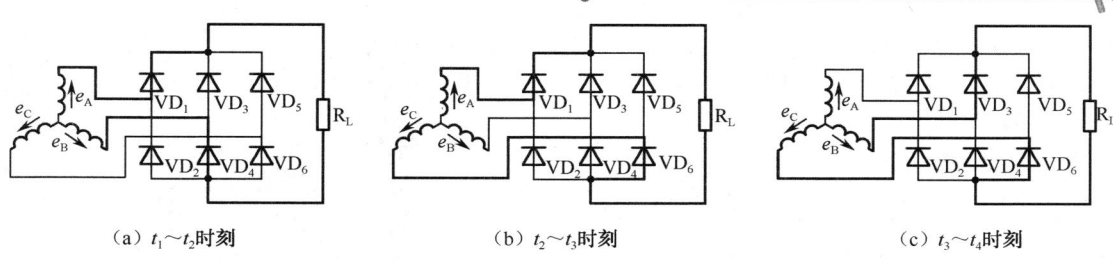

（a）$t_1 \sim t_2$ 时刻　　　　（b）$t_2 \sim t_3$ 时刻　　　　（c）$t_3 \sim t_4$ 时刻

图 7.9　三相桥式整流电路工作原理

（2）八管交流发电机的工作原理

八管交流发电机除了三相桥式整流电路的六个二极管外，还有两个中性点二极管。将三相绕组中性点引出，其接线柱的标记为"N"。中性点对发电机外壳（即搭铁）之间的电压称为中性点电压，它是通过两个中性点二极管整流后得到的直流电压，等于发电机直流输出电压的一半。中性点电压一般用来控制各种用途的继电器，如磁场继电器、充电继电器等。

利用中性点二极管的输出可以提高发电机的输出功率，八管交流发电机原理电路如图 7.10 所示。

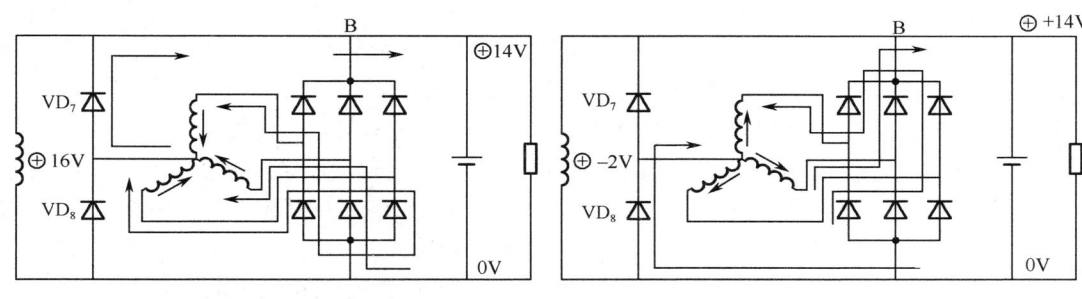

（a）中性点电压的瞬时值高于输出电压　　　　（b）中性点电压的瞬时值低于负极电压

图 7.10　中性点二极管的电流路径

当交流发电机高速运转时，中性点电压的瞬时值高于输出电压时，从中性点输出电流，如图 7.10（a）所示。其输出电路为：定子绕组→中性点二极管 VD_7→负载和蓄电池→负极管→定子绕组。当中性点电压瞬时值低于负极电位时，流过中性点二极管 VD_8 的电流，如图 7.10（b）所示。其输出电路为：定子绕组→正极管→B 接线柱→负载和蓄电池→中性点二极管 VD_8→定子绕组。实验证明，加装中性点二极管后，在发电机转速超过 2 000r/min 时，其输出功率可提高 11%～15%。

当交流发电机输出电流时，中性点的电压含有交流成分，即中性点三次谐波电压，且幅值随发电机的转速而变化。中性点三次谐波电压如图 7.11 所示。由此可见，二极管 VD_7、VD_8 的作用即是充分利用三相绕组中的三次谐波向负载提供直流电。中性点电压可以作为电压调节器的控制信号电压。

（3）九管交流发电机的整流原理

九管交流发电机的特点是除了常用的六个二极

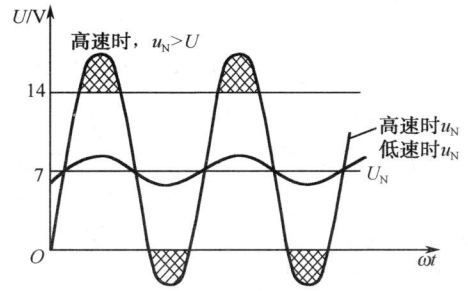

图 7.11　中性点三次谐波电压

管外，又增加了三个功率较小的二极管专门用来供给磁场电流，又称为磁场二极管。采用磁场二极管后，可以省去充电指示灯继电器，九管交流发电机充电系统电路，如图7.12所示。

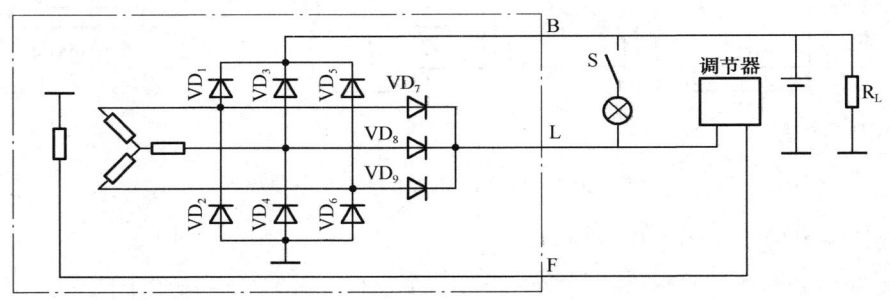

图 7.12　九管交流发电机充电系统电路图

发电机工作时，定子三相绕组产生的三相交流电动势，经 VD₁~VD₆ 这六个二极管组成的三相桥式整流电路整流后，输出直流电压 U_B 向蓄电池充电和向用电设备供电。发电机的磁场电流由三个磁场二极管 VD₇、VD₈、VD₉ 和三个共阳极二极管 VD₂、VD₄、VD₆ 组成的三相桥式整流电路整流后的直流电压供给。

发电机工作时，充电指示灯由蓄电池端电压与磁场二极管输出端 L 的电压 U_L 的差值控制。随着发电机转速升高，U_L 升高，指示灯亮度减弱。当发电机电压达到蓄电池充电电压时，发电机开始自励，此时指示灯因两端的电位相等而熄灭，表示发电机已经正常工作。当发电机转速降低或发电机有故障时，U_L 降低，指示灯发亮。这样利用充电指示灯，不仅可以在停车后发亮提醒驾驶员及时关闭电源开关，还可以指示发电机的工作情况，同时又省去了结构复杂的继电器。

（4）十一管交流发电机的工作原理

十一管交流发电机的整流器由六个三相桥式整流二极管，三个磁场二极管和两个中性点二极管组成，十一管交流发电机原理电路如图7.13所示。桑塔纳、奥迪100、丰田皇冠等轿车均装有此类发电机。这种发电机不仅能满足输出功率的要求，还可以使用充电指示灯来指示发电机工作状况。

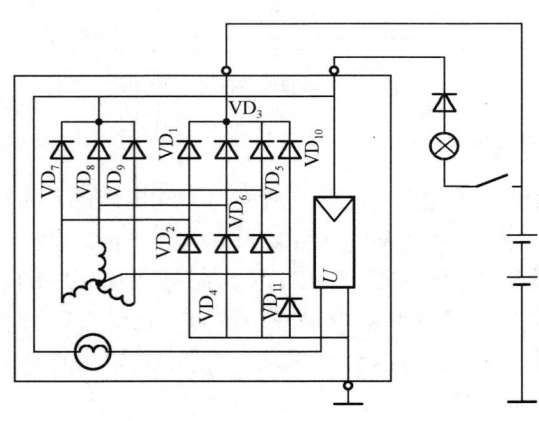

图 7.13　十一管交流发电机原理电路图

5．激磁方法

汽车用硅整流交流发电机，在不接外电源时，本身也可能利用剩磁自激发电，但一方面由于转子剩磁较弱所能感应的电动势较低；另一方面，硅二极管有约 0.6V 的门槛电压。在电压低于门槛电压时，二极管处于截止状态，所以交流发电机只有在较高转速下，才可能自激发电，但这不能满足汽车的用电要求。因此，汽车上用的交流发电机在低转速时，采用他激方式。实际上，汽车发电机必须与蓄电池并联，开始由蓄电池向激磁绕组供电，使发电机电压很快建立起来并转为自激状态，蓄电池被充电的机会就多一些，有利于蓄电池的使用维护。

当发电机低速时，蓄电池供给激磁绕组电流，以增强磁场，使发电机输出电压迅速上升。当发电机转速达到一定值后，发电机输出的电压达到蓄电池充电电压时，发电机才开始自激，即利用定子绕组产生的经过整流的直流电供给激磁绕组。

7.2.4 交流发电机的特性

车用交流发电机的使用条件与一般的工业上使用的交流发电机不同，其转速变化范围很大。汽油机转速调整倍数一般可达到 6～8 倍，柴油机可达到 3～5 倍。因此其特性的表示方法与工业用交流发电机有所不同，一般是以转速为基准来表示各参数的关系。交流发电机的特性有空载特性、输出特性和外特性，其中以输出特性最为重要。

1. 输出特性

输出特性是研究当发电机的输出电压 U 保持一定时（12V 系列交流发电机规定为 14V，24V 系列交流发电机规定为 28V），其输出电流与转速之间的关系，即 U=常数时，$I=f(n)$ 的曲线，如图 7.14 所示。

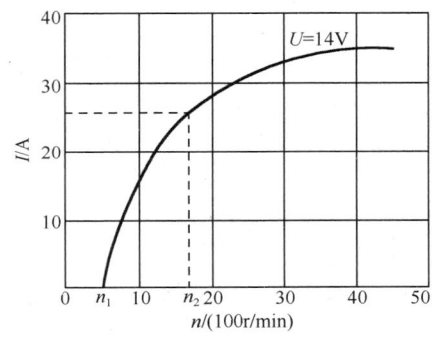

图 7.14 硅整流发电机的输出特性

由此看出，当发电机的输出电压保持一定时，其输出功率随转速增加，并且：

（1）发电机达到额定电压时的初始转速定为空载转速 n_1，常用来作为选择发电机与发动机速比的主要依据。

（2）发电机达到额定电流时的转速定为满载转速 n_2，额定电流一般定为最大输出电流的 2/3。

空载转速与满载转速是测试交流发电机性能的重要依据，在产品说明书上均有规定。使用中，只要测得这两个数据，即可判断发电机的性能良好与否。

（3）当转速 n 达到一定值后，发电机的输出电流不再随转速升高而增加。此时的电流又称为发电机的最大输出电流或限流值。由此可见，交流发电机自身具有限制输出电流防止过载的能力。交流发电机自动限流的原理可简述如下：

交流发电机定子绕组的阻抗 Z 由绕组的电阻 R 及感抗 X_L 合成，即：

$$Z = \sqrt{R^2 + X_L^2} \tag{7-15}$$

$$X_L = 2\pi fL \tag{7-16}$$

式中 L——相定子绕组的电感；

f——感应电动势的频率（$f=\dfrac{pn}{60}$），p 为磁极对数。

由于 X_L 与 n 成正比，故发电机定子绕组的阻抗 Z 随发电机的转速升高而增加。高速时，由于 R 与 X_L 相比可忽略不计，故认定 Z 与 n 也成正比。此外，随着发电机的输出电流增大，电枢反应加强，磁场减弱，可使定子绕组中的感应电动势下降。两者共同作用的结果，当发电机的转速升高且输出电流达到一定值时，再增加转速，发电机的输出电流不再增加。

2．空载特性

空载特性是指硅整流发电机空载时，输出电压与转速之间的关系，如图 7.15 所示。从曲线可以看出，随着转速的升高端电压上升较快，在较低转速下发电机就能从他激转入自激发电，即能向铅蓄电池进行补充充电，进一步证实了硅整流发电机低速充电性能良好的特点。因此，从空载特性可以判断发电机充电性能是否良好。

3．外特性

外特性是指发电机转速一定时，其端电压与输出电流之间的关系，即 n=常数时，$U=f(I)$ 的曲线，如图 7.16 所示。

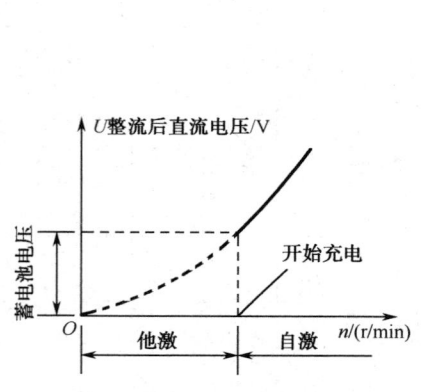

图 7.15　硅整流发电机的空载特性

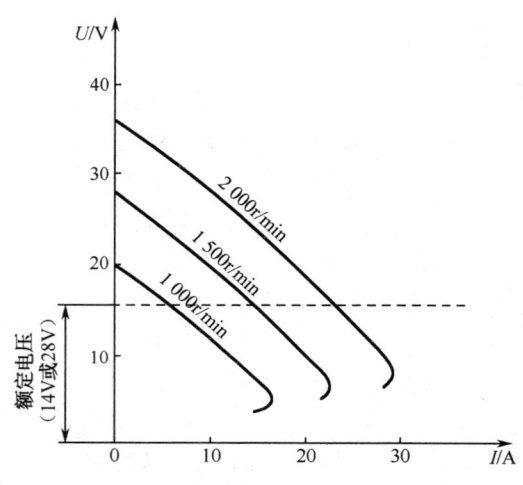

图 7.16　硅整流发电机的外特性

从外特性曲线分析得知，负载增加时，发电机的输出电流 I 增加，发电机的端电压也随之下降。引起端电压下降原因可归纳如下：

（1）随着发电机的输出电流增加，使得发电机的内压降增大，引起端电压下降。

（2）当端电压较高时，由于磁场电流减小，引起磁场减弱，因而使发电机的电动势减小，导致端电压进一步下降。

（3）发电机的输出电流增大的较多时，随着电枢反应增强，导致定子绕组中的感应电动势下降，引起端电压进一步下降。

此外，发电机输出电流随负载增加到一定值时，若再继续增加负载，输出电流不再增加，反而同端电压一同下降，此处电流可称为转折电流。其次，当转速增加时，由于感抗增加而使外特性曲线中电压下降的斜率随转速增加，导致各等速曲线的转折点逐渐靠拢，逐步接近发电机的最大电流值（限流值），由此同样可以证明，交流发电机具有限制输出电流的能力。当发电机短路时，因剩磁电势的作用可产生短路电流。

由此可知，当发电机高速运转时，不允许突然失去负载，否则其端电压会急剧上升，致使发电机的二极管或其他电子元件有被击穿损坏危险。

7.2.5 交流发电机的调节器

由于交流发电机的硅整流器具有单向导电性，蓄电池不可能向其定子绕组反向放电，故无须交流发电机调节器设逆向截流器；又因交流发电机的自限流能力而不需要对输出电流进行调节。但交流发电机由发动机驱动旋转，其转速随着发动机的停运、启动、怠速、常用转速、最高转速不同工况而大幅度变化，而用电设备通常要求供给恒定电压，根据前边提到的特性曲线，交流发电机必须用电压调节器使其输出的直流电压在一定的转速范围内基本保持恒定。

1．电压调节原理

当交流发电机运行时，其端电压可按下式计算：

$$U = E - 2U_d - IZ \approx C\Phi n - IZ \qquad (7\text{-}17)$$

式中　C——发电机的结构常数；

　　　n——发电机的转速；

　　　Φ——磁极磁通；

　　　I——发电机的输出电流；

　　　Z——发电机的内阻（$Z = \sqrt{R^2 + X_L^2}$）；

　　　$2U_d$——整流器上的电压降。

交流发电机的磁通Φ可根据电流I_f计算，即：

$$\Phi = \Phi_0 + \frac{I_f}{a + bI_f} \qquad (7\text{-}18)$$

式中　Φ_0——剩磁通；

　　　a、b——逼近磁化曲线的系数，系数a、b可通过发电机的空载曲线求得。

若忽略剩磁的影响并考虑磁化曲线的逼近，式（2-13）可整理为以下形式：

$$U = \frac{CnI_f}{a + bI_f} - IZ \qquad (7\text{-}19)$$

即发电机的转速n和负载（I）的很大范围内变化时，要保持发电机电压稳定，就必须改变磁场电流I_f。由此得出结论，调节磁场电流I_f可起到稳定发电机电压的作用。

运用式（7-19）可作出交流发电机的工作特性曲线（图7.17）。特性曲线研究的是，当发电机的负载不变（R_1=∞，R_2=R_j）及输出电压被限定时，磁场电流I_f与转速 n之间关系。特性曲线进一步证实了上述结论正确性。因此，磁场电流应随转速升高而减小，并随负载增加而增大。

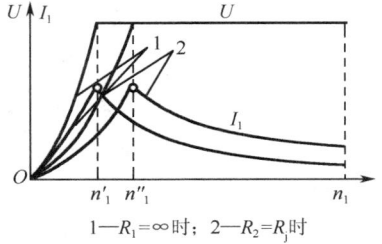

图 7.17　交流发电机的工作特性曲线

2．电压调节方法

按磁场电流的调节方式，又可分为以下两类电压调节器。

（1）连续作用的调节器

即其所有电路元件的输入及输出参数都是时间的连续函数，并且磁场电流的改变取决于电机的转速及负载。可用公式表示为：

$$I_F = \frac{U}{R_f + R_{tj}} \tag{7-20}$$

式中　R_f——磁场绕组电阻；

　　　R_{tj}——磁场电路的调节电阻，$R_{tj} = f(n, I_f)$。

为此，调节电阻 R_{tj} 必须随转速增加而增大，随负载增大而减小并且是连续型变化。

（2）脉宽调制式调节器

由于脉宽调制式调节器电路简单，容易实现，因此在汽车上得到广泛应用。这种类型的调节器可由各种不同的继电器组成。调节过程如下：

如图 7.18（a）所示，发电机以转速 n_1 运转，当其电压上升到规定的动作电压 U_2 时，继电器使得磁场电路的参数和调节机构突然改变，磁场电流开始减小，同时发电机的输出电压降低。当发电机输出电压降至恢复电压 U_1 时，继电器又可使磁场电路参数突然恢复到原来状态。磁场电流又随之增加，使发电机的输出电压增加。若再次达到规定的动作电压时，继电器又重新工作，周而复始。此时，发电机在给定转速 n_1 和负载下，发电机电压的平均值 U 和磁场电流的平均值 I_{f1} 可保持不变。

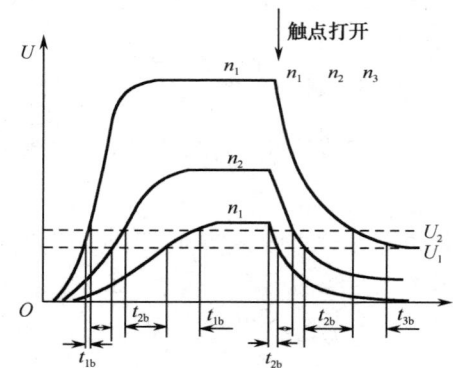

（a）不同转速下发电机端电压调制的时间特性

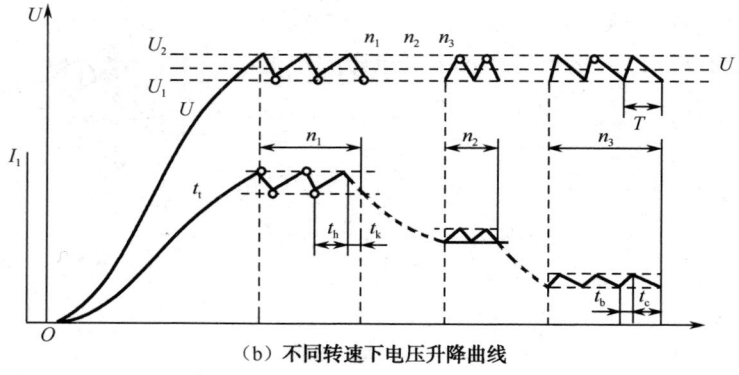

（b）不同转速下电压升降曲线

图 7.18　脉宽调制式调节器调制特性

此外，试验证明，当发电机的转速不同时，触点闭合后发电机电压的增长以及触点断开后的电压下降速率也不同［图 7.18（b）］，在发电机转速变化的过程中，$\frac{t_k}{T}$ 的比随同转速发生变化，磁场的变化范围为 0～1，其中 T 为脉动周期，在数值上 $T=(t_a+t_b)$，这个过程就称为脉宽调制过程，这个比值又可称为触点的相对张开时间。

由此可见，电压调节器的作用就是当发电机的转速或负荷变化时，通过改变触点相对张开时间来调节磁场电流，使发电机输出电压保持不变。

7.2.6　硅整流发电机故障排除与测试

硅整流发电机每运转 750h（相当于 30 000km）后，应拆开检修一次。主要检查电刷和轴承的状况。新电刷的高度是 13mm，磨损至 7～8mm 时应予以更换。轴承如有显著松动，应予更换。

硅整流发电机若不发电，其主要原因多是硅二极管损坏，磁场绕组或定子绕组有断路、短路或搭铁（绝缘不良）等故障所致。

1．解体前的检查

（1）发电机各接线柱之间的电阻值测量

用万用表（R×1 挡）测量发电机各接线柱之间的电阻值，若不符合规定，应解体发电机进一步检查。

若"F"与"–"端间电阻值过大，则表明碳刷与滑环的接触不良；若阻值大到表明回路不通的情况，则可能电刷在刷握中卡住或回路有其他断点存在。

若"+"与"–"，"+"与"F"端子间的正向电阻值小于正常值，则可能是硅二极管有短路性击穿；若接近正常而运行时又只能输出很小电流，则可能有二极管断路性损坏。

若"+"与"–"，"+"与"F"之间的反向电阻大大小于正常值，则表明整流器中至少有两个二极管被击穿而短路。

使用万用表时应注意，指针式万用表和数字式万用表的测试棒的"+"、"–"极性不同，使用时必须弄清楚。（正常时的阻值如表 7.3 所示）

表 7.3　硅整流发电机各接线柱之间的电阻值

发电机型号	"F"与"–"	"+"端与"–"		"+"端与"–"	
		正向	反向	正向	反向
JF1 JF13 JF15 JF21	5～6	40～50	＞1 000	50～60	＞1 000
JF12 JF22 JF23 JF25	19.5～21	40～50	＞1 000	50～70	＞1 000

（2）在试验台上对发电机进行发电实验

测出发电机在空载和满载情况下发出额定电压时的最小转速，从而判断发电机的工作是否正常。

试验时，将发电机固定在试验台上，并由调速电机驱动，按图 7.19 接线。合上开关 K_1（由蓄电池供给磁场电流进行他励），逐渐提高发电机转速，并记下电压升到额定值时的转速，即空载转速。然后断开开关 K_1（由发电机自励）并合上开关 K_2，同时调节负载电阻，记下额定负载情况下电压达到额定值时的转速，即满载转速。如开始转速过高，或在满载情况下，发电机的输出电流过小，则表示发电机有故障。

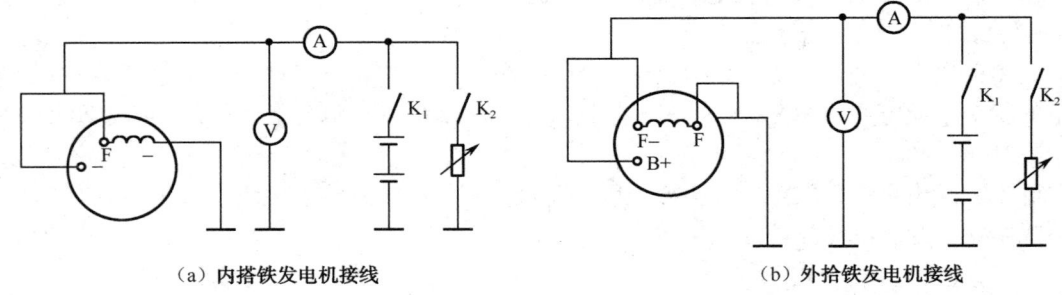

（a）内搭铁发电机接线　　　　　　　　（b）外拾铁发电机接线

图 7.19　硅整流发电机空载和发电试验

（3）用示波器观察输出电压波形

当发电机有故障时，其输出电压的波形将会发生变化，因此根据输出电压的波形，就可判断发电机内部二极管以及定子绕组是否有故障。各种情况下输出电压的波形如图7.20所示。

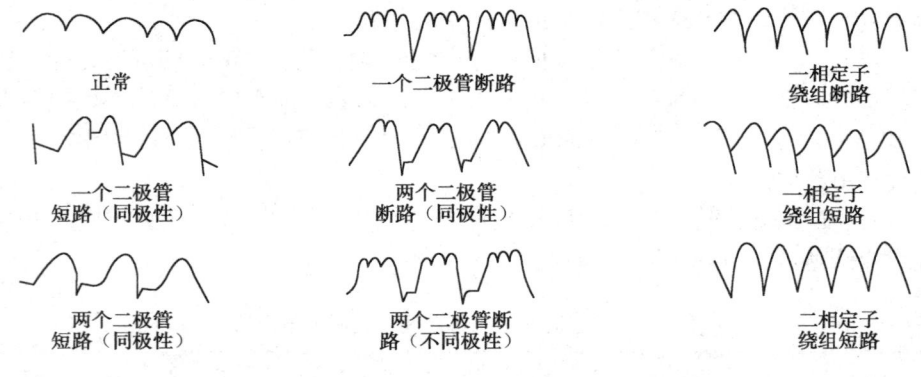

图 7.20　各种情况下输出电压的波形

2．解体后的检查

（1）硅二极管的检查

拆开定子绕组与二极管的连接线后，用万用表（R×1 挡）逐个检查每个硅二极管的性能。其检查方法和要求如图7.21所示。

测量压在后端盖上的二极管（正极管子）时，将万用表的"−"测试棒接端盖，"+"测试棒接二极管的引线，电阻值应在 8～10Ω范围内；然后将测试棒交换进行测量，电阻值应在 10 000Ω以上。压在散热板上的三个正极管子是相反方向的，测试结果与负极管子相反。若正、反向测试时，电阻值均为零，则二极管短路；若电阻均为无穷大，则二极管断路。短路和断路的二极管均应更换。

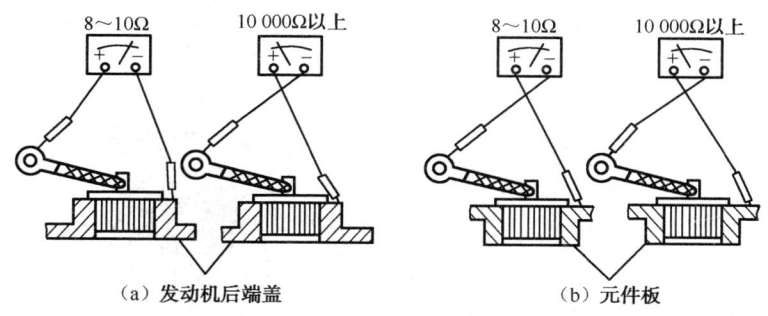

　　　　（a）发动机后端盖　　　　　　　　　（b）元件板

图 7.21　用万用表检查硅整流二极管

　　用 UT6OE 数字万用表测二极管时的连接方法如图 7.22 所示。

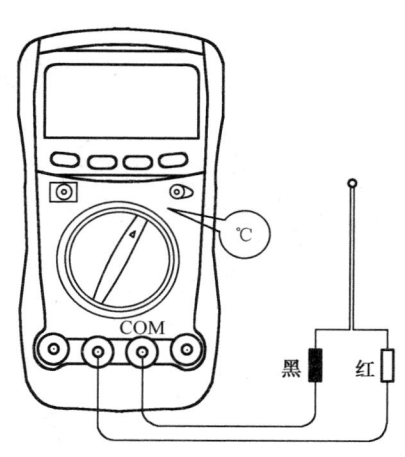

　　数字式测量仪表已成为主流，有取代模拟式仪表的趋势。与模拟式仪表相比，数字式仪表灵敏度高，准确度高，显示清晰，过载能力强，便于携带，使用更简单。数字万用表二极管挡开路电压约为 2.8V，红表笔接正，黑表笔接负，测量时提供电流约为 1mA，显示值为二极管正向压降近似值，单位是 mV 或 V。硅二极管正向导通压降为 0.3～0.8V。锗二极管正向导通压降为 0.1～0.3V。并且功率大一些的二极管正向压降要小一些。如果测量值小于 0.1V，说明二极管击穿，此时正反向都导通。如果正反向均开路说明二极管 PN 结开路。对于发光二极管，正向测量时二极管发光，管压降为 1.7V 左右。

图 7.22　用 UT6OE 测二极管的连接方法

　　数字式仪表使用方法如下：

　　① 使用前，应认真阅读有关的使用说明书，熟悉电源开关、量程开关、插孔、特殊插口的作用。

　　② 将电源开关置于 ON 位置。

　　③ 交直流电压的测量：根据需要将量程开关拨至 DCV（直流）或 ACV（交流）的合适量程，红表笔插入 V/Ω孔，黑表笔插入 COM 孔，并将表笔与被测线路并联，显示读数。

　　④ 要强调的是用数字万用表测量二极管时，实测的是二极管的正向电压值，而指针式万用表则测的是二极管正反向电阻的值，所以使用过指针式万用表测二极管的读者，要特别注意这个区别。

　　将功能量程开关置于 ▷| 测量挡，再按 SELECT 键选择二极管测试功能，红表笔接被测二极管正极，黑表笔接被测二极管负极。

　　从 LCD 显示屏上读出二极管的近似正向压降值，硅二极管一般为 0.5～0.8V。

　　测量注意事项：如果被测二极管开路或极性接反，显示屏将显示"OL"；当测量在线二

极管时，测量前必须断开电源，并将相关的电容放电。

（2）磁场绕组的检查

用万用表检查磁场绕组如图 7.23 所示，若磁场绕组电阻值符合规定值，则说明磁场绕组良好；若电阻小于规定值，说明磁场绕组有短路处；若电阻为无穷大，则说明磁场绕组断路。

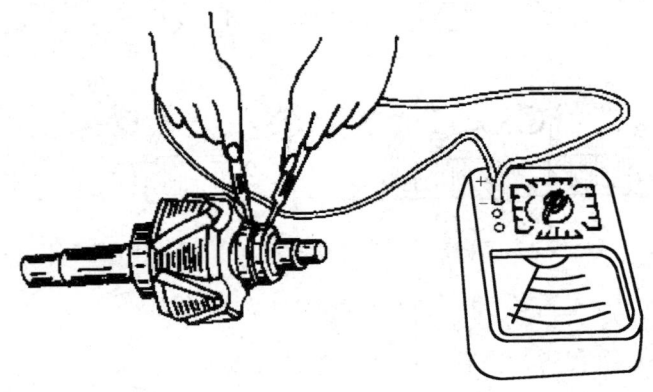

图 7.23　用万用表测量磁场绕组的电阻值

按图 7.24 所示的方法检查磁场绕组的绝缘，灯亮说明磁场绕组或滑环搭铁。磁场绕组若有短路、断路和搭铁故障时，一般需要更换转子总成或重绕磁场绕组。

（3）定子绕组的检查

用万用表检查定子绕组是否断路。按图 7.25 所示的方法，检查定子绕组的绝缘情况。

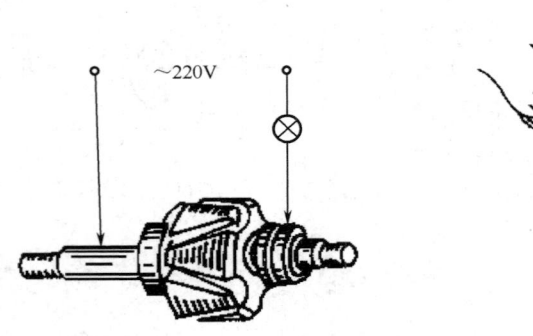

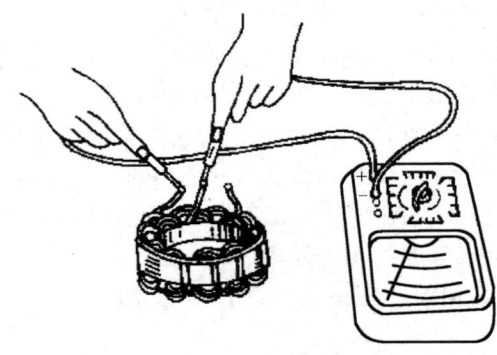

图 7.24　磁场绕组绝缘的检查　　　　图 7.25　定子绕组断路检查

定子绕组若有短路、断路和搭铁（绝缘不良）故障，而又无法修复时，则需要重新绕制。发电机修复后，需进行空载和满载试验，性能应符合规定。

（4）调节器故障检查与调整

充电系统出现故障，经检查确认发电机工作正常，而调节器有故障时，应将调节器从车上拆下，进行检修。

电磁振动式调节器的检查与调整如下。

① 触点、电阻和线圈状况的检查。检查触点是否氧化、烧蚀，必要时修复。检查电阻是否烧断以及线圈有无断路、短路等故障。调节器线圈和电阻的阻值应符合规定。

② 各部件间隙的检查与调整。检查调节器各触点的间隙，其值应符合规定。以 FT61 型调节器为例，衔铁与铁芯间的间隙为 1.05～1.15mm，如不符合规定，可将固定触点 K_1 支架上的螺丝松开，然后按需要移动支架即可。高速触点的间隙为 0.2～0.3mm，若不符合规定，可活动触点 K_2 的支架进行调整。发电机转速 3 000r/min，输出电流 4A，电压调整值 13.2～14.2V。若不符合规定，可改变弹簧的张力。发电机转速 3 500r/min，输出电流 23A，高速与低速时电压调整值之差不大于 0.5V。

 **习题 7**

1. 简述蓄电池结构及其功用。
2. 什么是蓄电池的容量?其影响因素有哪些?
3. 简述蓄电池有哪些常见故障及相应的排除方法。
4. 汽车用蓄电池由哪几部分组成?
5. 什么是蓄电池的额定容量?
6. 什么是蓄电池的充电和放电?在充放电过程中，蓄电池内部物质如何变化?
7. 怎样测量电解液的密度和液面高度?
8. 汽车用蓄电池在什么情况下应进行补充电?
9. 汽车常用蓄电池有哪些，干荷电与免维护蓄电池的主要特点是什么?
10. 什么是蓄电池的额定容量和储备容量?
11. 为了得到干荷电极板，在制作负极板的工艺中采取了哪些措施?
12. 将一片正极板和一片负极板插入电解液时，能够得到几伏电压?
13. 在充放电过程中，蓄电池的端电压和电解液密度怎样变化，其原因各是什么?
14. 为什么工业用硫酸和普通水不能用于蓄电池?
15. 解放 CA1091 型汽车用的 6-QA-100 型蓄电池各部分的意义是什么?
16. 汽车交流发电机的功用是什么?由哪几部分组成?
17. 交流发电机定子的功用是什么，由哪几部分组成?
18. 交流发电机转子的功用是什么，由哪几部分组成?
19. 交流发电机型号的含义是什么?
20. 什么是汽车交流发电机的输出特性，其特性有何特点?
21. 汽车交流发电机具有限流保护功能的原因是什么?
22. 为什么八管交流发电机能够提高发电机的输出电流?
23. 九管交流发电机怎样控制充电指示灯来指示充电系统工作情况?

控制电机的认识

在现代的生产技术、电子计算机技术等控制领域中，使用着各种各样的微型电机，它们的容量一般从数百毫瓦到数百瓦，其电机的用途和功能也各不相同，在自动控制系统、计算装置中可分别作为测量、放大和执行元件，这类电机称为控制电机。

 知识扩展

任务 8.1 步进电动机的认识学习

一般电动机是连续旋转的，而步进电动机是一种"一步一步"地转动的电动机，因其转矩性质和同步电动机的电磁转矩性质一样，所以本质上也是一种磁阻同步电动机或永磁同步电动机。由于电源输入是一种电脉冲（脉冲电压），电动机相应于一个电脉冲就转过一个固定角度，故也称脉冲电动机。在自动控制系统中，利用步进电动机具有的这种特性，可将电脉冲信号转变为转角位移量。

 任务目标

1. 掌握步进电动机的工作原理。
2. 了解步进电动机的典型结构。

8.1.1 步进电动机的工作原理

步进电动机的结构形式和分类方法较多，有反应式、永磁式、混合式以及特种形式等。下面以反应式（磁阻式）步进电动机为例分析其工作原理。

反应式步进电动机由定子和转子两大部分组成，定子、转子铁芯都由硅钢片或其他软磁材料制成。一般定子相数为两相至六相，每相两个绕组套在一对定子磁极上，称为控制绕组，转子上是无绕组的铁芯。图 8.1 是三相反应式步进电动机原理示意图。定子、转子铁芯由硅钢片叠成，定子有 6 个极，每两个相对极上有一相绕组，定子的三相绕组为星形连接，转子有 4 个磁极，无绕组。

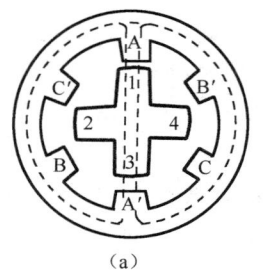 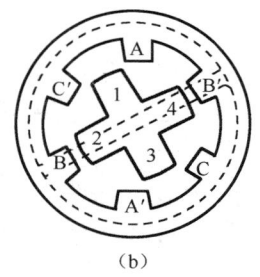 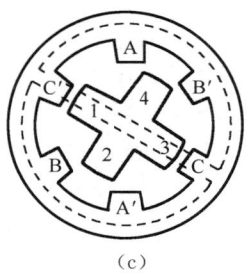

(a)   (b)   (c)

图 8.1   三相反应式步进电动机原理图

当 A 相绕组通电时，由于磁力线力图通过磁阻最小的路径，转子将受到磁阻转矩作用，必然转到其磁极轴线与定子极轴线对齐，磁力线便通过磁阻最小的路径。此时两轴线间夹角为零，磁阻转矩为零，即转子 1、3 磁极轴线与 A 相绕组轴线重合，这时转子停止转动，位置如图 8.1（a）所示。由此可知，步进电动机磁路的磁阻是变化的，所以也可称为变磁阻电动机。当 A 相断电、B 相通电时，根据同样的机理，转子将按逆时针方向转过空间角 30°，使得转子 2、4 磁极轴线与 B 相绕组轴线重合，如图 8.1（b）所示。同样，B 相断电，C 相通电时，转子再按逆时针方向转过空间角 30°，使转子 1、3 磁极轴线与 C 相绕组轴线重合，如图 8.1（c）所示。若按 A-B-C 顺序轮流给三相绕组通电，转子就逆时针一步一步地前进（转动）；若按 A-C-B 顺序通电，转子就顺时针方向一步一步地转动。由此，步进电动机运动的方向取决于控制绕组通电的顺序。而转子转动的速度取决于控制绕组通断电的频率，显然，变换通电状态的频率（即电脉冲的频率）越高，转子转得越快。

通常把由一种通电状态转换到另一种通电状态称为一拍，每一拍转子转过的角度称为步距角 θ_b，上述的通电方式称为三相单三拍运行，三相是指定子为三相绕组，单是指每拍只有一相绕组通电，三拍是指经过三次切换绕组的通电状态为一个循环。

图 8.2 为三相双三拍运行方式，双三拍是按 AB-BC-CA-AB 的顺序通电，即每次有两相绕组通电。当 A、B 两相绕组同时通电时，转子的位置如图 8.2（a）所示。这时转子的位置是使 A、B 两对磁极所形成的两路磁通在气隙中的磁阻同样程度地达到最小，转子齿 1、3 和 A 相磁极间产生的磁拉力与转子齿 2、4 和 B 相磁极间产生的磁拉力大小相等，方向相反，转子则静止。当 B、C 两相同时通电时，转子逆时针方向转过 30°，如图 8.2（c）所示。运行情况与三相单三拍相同，步距角不变。

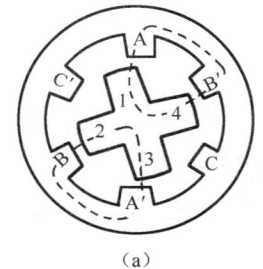 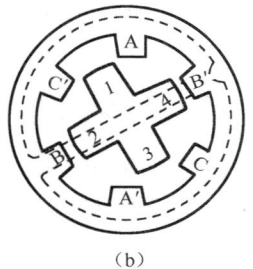 

(a)   (b)   (c)

图 8.2   三相双三拍和三相六拍运行方式

如果步进电动机按 AB-B-BC-C-CA-A……的顺序轮流通电，即一相与两相间隔地轮流通

电，通电 6 次完成 1 次循环，这种运行方式称为三相单双六拍，如图 8.2 所示。为前三拍转子所对应位置。当转子每循环完 1 次时，则转过 1 个极，空间角度为 90°，每通电 1 次，转过 90°/6=15°。由此可见，三相单双六拍运行方式的步距角比三相单三拍和三相双三拍运行减小了一半，即θ_b=15°。

反应式步进电动机定子可以有不同的相数 m 和拍数 N，增加相数或拍数可以减少步距角θ_b。依以上分析可知，三相单三拍θ_s=30°，三相六拍θ_s=15°，通常表示为θ_s=30°/15°。由工作原理可知，每改变定子绕组的 1 次通电状态，转子就转过 1 个步距角θ_s，若转子齿数为 Z_R，步距角θ_s的大小与转子齿数 Z_R 和拍数 N 的关系为：

$$\theta_s = \frac{360°}{Z_R N} \tag{8-1}$$

8.1.2 步进电动机的典型结构

上述的三相反应式步进电动机的步距角太大，通常不能满足生产中小位移的要求，为此必须增加拍数和转子齿数。下面介绍一种最常见的小步距角三相反应式步进电动机。

三相反应式步进电动机典型结构示意图如图 8.3 所示。定子仍然为三对极，每相一对，相对的极属同一相，不过每个定子磁极的极靴上各有 5 个小齿，转子圆周上均匀分布着 40 个小齿，根据工作原理的要求，定子、转子齿宽和齿距必须相等，转子齿数不能为任意数值，一方面要考虑到对步距角的要求，另一方面需以工作原理为根据。这些要求的根据有两点。

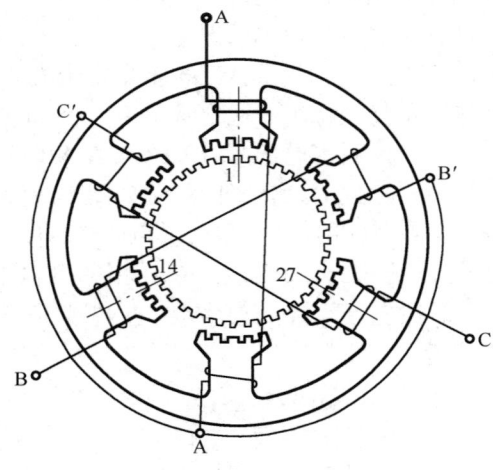

图 8.3 三相反应式步进电动机结构图（A 相通电时位置）

（1）在同相的几个磁极下，定子、转子齿应同时对齐或同时错开，这样才能使几个磁极的作用相加，产生足够的磁阻转矩，所以当每相的磁极沿圆周均匀分布时，要求转子齿数为每相极数的倍数。

（2）在不同相的相邻极之间的距离（即极距）不应是转子齿数的倍数。应依次错开 1/m 齿距（m 为相数），这样才能在连续改变通电的状态下获得不断的步进运动。否则，当任一相通电时，转子齿都将处于磁路的磁导为最大的位置上。各相轮流通电时，电动机就不能运行，无工作能力。

因此定子、转子齿数必须配合适当，如图 8.3 中，A 相的一对极下，定子、转子齿一一对齐时，B 相绕组所在一对极下的定子、转子齿错开齿距 t 的 $1/m$，C 相绕组所在一对极下的定子、转子齿错开齿距 t 的 $2/m$，当转子齿数 $Z_R=40$，相数 $m=3$ 时，其齿距所对应的空间角度，即齿距角为：

$$\theta_s = \frac{360°}{Z_R} = \frac{360°}{40} = 9°$$

相邻两相间的齿数为：

$$\frac{Z_R}{m} = \frac{40}{3} = 13\frac{1}{13}$$

定子相邻磁极间的转子齿数为：

$$\frac{Z_R}{m} = \frac{40}{6} = 6\frac{2}{3}$$

也就是说，当 A 相一对极下定子、转子齿一一对齐时，则 B 相下转子齿沿 ABC 方向滞后定子齿 1/3 齿距；同理，C 相下转子齿沿 ABC 方向滞后定子齿 2/3 齿距，如图 8.4 所示。

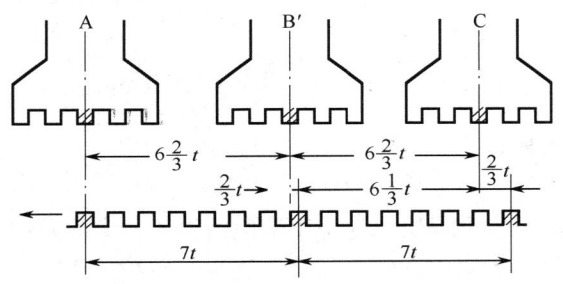

图 8.4 电动机的定子、转子展开图

如按三相单三拍运行，当 A 相绕组通电时，便建立一个以 A 相磁极为轴线的磁场，转子力图取最大磁导位置，因此 A 相磁极下定子、转子齿一一对齐，同时在 B 相错开 1/3 齿距，C 相错开 2/3 齿距。当 A 相断电、B 相通电时，B 相磁极下定子、转子齿一一对齐，则转子转过 1/3 齿距，这样按 A–B–C 顺序轮流通电时，便完成 1 个循环，转子转过 1 个齿距。因此可知步距角 θ_s：

$$\theta_s = \frac{360°}{NZ_R} = \frac{360°}{3 \times 40} = 3°$$

若按三相单双六拍方式运行，拍数 $N=6$，增加 1 倍，步距角减小一半，即这时步距角为 1.5°。因为每输入一个脉冲，转子转过 $1/NZ_R$ 转，若脉冲电源的频率为 f，步进电动机转速为：

$$n = 60f/NZ_R \ (r/\min) \tag{8-2}$$

由式（8-2）说明，步进电动机转速由控制脉冲频率 f、拍数 N、转子齿数 Z_R 决定，与电源电压、绕组电阻及负载无关，这是它抗干扰能力强的重要原因。

由式（8-1）可见，步进电动机的转速与脉冲电源频率保持着严格的比例关系。因此在恒定脉冲电源作用下，步进电动机可作为同步电动机使用，也可在脉冲电源控制下很方便地实现速度调节，因此，步进电动机转过的机械角度 θ 与脉冲个数 N_1 的关系为：

$$\theta = N_1\theta_B \qquad\qquad (8\text{-}3)$$

这个特点在许多工程实践中是很有用的，如在一个自动控制系统中，用步进电动机带动管道阀门，为了控制流量，要求阀门能按精确的角度开闭。这样就要求能对步进电动机进行精确的角度控制。

例 8.1 一台三相反应式步进电动机，采用三相六拍运行方式，转子齿数 $Z_R=40$，脉冲电源频率为 800 Hz。

（1）写出一个循环的通电顺序；

（2）求电机的步距角 θ_s；

（3）求电机的转速 n；

（4）求电机每秒钟转过的机械角度 θ；

解：（1）因为该步进电动机采用三相六拍运行方式，完成一个循环的通电顺序为 A-AB-B-BC-C-CA 或 A-AC-C-CB-B-BA。

（2）三相六拍运行方式时，$N=6$，故：

$$\theta_s = \frac{360^\circ}{Z_R N} = \frac{360^\circ}{40\times 6} = 1.5^\circ$$

（3）电动机的转速：

$$n = \frac{f\theta_s}{6^\circ} = \frac{800\times 1.5^\circ}{6^\circ} = 200\,\text{r/min}$$

（4）每秒钟转过的机械角度：

$$\theta = 800\times 1.5^\circ = 1200^\circ$$

步进电动机在近十年中发展很快，这是由于电力电子技术的发展解决了步进电动机电源问题。最近新型永磁材料研制上的突破，又会促进步进电动机进一步发展。由于步进电动机的步距（转速）不受电压波动和负载变化的影响，也不受环境条件（温度、压力、冲击和振动等）的限制，而只与脉冲频率成正比，因此它能按照控制脉冲数的要求，立即启动、停止、反转。在不丢步的情况下，角位移的误差不会长期积累，所以步进电机能实现高精度的角度开环控制。然而，由于开环控制的频率不自控，低速时会发生振动现象，这是值得重视和研究的问题。尽管如此，目前步进电动机的应用范围已很广，在数控、工业控制、数模转换和计算机外围设备、工业自动线、印刷机、遥控指示装置、航空系统中，都已成功地应用了步进电动机。

任务8.2 微型同步电动机的认识学习

任务目标

1. 掌握永磁式微型同步电动机的基本结构和工作原理。

2. 掌握反应式微型同步电动机的基本结构和工作原理。

在自动控制系统中，广泛应用功率自零点几瓦到数百瓦的各种微型同步电动机，其特点是它们具有与供电电源频率 f 相应的同步转速。微型同步电动机是依靠同步转矩运转的交流电动机，转速与旋转磁场的转速同步。微型同步电动机按供电电源的相数分类，有三相同步电动机和单相同步电动机；按电动机的结构可分为电容式和罩极式；按工作原理来分，有永磁式、反应式和磁滞式三种。微型同步电动机具有转速恒定、结构简单、应用方便的特点。它们多用于恒速微型驱动和同步联系系统。

8.2.1 永磁式微型同步电动机

永磁式微型同步电动机就是转子励磁采用永久磁铁励磁，励磁不需要集电环、电刷以及励磁装置，结构简单。由于无励磁电流，也就无励磁损耗，故电动机效率较高。永磁式同步电动机，为了使其可以自行启动，在转子上除了安装永磁体磁极外，还装有用于启动的笼型绕组。

1. 基本结构

永磁式微型同步电动机根据启动方式的不同，可分为异步启动式、磁滞启动式和爪极自启动式三种结构，根据永磁体在转子上的安装形式分为径向式和轴向式。

（1）异步启动式永磁同步电动机。异步启动式永磁同步电动机的结构和异步电动机有些相似，其定子铁芯上嵌放三相或单相绕组，转子有磁极和笼型绕组，供异步启动和同步运行时作阻尼绕组用。

异步启动式永磁同步电动机常用的转子结构如图 8.5 所示。通常包括星形转子和并联磁路转子两类。图 8.5（a）为星形转子，其极靴成圆环形，内侧开有缺口，极靴上有笼型绕组。星形转子采用剩磁较高的铝钴永磁材料。图 8.5（b）为两极并联磁路转子，因永磁体很薄，因而面积很大，其转轴中间部分做成一字形。图 8.5（c）为笼型转子轴向安装的永磁同步电动机转子，这种转子可缩小电动机外径。

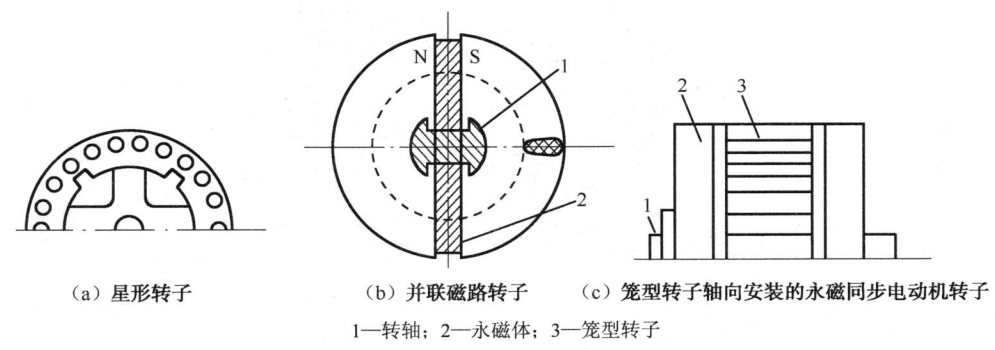

（a）星形转子   （b）并联磁路转子   （c）笼型转子轴向安装的永磁同步电动机转子

1—转轴；2—永磁体；3—笼型转子

图 8.5 异步启动式永磁同步电动机转子结构

（2）磁滞启动式永磁同步电动机。磁滞启动式永磁同步电动机是利用磁滞环启动的。该电动机转子结构如图 8.6 所示。其中图 8.6（a）为径向安装式，图 8.6（b）为轴向安装式。径向式永磁同步电动机是以径向永磁体取代由直流励磁的转子磁极。轴向式永磁同步电动机是在转轴中间处，由电工钢片叠成转子铁芯。

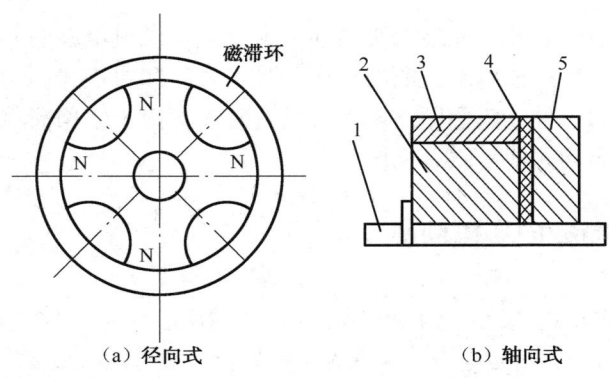

（a）径向式　　　　　　　　　（b）轴向式

1—转轴；2—非磁性磁筒；3—磁滞环；4—非磁性隔板；5—永磁体

图 8.6　磁滞启动式永磁同步电动机转子结构

（3）爪极自启动永磁同步电动机。爪极自启动永磁同步电动机的定子一般制成带环形绕组的爪极，（罩极）转子为永磁体制成的圆环，径向充磁呈多个磁极。这种电动机没有笼型绕组，也没有磁滞环，不能产生异步转矩或磁滞转矩，启动和牵入同步都靠同步转矩。这种电动机极数很多，可有 16～48 极，所以同步转速低，尺寸很小。在同步转矩的作用下转子很快升速而牵入同步，图 8.7 为爪极自启动永磁同步电动机的外形结构。其中图 8.7（a）为罩极式；图 8.7（b）为非罩极式。

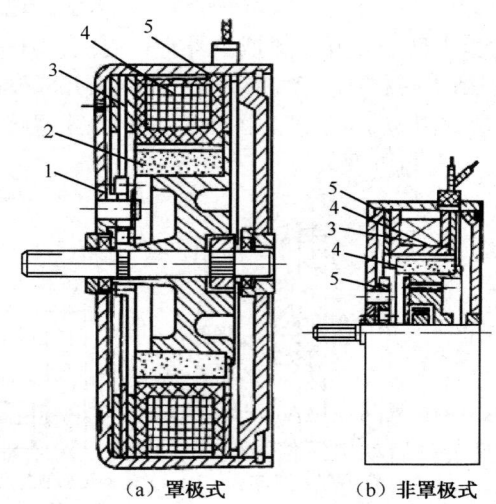

（a）罩极式　　　　　　　（b）非罩极式

1—从棘轮；2—转子；3—小极片；4—线圈；5—大极片

图 8.7　爪极自启动永磁同步电动机的典型结构

2．工作原理

永磁式同步电动机虽然有三种不同的结构形式，但是基本原理是相同的。同步电动机工作时，主要是由定子绕组通入三相对称电流产生旋转磁场，旋转磁场的转速 $n_1 = f/p$，此旋转磁场在图 8.8 中用一对旋转磁极表示。转子的主体是由永久磁钢制成的，定子的旋转磁场与转子的磁场相互作用，依据磁极同性相斥、异性相吸的特性，定子旋转的磁极将转子永久磁极吸住，使得电动机转子磁场在定子磁场的带动下，沿定子旋转磁场的方向以同样的速度旋转，输出转矩，带动工作机构工作。当转子轴上的负载增大时，定子磁极轴线与转子磁极轴线夹角 θ 相应增大。负载在减少时，夹角也减小。因此维持转子旋转的电磁转矩由定子旋转磁场与转子永久磁铁相互作用产生，尽管负载变化时，夹角 θ 大小会变化，但只要负载不超过一定限度，转子就能始终跟着定子旋转磁场以恒定的同步转速旋转，这时转子的转速 $n = n_1$，固定、转子磁场之间没有相对运动，所以称同步电动机。

永磁式同步电动机转子机械惯性较大，旋转磁场的转速又较高，转子无启动笼型绕组时，转子启动较为困难，甚至不能自行启动或产生周期性振荡，如图8.9所示。在图8.9（a）中，转子受到磁场力的作用，企图以逆时针方向旋转，但因转子本身惯性大，旋转磁场转速高，旋转磁场转过180°转子仍未转动。如图8.9（b）所示，此时转子受到磁场作用力产生的转矩 T 影响又企图使转子顺时针方向旋转，故转子受到的平均转矩为零，无启动转矩。转子中的鼠笼型绕组，使得电动机在启动时利用磁场与转子的异步，在绕组中产生感应电流和转矩而旋转起来。

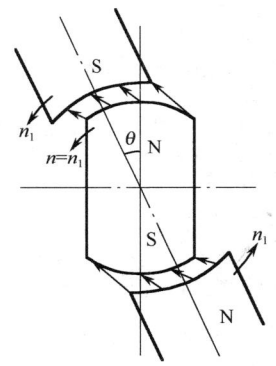
图8.8 永磁式同步电动机工作原理

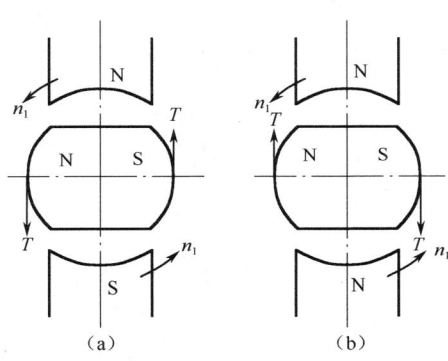
（a）   （b）
图8.9 永磁式同步电动机的启动转矩

永磁式同步电动机一般都采用直接启动，即借助鼠笼结构使之异步启动。当单相电源供电时，定子副绕组要加装电容器移相，以便建立旋转磁场。

3．特点与用途

永磁式同步电动机比其他微型同步电动机有比较高的效率和功率因数，工作稳定，转速恒定。但其造价高，结构复杂，启动电流倍数较大。因此，对于电子供电电源，大的启动电流是不大适合的。

8.2.2 反应式微型同步电动机

反应式微型同步电动机转子本身不具有磁性，它是利用转子的交轴和直轴两个方向的磁阻不同，在旋转磁场作用下产生转矩使转子转动。定子、转子磁极对数相同，以保证交、直轴方向磁阻不等。通常这类电动机也称为磁阻式同步电动机。

1．基本结构

反应式微型同步电动机通常由鼠笼型异步电动机派生而来，它的定子结构与异步电动机

基本相同。其转子可分为隐极式和凸极式。图 8.10 所示为分段式隐极转子结构，它由非磁性材料和钢片叠成，图 8.10（a）为 2 极电机，图 8.10（b）为 4 极电机。

图 8.11 为凸极转子结构图，转子外缘装有铜或铝制成的鼠笼条，使转子在旋转磁场作用下产生启动转矩而自动启动。鼠笼条同时还起着阻尼绕组的作用。

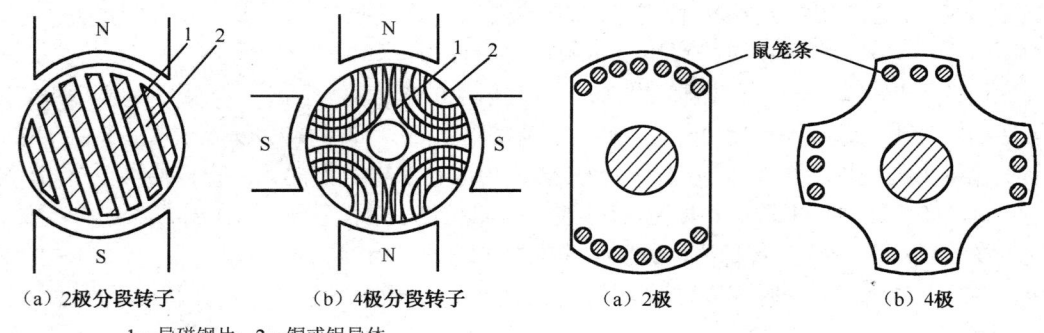

（a）2极分段转子　　　　　　（b）4极分段转子　　　　　（a）2极　　　　　　　　（b）4极

1—导磁钢片；2—铜或铝导体

图 8.10　磁阻式电机分段式隐极转子结构　　　图 8.11　磁阻式凸极转子结构

为了进一步提高直轴和交轴的磁阻差，可采用图 8.10 所示的分层式转子铁芯结构，图中画线部分为钢，其他部分为铝，两端有端环，形成特殊的鼠笼型绕组。

2．工作原理

反应式微型同步电动机小功率时常做成单相的，功率稍大时也有三相的。现以单相反应式同步电动机为例，说明其工作原理。

图 8.12 是单相反应式同步电动机的结构原理图。定子铁芯用硅钢片冲制叠压而成，磁极各有一个裂口，在对角的半个磁极铁芯上各套一只短路环，如同单相罩极异步电动机的定子铁芯，定子铁芯上装有励磁线圈。转子用硬磁材料做成凸极式，一经磁化便产生固定的磁极。

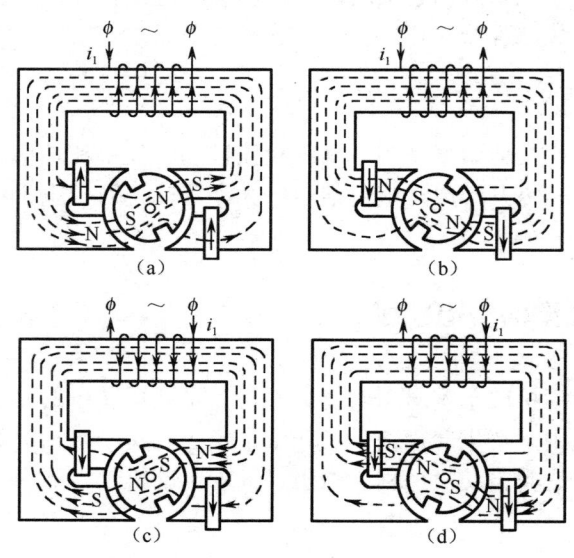

图 8.12　单相反应式同步电动机结构原理图

当定子绕组通入交流电时，由于短路环的电磁感应作用，像罩极异步电动机的定子铁芯一样，在电机的气隙中产生旋转磁场。定子旋转磁场的形成如图8.12所示。从图中可以看出，它和罩极式单相异步电动机的定子结构一样，电流变化1周，定子磁场旋转1圈。转子在磁场中被磁化，形成磁性固定不变的磁极。

单相反应式同步电动机的工作原理可用图8.13来描述，由于磁极的相互作用，转子被定子磁场吸引，由于定子磁场在旋转，转子也就跟随定子磁场以同步转速旋转。当负载变化时，转子磁极轴线与旋转磁极轴线间的夹角θ也发生变化，负载增大，θ也增大，磁力线严重地被扭曲，磁力线的收缩力更大，产生的电磁转矩也更大，但负载转矩有一定的限制，θ角在一定的范围内，磁阻转矩才能克服负载转矩，转子跟着旋转磁场以同步速度转动。如果负载超过一定限度，就会失步，甚至停止转动。

反应式同步电动机启动时的转子受力情况如图8.14所示。当旋转磁场的轴线与转子磁极轴线重合时，如图8.14（a）所示。转子只受径向的磁力不会产生转矩，对于定子、转子磁极的轴线夹角$\theta=0°$，则$T=0$，转子处于平衡状态。当定子、转子磁极轴线间错开一个角度θ，且$0°<\theta<90°$，如图8.14（b）所示。磁力线通过的气隙较长，磁阻较大。由于磁力线要力图通过磁阻最小的路径，这时转子将受到沿切线方向的磁拉力的作用而产生转矩T，使转子转到$\theta=0°$。当$\theta=90°$时，如图8.14（c）所示，转子受到切向拉力互相抵消，转子处于不稳定平衡状态，稍有扰动转子就要转到$\theta=0°$或$\theta=180°$处，即磁阻最小的位置上。由于转子具有一定的惯性，磁场的转速又高，虽然磁场作用于转子，但转子未转动。故反应式同步电动机也不能自行启动，需另装启动绕组才行。

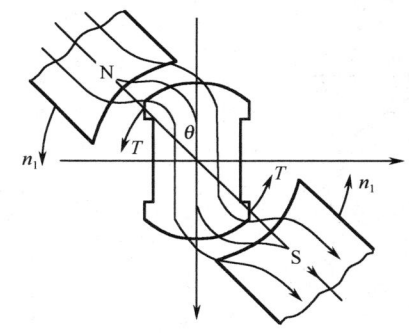

图8.13 单相反应式同步电动机工作原理

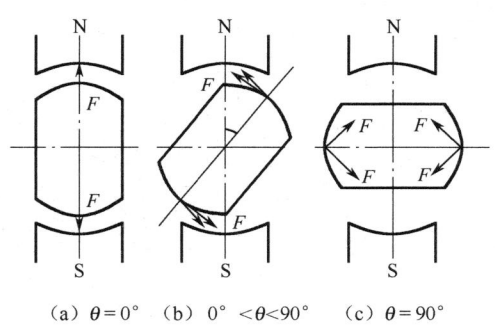

（a）$\theta=0°$ （b）$0°<\theta<90°$ （c）$\theta=90°$

图8.14 反应式同步电动机启动时转子受力情况

3. 特点和用途

这种微型同步电动机如同大型同步电动机一样，不能自动启动。若要使其自动启动，必须装启动绕组，产生启动转矩。所以，其启动转矩是由转子上的笼型启动绕组产生的。在转子加速到接近同步转速时，依靠磁阻转矩将转子牵入同步并在同步下运行，启动绕组失去启动作用。转子上没有励磁绕组和滑环，也不使用永磁材料，其磁场由定子磁通产生。由于没有滑动接触，且笼型绕组在正常运行时起到阻尼绕组的作用，因此运行稳定可靠。

这种电动机可以改变定子、转子磁极对数改变转子转速；还可以用改变交流电的频率来改变转速。

该电动机结构简单，成本低廉，可用于记录仪表、摄影机、录音机及复印机等设备中。

电机与控制(第3版)

任务 8.3　无刷直流电动机的认识学习

普通直流电动机由于电刷和换向器之间有滑动接触,使用中常引起诸如火花噪声、无线电干扰,运行稳定性差等许多问题。目前除了对传统的换向器不断改进以外,还普遍重视发展无刷直流电动机。这种电动机的特点是用电力电子器件及其控制电路代替传统的机械换向器,避免了电刷和换向器的滑动接触,提高了运行的可靠性,同时还保留了普通直流电动机优良的调速性能,所以是一种很有发展前途的直流电动机。

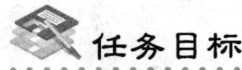

任务目标

1. 了解无刷直流电动机基本结构和类型。
2. 掌握无刷直流电动机的基本工作原理。

8.3.1　无刷直流电动机基本结构和类型

1. 基本结构

无刷直流电动机由电动机本体、转子位置传感器和电子开关电路三部分组成,其基本结构如图 8.15 所示。

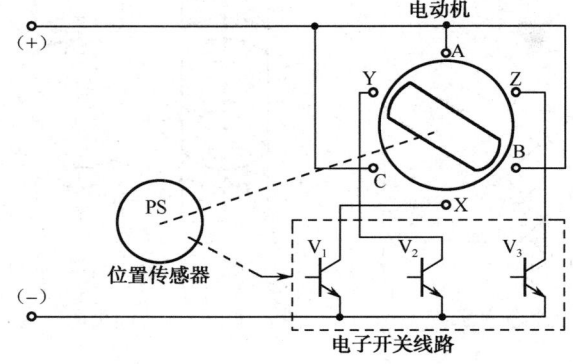

图 8.15　无刷直流电动机的结构简图

电动机本体在结构上是一台普通的凸极式同步电动机,它包括主定子和主转子两部分,主定子上放置空间互差120°的三相对称电枢绕组 AX、BY、CZ,接成星形或三角形,主转子是用永久磁钢制成的一对磁极。转子位置传感器也由定子、转子两部分组成。定子安装在主电动机壳内,转子和主转子同轴旋转。它的作用是把主转子的位置检测出来,变成电信号去控制电子开关电路,故也称为转子位置检测器。电子开关电路中的功率开关元件分别与主定子上各相绕组相连接,通过位置传感器输出的信号,控制三极管的导通和截止,从而主定子上各相绕组中的电流也随着转子位置的改变,按一定的顺序进行切换,实现无接触式的换向。

184

2. 无刷直流电动机的类型

近年来出现的无刷直流电动机，用晶体管开关电路和位置传感器代替电刷和换向器。所以无刷直流电动机的类型按晶体管开关电路的不同可分为桥式和非桥式两种；按所使用的位置传感器形式的不同可分为光电式、电磁式、磁敏元件式和接近开关式等。

3. 转子位置传感器

转子位置传感器是无刷直流电动机的一个关键部件。可根据不同的原理构成如电磁感应式，光电式、磁敏式等多种不同的结构形式。其中电磁感应式因工作可靠，维护简便，寿命长，故应用较多。

电磁感应式转子位置传感器原理如图 8.16 所示。其定子由原边线圈与副边线圈绕在同一铁芯组成，转子则由一个具有一定角度（近似电动机的导通角）的导磁材料组成，该导磁材料可由铁氧体或硅钢片制成。

在线圈的原边 W_1 端输入高频激磁信号，在副边线圈中感应出耦合转子铁芯与定子铁芯相对位置的输出信号，图 8.16 中的 W_a 经过电子线路处理，变成与电动机定子、转子位置相对应的电平信号，再经整形处理，就得到了电动机的换向信号，而没有耦合转子铁芯的定子线圈 W_b、W_c 均无信号输出。

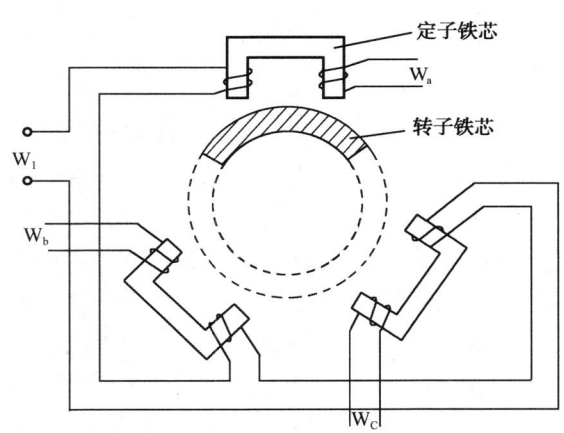

图 8.16 电磁感应式传感器

8.3.2 无刷直流电动机的基本工作原理

无刷直流电动机的基本工作原理重点包括两个问题，即无刷直流电动机的转矩是怎样产生的；如何改变无刷直流电动机的旋转方向。

1. 电动机转矩的产生

图 8.17 为一台两极三相绕组，并带有电磁式位置传感器的无刷直流电动机的原理图，说明电枢磁势和转子磁势之间的相互关系。图中表示电机主转子在三个不同位置时，主定子电枢绕组的通电状况。当电机主转子处于图 8.17（a）瞬间，位置传感器 PS 的转子铁芯（图中

扇形虚线部分）位于图示位置，结合图 8.15 和图 8.16 分析，线圈 W_a 开始与线圈 W_1 相耦合，输出电压信号使三极管 V_1 开始导通，如图 8.17（b）所示，而线圈 W_b、W_c 输出电压为零，三极管 V_2、V_3 截止。此时，电枢绕组 AX 有电流通过，产生的电枢磁场 N_a-S_a 和主磁场 N_r-S_r 相互作用而产生转矩，并使转子沿顺时针方向旋转。

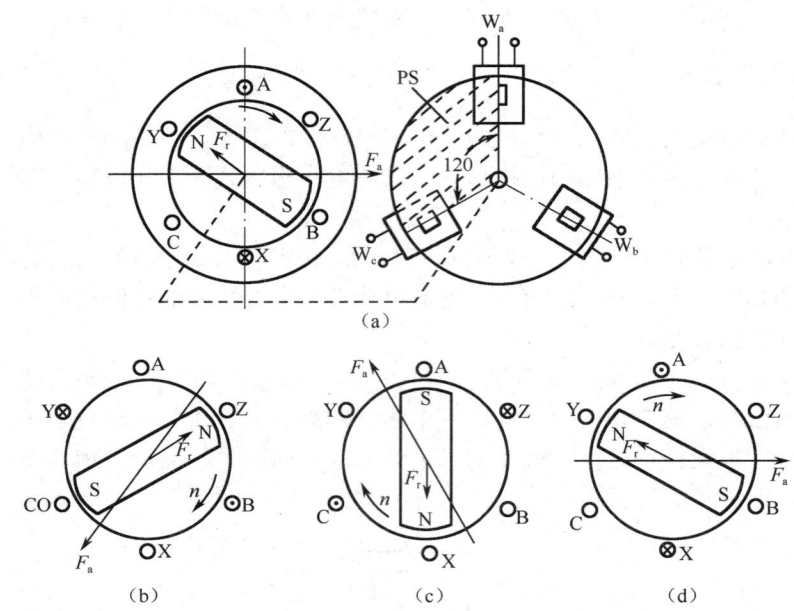

图 8.17　电枢磁势和转子磁势之间的相互关系

当电机主转子在空间沿顺时针方向先后转过 120°（电角度）、240°（电角度）时，如图 8.17（c）、（d）所示位置，位置传感器 PS 转子铁芯也跟随转过同样的角度，与上同理，使三极管 V_2、V_3 继 V_1 之后依次导通，其余两管则同时截止，相应使主定子上绕组 BY、CZ 先后有电流通过，形成顺时针方向的阶跃式旋转磁场 N_a-S_a，它和主转子磁场 N_r-S_r 相互作用，使转子顺着定子阶跃式旋转磁场的方向继续旋转。显然，若电机主转子继续转过 120°，即总共转过 360° 时，又到了原来的起始位置，同样通过位置传感器 PS 再次重复上述的换流过程，无刷直流电动机在 N_a-S_a 与 N_r-S_r 相互作用下，能产生转矩并使电机转子按一定的转向旋转。

由上面分析可见，当主转子转过 360° 时，主定子绕组共有三个通电状态，每一状态仅有一相导通，其余两相截止，其持续时间应为转子转过 120° 所对应的时间。各相绕组与三极管导通顺序的关系如表 8.1 所示。

表 8.1　各相绕组与三极管导通关系

电　角　度	120°	240°	360°
主定子绕组的导通相	A	B	C
导通的三极管元件	V_1	V_2	V_3

由于无刷直流电动机的磁场在空间是阶跃式旋转的，因此它与连续旋转的转子磁场轴线间的夹角不是一个固定值，在所举实例中，从图 8.17 可以看出，夹角是在 30°～150° 范围内连续变化。这样，电机的电磁转矩也将随夹角的变化而波动，波动的大小与主定子绕组的

相数和电子开关电路的形式有关。若相数越多则转矩的脉动越小，但通常电机选用的主定子绕组相数也不宜过多，一般以三至六相为好。

2．无刷直流电动机的反转

无刷直流电动机因为开关电路中的电子元件导电是单向性的，实现反转比普通直流电动机复杂，需要配置附加反转装置，或者采用两套位置传感器，利用改接位置传感器的输出电压信号，以改变主定子绕组的通电顺序，从而改变转矩的方向，实现电动机的反转。

图 8.18 为无刷直流电动机反转时位置传感器的改接示意图。电动机按顺时针方向旋转时，采用图 8.18（a）所示的一套位置传感器，相应的电动机主定子绕组的通电顺序为 abc；当电动机按逆时针方向旋转时，则改接成图 8.18（b）所示的另一套位置传感器，由图可见，主定子磁场 N_a-S_a 与主转子磁场 N_r-S_r 相互作用而产生的电磁转矩方向已改变为逆时针，电动机也随之逆时针方向旋转，主定子绕组通电顺序变为 acb。

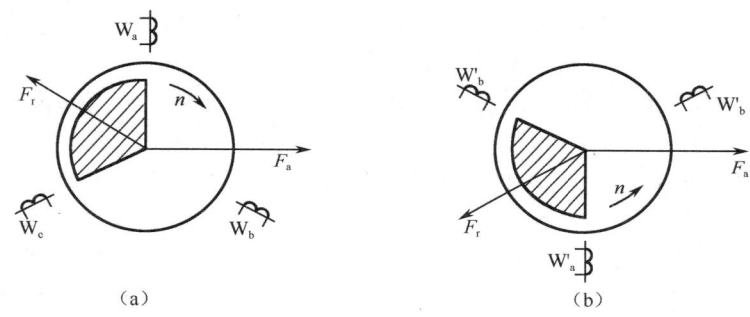

（a）　　　　　　　　（b）

F_a—定子磁势；F_r—转子磁势

图 8.18　无刷直流电动机反转时位置传感器的改接示意图

任务 8.4　伺服电动机的认识学习

伺服电动机也称为执行电动机，它具有一种服从控制信号的要求而动作的职能。在信号来到之前，转子静止不动；信号到来之后，转子立即转动；当信号消失，转子能及时自行停转。由于这种"伺服"的性能，因此而得名。

按照在自动控制系统中的功能所要求，伺服电动机必须具备可控性好、稳定性高和适应性强等基本性能。

常用的伺服电动机有两大类，以交流电源工作的称为交流伺服电动机；以直流电源工作的称为直流伺服电动机。

 任务目标

了解交直流伺服电动机的工作原理。

8.4.1　交流伺服电动机

交流伺服电动机在定子上装有两个绕组，它们在空间相差 90°电角度。绕组 1 是由定值

交流电压励磁，称为励磁绕组；绕组 2 是由伺服放大器供电而进行控制的，故称为控制绕组。

　　交流伺服电动机的工作原理与单相异步电动机相似，当它在系统中运行时，励磁绕组固定地接到交流电源上，当控制绕组上的控制电压为零时，气隙内磁场为脉振磁场，电动机无启动转矩，转子不转。若有控制电压加在控制绕组上，且控制绕组内流过的电流和励磁绕组内的电流不同相，则在气隙内会建立一定大小的旋转磁场。转子就立即旋转。但是，这仅仅表示在伺服电动机原来处于静止状态下。在正常运行时，当转子电阻较小，两相异步电动机运转起来后，若控制电压等于零，电动机便成为单相异步电动机继续运行（称为"自转"现象）。而伺服电动机在自动控制系统中是起执行命令的作用，因此，不仅要求它在静止状态下能服从控制电压的命令而转动，而且要求它在受控启动以后，一旦信号消失，即控制电压移去，电动机能立即停转。

　　增大转子电阻可以防止"自转"现象的发生，当转子电阻增大到足够大时，两相异步电动机中的一相断电（即控制电压等于零）时电机会停转。

　　为了使转子具有较大的电阻和较小的转动惯量，交流伺服电动机的转子有三种形式：高电阻率导条的鼠笼转子、非磁性空心杯转子、铁磁性空心转子。

　　伺服电动机不仅须具有启动和停止的伺服性，而且还须具有转速的大小和方向的可控制性。

　　如果将交流伺服电动机的控制电压的相位改变 180°，则控制绕组的电流以及由该电流所建立的磁通势在时间上的变化也改变了 180°，若控制绕组内的电流原来为超前于励磁电流相位，改变后，即变成滞后于励磁电流。由磁场旋转理论可知，旋转磁场的旋转方向是由电流超前相的绕组到滞后相的绕组，于是电动机的旋转方向改变了，所以控制电压的相位改变 180°，可以改变交流伺服电动机的旋转方向。如果控制电压的相位不变而大小改变了，气隙内的旋转磁场的幅值大小也会作相应的改变，从异步电动机的电磁转矩的性质可知，电磁转矩的大小与旋转磁场的幅值成正比，电磁转矩改变了，电动机的转速也就会改变，所以改变控制电压的大小和相位就可以控制电动机的转速与转向。交流伺服电动机的控制方法有以下三种。

　　（1）幅值控制，即保持控制电压的相位不变，仅仅改变其幅值来进行控制。

　　（2）相位控制，即保持控制电压的幅值不变，仅仅改变其相位来进行控制。

　　（3）幅-相控制，同时改变幅值和相位来进行控制。

　　这三种方法的实质，和单相异步电动机一样，都是利用改变正转与反转旋转磁通势大小的比例，来改变正转和反转电磁转矩的大小,从而达到改变合成电磁转矩和转速的目的。

8.4.2　直流伺服电动机

　　直流伺服电动机的结构与普通小型直流电动机相同，不过由于直流伺服电动机的功率不大，也可由永久磁铁制成磁极，省去励磁绕组。其励磁方式几乎只采取他励式。

　　直流伺服电动机的工作原理和普通直流电动机相同。只要在其励磁绕组中有电流通过且产生了磁通，当电枢绕组中通过电流时，这个电枢电流与磁通相互作用而产生转矩使伺服电动机投入工作。这两个绕组其中一个断电时，电动机停转。它不像交流伺服电动机那样有"自转"现象，所以直流伺服电动机也是自动控制系统中一种很好的执行元件。

交流伺服电动机的励磁绕组与控制绕组均装在定子铁芯上，从理论上讲，这两种绕组的作用互相对换时，电动机的性能不会出现差异。但直流伺服电动机的励磁绕组和电枢绕组分别装在定子和转子上，由直流电动机的调速方法中可知，改变电枢绕组端电压或改变励磁电流进行调速时，特性有所不同，所以直流伺服电动机由励磁绕组励磁，用电枢绕组来进行控制；或由电枢绕组励磁，用励磁绕组来进行控制，两种控制方式的特性不一样。直流伺服电动机最常用的控制方式是用电枢绕组来进行控制。

直流伺服电动机的机械特性与他励直流电动机一样：在一定负载转矩下，当磁通不变时，如果升高电枢电压，电机的转速就升高；反之，降低电枢电压，转速就下降；当电枢电压等于零时，电机立即停转。如果要使电动机反转，可改变电枢电压的极性。

任务8.5 测速发电机的认识学习

测速发电机是一种检测元件。它能将转速变换成电信号。输出的电信号与转速成正比，测速发电机具有测速、阻尼和计算等功能。在调速系统中，作为测速元件，构成主反馈通道，在解算装置中，作解算元件，进行积分、微分运算。按测速发电机用途不同，对其性能有不同要求。如作测速元件，要求有较高灵敏度、线性度，且反映要快；作解算元件时，要有较高的线性度，较小的温度误差和剩余电压，但对灵敏度则要求不高；而作为阻尼元件时，要有较高灵敏度，对线性度要求不高。测速发电机分直流测速发电机和交流测速发电机。

直流测速发电机其结构工作原理与直流发电机相同。只是有的测速发电机磁极作成永磁式。直流测速发电机的主要特性是输出电压正比于转速。

交流测速发电机分同步式和异步式两种，异步式测速发电机的结构和杯形转子伺服电动机没什么区别。交流测速发电机的主要特性是输出电压是其转速的线性函数。

 习题8

1. 什么是步进电动机的拍？单拍制和双拍制有什么区别？

2. 如何控制步进电动机的角位移和速度？

3. 步进电动机技术数据中的步距角一般都给出两个值，如 1.5°/3.0°，为什么？

4. 永磁式和反应式同步电动机结构有什么不同？

5. 永磁式和反应式同步电动机转子中的鼠笼绕组的作用是什么？

6. 与普通直流电动机相比，无刷直流电动机具有哪些主要特点？它是怎样实现无接触式换向的？

7. 一台三相反应式步进电动机，采用双拍运行方式，已知其转速 $n=1\,200$ r/min，转子表面有 24 个齿，试计算：①脉冲信号源的频率；②步距角 θ_s；③用电角度表示的步进角和齿距角。

8. 有一反应式步进电动机，其 $Z_R=40$，三相单三拍运行，则每一拍转子转过的步距角 θ_s 为多少？

9. 四相八极反应式步进电动机，单四拍和双四拍的步距角各为多少？

10. 四相单四拍反应式步进电动机的步距角为 1.8°，求转子齿数。若脉冲频率为 2\,000Hz，求电机的转速为多少？

其他家用电器电动机的原理及控制

知识扩展

任务 9.1　音响设备电动机的原理及控制

9.1.1　盒式录音机

1. 盒式录音机电动机的结构及特点

在盒式录音机中，利用电机提供动力，驱动飞轮、主导轴与带盘等部件，完成录放音的恒速走带、快速进带及倒带等动作。对所用电动机的要求是转矩大、转速稳、振动噪声小、稳定性好、寿命长。

基于以上要求，盒式录音机中所采用的电动机多为小型直流电机，与交流电机相比，具有体积小、效率高、耗电省、可用电池驱动、转速不依赖于市电电源频率等优点。

盒式录音机中的电机与普通直流电机的构造、各部件作用及工作原理基本相同。只是作为录音机专用电机，一般还要在定子外面特加两到三层屏蔽罩与橡胶垫，以防止火花辐射干扰、减小泄漏磁通与减轻机械振动。

2. 典型控制线路

（1）稳速电路。盒式录音机在录放过程中，要求磁带运行速度高度稳定。因此，在录音机中的电动机常常采取一些稳速措施。常见的稳速方法为电子稳速，图 9.1 为 LA 5511 集成稳速电路图。

图 9.1 中虚线框内为 LA 5511 集成电路内部结构，框外为对应的外围电路，该集成电路内部由基准电压 V_R(=1.16V)、放大器 A、电流反馈晶体管 V_2 及电流只有 V_2 的 $1/k$ 的分流管 V_1 构成。其中，引脚 1 为基准电压源输出；引脚 2 为接地端；引脚 3 为输出端；引脚 4 为放大器 A 输入端。外围电路元件中，R_T 为电流取样电阻；R_A 与 R_B 构成分压取样电路；R_M 为电机的等效直流电阻，与转子电感相串联；当集成块接上负载电机时，电机可等效为一个反电动势 E_O；电容 C 为滤波电容。

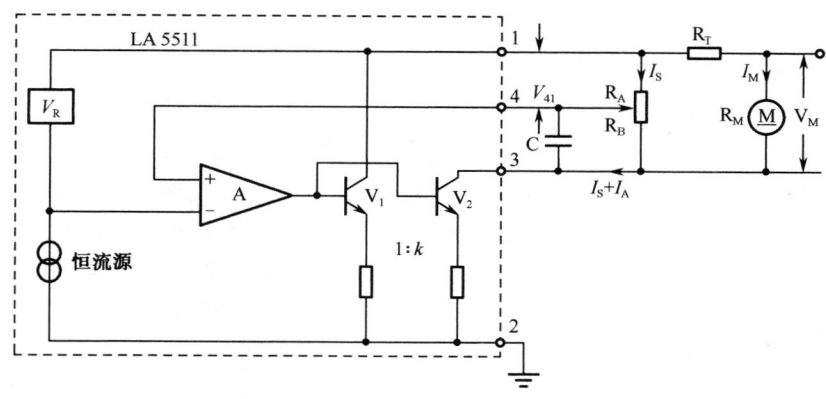

图 9.1　LA 5511 集成稳速电路图

　　电子稳速电路的原理是：当电动机转动时，转子线圈会产生一个反电动势，反电动势的大小与电动机的转速成正比。转子转速的变化，引起反电动势改变，把电动势的变化作为控制信号，来控制稳速电路。如图 9.1 所示的稳速电路，当电源电压升高或负载力矩减小时，电机转速超过正常值，E_O 升高，I_M 下降，I_S 上升，则 R_A 上取样电压 V_{41} 上升，放大器 A 输入引脚 4 对地电位下降，通过集成电路内部反馈作用，使集成电路输出引脚 3 电位上升，促使 V_M 减小，结果电机转速降低，恢复正常。当电源电压降低或负载力矩增大时，稳速过程相反。另外，调节电位器改变 R_A/R_B 的比值，则可改变 V_M，从而调节电机转速。

　　（2）调速电路。调速电路的作用是控制电机作常速或倍速运转，并且使电机在这两种运转状态下转速稳定。电机转速控制电路如图 9.2 所示。图中，L 为电机的滤波电感；LA 5511 是前面所述电机稳速集成电路；RP_1 是倍速调整电阻；RP_2 是常速调整电阻；V_1 是开关三极管。当录音机面板上的选择开关置于常速挡位时，V_1 导通，c、d 两端短路，RP_2、R_2 支路并在 RP_1、R_1 支路上，此时电机在 LA 5511 控制下作常速（1 600 r/min）运转；当选择开关置于倍速挡位时，V_1 截止，c、d 两端断路，只有 RP_1、R_1 支路接在 LA 5511 的 4、3 引脚上，此时电机作倍速（3 200 r/min）运转。

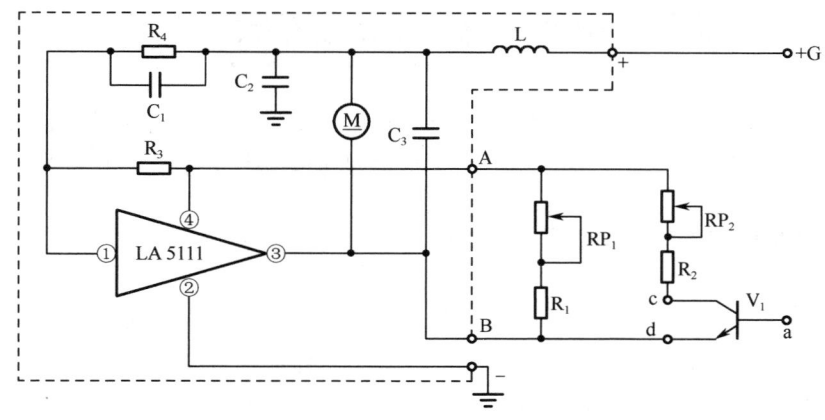

图 9.2　电机转速控制电路

9.1.2　唱机

LP 唱机中，电动机的作用是产生力矩，并通过传动机构传递并带动转盘转动，使转盘带动唱片以所规定的速度转动，实现唱片的重放。所选用的电机一般有罩极式、磁滞同步式及直流无刷式。罩极式电动机结构较为简单，坚固耐用，但漏磁和机械振动较大，而且转速受电压影响较大，常用于中低档普及型唱机中；磁滞同步式电动机的转子是在非磁体的四周安装永磁环，由非磁体部分产生旋转力矩后，依靠永磁环部分维持与电源频率的同步转动，它的特点是转速稳定、工作性能可靠，机械振动较小，但其转速由交流电源确定。直流无刷电动机一般采用霍尔元件，它具有使用寿命长、可靠性高的特点，现在高档 LP 唱机中均使用了这种电动机。

CD 唱机中，主轴电机的作用是驱动 CD 唱片旋转。对电机的要求是无转速漂移，无随机角速度变化，轴的间隙及直径要小。为此在 CD 唱机中一般用直流电动机和小型直流无刷电动机。

唱机中，电动机的转速通常由电子伺服电路控制，所以转速高度稳定。图 9.3 为直流无刷电动机的速度控制电路框图。它由比较电路、驱动电路及速度检测等几部分组成。当电动机工作旋转时，电路中的霍尔元件检测出电动机的转速，并将这一信号转化为直流电压的大小变化反馈至比较电路，比较电路将反馈的信号与基准电压进行比较，得出两者之间的差，此误差电压信号通过驱动电路去控制电动机电流的变化，从而使电动机的转速始终处于一个稳定的状态。

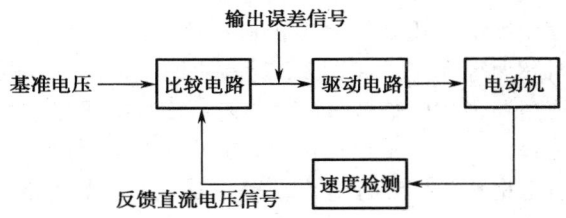

图 9.3　直流无刷电动机的速度控制电路框图

任务 9.2　美容保健电动器具电动机及控制

美容保健电动器具是利用电能转化成热能或机械能来进行人体美容和保健的器具。其产品、种类很多，本任务主要介绍电吹风、电动剃须刀和按摩器中电动机的原理和控制。

9.2.1　电吹风机中的电动机及控制

电吹风中常用的电动机是永磁式直流电动机。永磁式电动机的结构、原理参见 8.2.1 节。其特点是转速高，可达 18 000~20 000r/min、风量大、体积与重量较小。

电吹风主要由壳体、手柄、电动机、风叶、电热元件、开关等构成。接通电源后，电吹风内的电动机带动风叶旋转，将空气从进风口吸入，经电热元件加热，热风从出风口送出。出风口的温度通过电热元件的通断来控制，当电热元件全部通电时，送出热风；全部断电时，

送出冷风；部分通电时，则送出温风。出口风的风量通过调节电动机的端电压，从而改变电动机的转速来控制。

图 9.4 为永磁式电吹风中的电控线路。当双刀四掷选择开关 S_1（即 S_{1-1} 和 S_{1-2}）置于位置 1 时，电动机 M 通电运转，与限温开关的触点 S_2 相串联的电热元件 R_1 断电，电吹风送出冷风；当 S_1 置于位置 2 时，电动机 M 断电，电吹风停止工作；当 S_1 置于位置 3 时，电动机与电热元件 R_1 同时通电，电吹风送出热风；当 S_1 置于位置 4 时，电动机通电运转，电热元件 R_1 经二极管 VD_5 通电，电吹风送出温风。

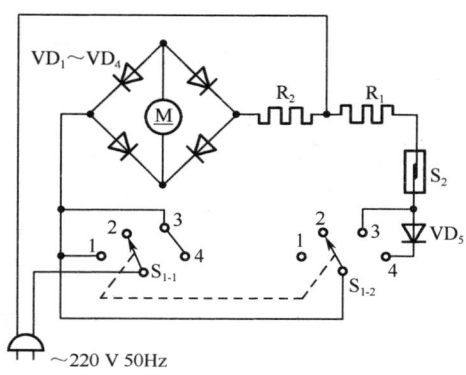

图 9.4 永磁式电吹风电路图

图 9.4 中，R_2 为降压电阻，将 220V 电压降低后，再经由 $VD_1 \sim VD_4$ 构成的桥式整流电路转换成直流，向永磁式电动机 M 供电。由于永磁式直流电动机的转速与端电压的大小成正比，因此当限压电阻 R_2 为可调式时，电动机的转速也随之可变，出风口的风量得以调整。

9.2.2 电动剃须刀中的电动机及控制

剃须刀中常用的电动机也是微型永磁式，其额定电压一般为 3V 或 1.5V，转速为 6 000～8 000r/min，要求电动机运转平稳，不可振摆或窜动，否则影响剃须效果。

电动剃须刀主要由网罩、动刀、支架、轧剪开关、电动机、充电器等组成。图 9.5 为充电往复式电动剃须刀结构图。当电源开关 5 闭合时，电动机 13 高速旋转，装在电机轴上的偏心轴 11 推动动刀架 8 作往复直线运动，动刀架上的一组动刀片与网罩 1 形成无间隙的相对运动。当胡须由网孔伸进网罩时，由于动刀与网罩的剪切作用，胡须被切断剃净。

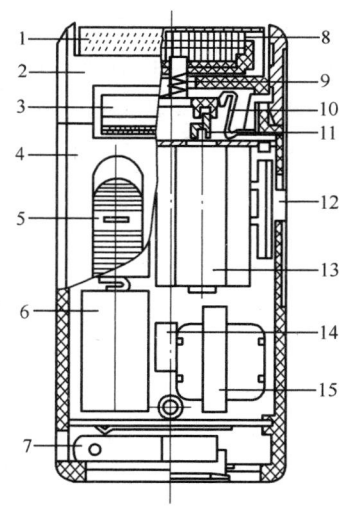

1—网罩；2—网罩支架；3—轧剪；

4—外壳；5—电源开关；6—Ni-Cd 电池；

7—充电插头；8—动刀架；9—弹簧；

10—振动支架；11—偏心轴；12—轧剪开关；

13—电动机；14—整流管；15—变压器

图 9.5 往复式电动剃须刀结构图

9.2.3　按摩器中的电动机及控制

按摩器实质是以电力产生机械振动的振动器。它的种类很多，若按结构可分为电动机式和电磁式。电动机式按摩器中的电动机通常为小型碳刷式电动机，它是一种交直流两用的电动机，其启动转矩大，转速高，为 5 000～10 000r/min。

电动机式按摩器主要由壳体、电动机、弹簧轴、偏心轮、按摩头、开关等构成。如图 9.6 所示。

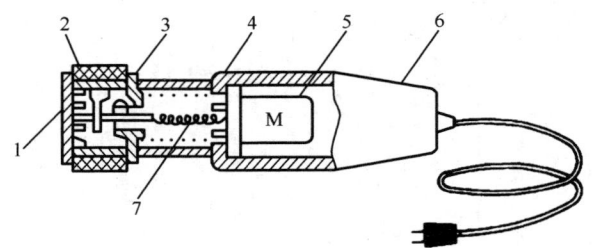

1—按摩头；2—缓冲体；3—偏心轮；4—弹簧轴；5—电动机；6—壳体；7—弹簧体

图 9.6　电动机式按摩器结构图

按摩器接通电源后，电动机高速旋转，带动连接在弹簧轴上的偏心轮转动。由于偏心轮的重心偏移轴心，因而产生快速振动，作用在按摩头上，使按摩部位收到理想的按摩效果。

电动机式按摩器的电控电路如图 9.7 所示。当开关 S_2 拨至弱时，220V 交流电经半波整流电路加于电动机的端电压为电源电压有效值的 0.45，电压低，电动机的转速慢，按摩器的按摩力弱；当开关 S_2 拨至强时，经全波整流电路加于电动机的端电压为半波整流的 2 倍，电压高，电动机的转速快，按摩器的按摩力强。由于碳刷与换向器摩擦时会产生电火花干扰收音机等视听设备，因此在电控线路中通常装有抑制干扰电路，如图中虚线框内所示。

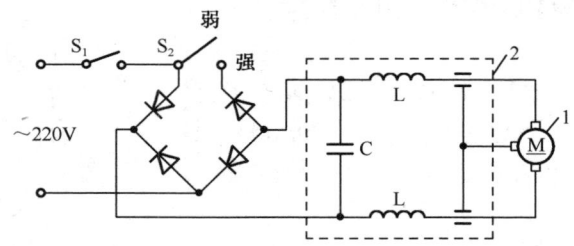

S_1—电源开关；S_2—调节开关；1—电动机；2—干扰抑制电路

图 9.7　电动机式按摩器的强弱调节

任务 9.3　厨房器具电动机的原理及控制

在多用食品加工机、抽油烟机、微波炉等厨房器具中，电动机是必不可少的部件之一。

1．电动机的结构和特点

多用食品加工机是一种常用的厨房电器，可将肉、菜、果等各种生熟食品加工成片、丝、丁、末等。其工作原理是：接通电源，电动机运转，通过皮带传送系统带动刀具高速旋转，进行各种切削或搅拌。其中所选电机通常是性能较优、噪声较低的单相串激式电动机。这种电动机的特点是转速高，一般为 8 000～16 000r/min；启动转矩大；调速方便。

抽油烟机中通常采用单相电容运转式异步电动机，电机以 1 400r/min 左右的速度带动风叶高速旋转来达到排烟和脱油的目的。

微波炉中转盘和风扇都是由电动机驱动而工作的，其中转盘电机的作用是带动玻璃转盘转动，使食物在加热过程中处于运转状态，以便均匀受热。转盘电机通常采用微型永磁同步电机。转盘速度为 5～10r/min，功率消耗为 4W 左右。而风扇电机的作用是给磁控管和变压器进行强迫风冷。通常采用的是单相罩极式电动机，功率为 25W 左右，转速为 2 500r/min 左右。

2．多用食品加工机中电动机的调速控制线路

多用食品加工机的电路如图 9.8 所示。单相串励电动机引出 3 根端线，具有 2 种转速。白色引出线由电枢经热保护开关引出，红色引出线由电枢直接引出，蓝色引出线由电枢经电阻引出。当白、红色线接电源时，电动机转速较高；当白、蓝色线接电源时，电动机转速较低。

为满足不同食物的切削要求，切削机的琴键开关通常有四挡：高速挡时，220V 电源经白、红线加于电动机；点动挡时，电动机转速与高速挡相同，对电机进行的是点动控制；中速挡时，220V 电源经二极管半波整流后，再经白、红线加至电动机，因半波整流后电压降低，电动机转速降低；低速挡时，220V 电源经半波整流后，再经白、蓝线加至电动机，又经降压电阻降低电压，电动机低速运转。

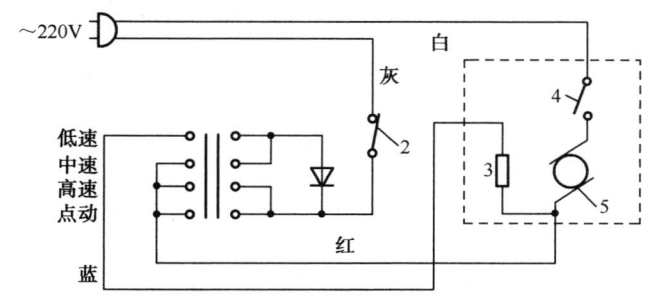

1—琴键开关；2—压合开关；3—降压电阻；4—电动机热保护开关；5—串励电动机

图 9.8　多用食品加工机电路图

任务 9.4　办公自动化设备电动机的原理及控制

在计算机、打印机、复印机、传真机等各种办公自动化设备中，广泛使用的电动机有两类：一类是无刷直流电动机，其转速均匀稳定，受外界电压波动和负载影响较小；另一类是步进电动机，它接收数字控制信号（电脉冲信号），并转化为与之相对应的角位移或直线位移。步进电动机本身就是一个完成数字—模拟转换的执行元件，而且它可开环位置控制，输入一

个脉冲信号就得到一个规定的位置增量。这样的增量位置控制系统与传统的直流伺服系统相比，成本低，几乎不必进行系统调整。这两种电机的控制一般都由专用集成电路来完成。

本任务仅以硬盘驱动器中的电机为例讨论其结构和控制。

1．结构

计算机中的各类驱动器，其内部结构按逻辑功能来分，都由四部分构成。

（1）读写系统：是磁盘数据存取的必由之路，在磁盘中占据着重要地位。

（2）定位系统：用来实现磁头对磁道的寻找和定位工作。

（3）主轴驱动系统：用来驱动盘片进行旋转运动。

（4）整机工作控制系统：用来保证整机各部件协调、正常工作。其中主轴驱动系统和定位系统中都使用了电动机。

硬盘驱动器对主轴电机的要求主要有两点：一是有足够高的转速，以保证磁头能正常悬浮和保持高的数据传输率；二是转速恒定，从而保证系统的可靠性。因此通常采用直接耦合无刷电机。其转子多由 4 块永久磁铁组成，定子由 3 组线包构成 6 个磁极。磁极的极性决定于绕组电流的方向。绕组的加电顺序由电机端部的磁铁在旋转时通过霍尔元件感应的电压次序决定。其原理是将霍尔元件产生的反映转子位置的信号作为控制信号，使绕组依次轮流接通，产生相同方向的电磁力，驱动由永久磁铁构成的转子旋转。转速的调整可以采用改变绕组电流的大小、接通或断开绕组的办法来实现。制动时，改变绕组接通的次序，产生与旋转方向相反的力以阻止转子旋转，直到停止。

磁头定位驱动机构通常有两种方式：小容量低档的硬盘机采用步进电机作为驱动机构，其转动的最小计量单位为步距角，用"度"表示，一般用于 10～20MB 的硬盘驱动器；而大容量的高档硬盘机则采用音圈式电机驱动，其位移是一个连续可调量，因而定位准确并可对其实现微差偏调，另外音圈电机力矩大，速度快，定位刚度强，但造价高，故适用于高档驱动器中。

2．主轴电机控制电路

主轴电机控制电路的逻辑框图如图 9.9 所示。

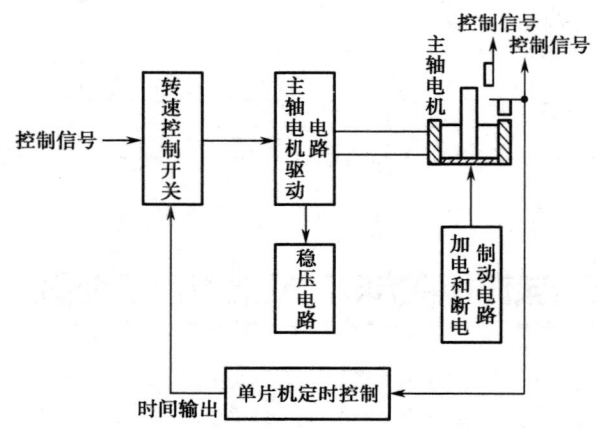

图 9.9　主轴电机控制电路框图

硬盘驱动器加电后，主轴电机不会立即旋转，约 2s 后，单片机产生电机允许信号，由霍尔元件组成的绕组分配器产生反映主轴电机转子位置的信号作为控制信号，使主轴电机绕组依次轮流接通，驱动转子旋转。

在主轴电机运行过程中，为保证其转速均匀，要不断地进行调节。调节系统由电流控制电路和速度检测电路组成。当主轴旋转时，每转产生 1 个索引脉冲，2 个索引脉冲相隔的时间即为主轴电机每转所需的时间，这个时间间隔可以用频率稳定的脉冲来测量。实际的脉冲个数如果偏离这一数值，就意味着转速偏离了给定的数值。此时，可以由电流控制电路接通或断开（也可以是增减）绕组电流，以使转速趋近于要求的数值。速度反馈→控制→速度反馈→控制……，由此构成主轴电机转速控制的闭合回路。

当驱动器断电时，电机驱动控制电路使主轴电机中无电流通过，并使绕组对地短路（或绕组短接），用以产生相反的力，阻止转子转动。

 **习题** 9

1．盒式录音机中电动机的作用是什么？ 其结构有何特殊之处？

2．画出 CD 唱机中电动机的速度控制电路框图，并说明稳速原理。

3．结合图 9.4 说明永磁式电吹风的电控原理。

4．如何调节电动机式按摩器的按摩强弱？

5．如何调节多功能食物切削机的转速？

电机与控制实验

任务 10.1　电机与控制实验的基本要求

电机实验课的目的在于培养学生掌握基本的实验方法与操作技能，培养学生学会根据实验目的拟订实验线路，选择所需仪表，确定实验步骤，测取所需数据，进行分析研究，得出必要结论，从而提交实验报告。在整个实验过程中，学生必须严肃认真，精力集中，及时做好实验。现按实验过程提出下列基本要求。

1．实验前的准备

实验前应复习《电机与控制》教科书，认真研读有关章节和实验指导书，了解实验目的、内容、方法与步骤，明确实验过程中应注意的问题，有些内容可到实验室对照实物预习（如抄录被试电机铭牌、选择设备仪表），而后按照实验项目准备记录表格。实验前应写好预习报告，经指导教师检查并确认确实做好了实验前的准备，方可开始实验。认真做好实验前的准备工作，对于培养学生独立工作能力，提高实验质量和效率都是很重要的。

2．实验的进行

（1）建立小组，合理分工。每次实验以小组为单位进行，每组由 3～4 人组成，推选组长一人，组长负责组织实验的进行，诸如分配记录、接线、调节负载、测量转速等工作，力求在实验过程中操作协调，数据准确。

（2）抄录铭牌，选择仪表。实验前应首先熟悉被试机组，记录电机及所用设备的铭牌和仪表量程，然后将仪表设备合理布置，便于测取数据。

（3）按图接线，力求简明。根据实验线路图及所选仪表设备，按图接线，线路力求简捷。

接线原则是先串联主回路，再接并联支路。就是说，从电源开关开始，连接主要的串联电路（如电枢回路）。如是三相，则三根线一齐往下接；如是单相或直流，则从一极出发，经过主要线路各段仪表、设备，最后返回到另一极。根据电流大小，主回路用粗导线连接（包括电流表及功率表的电流线圈），并联支路用细导线连接（包括电流表及功率表的电压线圈）。

（4）启动电机，观察仪表。在正式实验开始之前，校准各仪表零位，熟悉刻度，并记下倍率，然后启动电机，观察所有仪表是否正常（如指针正、反向等），如出现异常，应及时报告，查清原因，如一切正常，即可开始正式实验。

（5）按照计划，测取数据。预习时对实验内容与实验结果应事先做好理论分析，并预测实验结果的大致趋势，做到心中有数，正式实验时，根据预订计划测取数据。

（6）认真负责，完成实验。实验完毕应将实验数据交给指导教师审阅，认可后才允许拆线并整理好实验台，归还仪表、导线与工具等。

3．实验报告

实验报告应根据实验目的、实测数据及在实验中观察和发现的问题，经过分析研究得出结论或通过分析讨论写出心得体会。每次实验每人独立作一份报告，按时交给指导教师批阅。实验报告要简明扼要，字迹清楚，结论明确。内容包括如下。

（1）实验名称、专业班级、组别、姓名、同组同学姓名、实验日期、室温。

（2）列出被试电机及使用的设备仪表编号、规格、铭牌数据（额定容量、额定电压、额定电流及额定转速等）。

（3）扼要写出实验目的。

（4）绘出实验时所用的线路图，并注明仪表量程。

（5）实验项目：一共要做哪几个实验。

（6）数据整理和计算：记录数据的表格上需说明实验条件。

例如，做发电机空载实验时，$I=0$，$n=n_N$，$U_0=f(I_f)$。

各项数据如是计算所得，应列出计算公式，并举一例说明。

（7）绘制曲线时应选适当比例，用坐标纸画出，图纸尺寸应不小于 80mm×80mm。曲线要用曲线尺或曲线板连成光滑曲线。

（8）结论：根据实验结果进行计算分析，最后得出结论，是由实践再上升到理论的提高过程，是实验报告中很重要的一部分。结论中可将不同实验方法所得出的结果进行比较，讨论各种实验方法的优缺点，说明实验结果与理论是否符合。根据国家标准来评定一台电机的性能是否合格，或对某些特殊问题进行探讨。实验报告应写在一定规格的报告纸上，保持整洁。

任务 10.2　直流电机认识实验

1．实验目的

（1）学习电机实验的基本要求与安全操作注意事项。

（2）认识直流电机实验中所用设备及仪表。

（3）学会直流并励电动机的接线与操作方法。

2．预习要点

（1）直流电动机启动时为什么要用启动器？

（2）直流电动机启动时励磁回路电阻应调到什么位置？为什么？

（3）直流电动机调速及改变转向的方法。

3．实验项目

（1）了解实验室的电源分布、实验桌、直流电机及启动器的结构。

（2）用伏安法测电枢绕组及换向极绕组的冷态电阻。

（3）直流并励电动机的启动调速及改变转向。

（4）用离心式转速表或其他方法测电动机转速。

4．实验设备准备与实验说明

（1）由教师讲解本实验室的电源布置，配电屏及取用电源的方法，实验台上安装的电气设备，直流电动机启动器的结构及使用方法以及安全注意事项。

（2）仪表、负载电阻与调节电阻器的选择：根据被试电机铭牌数据和实验中可能达到的最大量程的范围来选择仪表、负载电阻及调节变阻器。

选择电压表和电流表时，按实验中可能达到的最大电压及电流值来选择其量程。

选择电阻时，按通过它的最大电流值和所需要的电阻值来选择。

（3）直流并励电动机启动与调速。

① 接线。按图 10.1 接线，每位同学必须了解清楚图中直流并励电动机部分如何接线，接线后要互相检查是否正确，要特别注意，励磁回路接线必须牢靠，滑线电阻接触必须良好，启动运行中不得开路。

直流并励电动机的接线如图 10.1 中右侧所示，左侧发电机线路。

② 启动。启动前应将电动机磁场电阻 R_{f1} 放在最小位置，以限制启动后的转速，使它不致过高。同时因 I_f 大产生的磁通大，从而获得较大的启动转矩，电机可迅速启动。每位同学都必须认真操作。

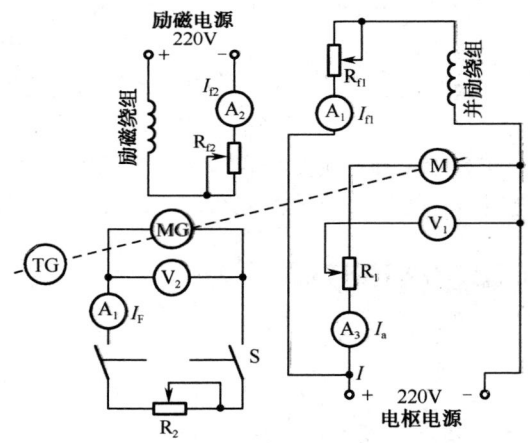

图 10.1　直流并励电动机的接线图

③ 调节转速。启动后调节磁场电阻 R_{f1} 或电枢回路电阻 R_1，观察转速变化情况（注意电动机转速不得超过 1.2 倍额定转速）。

若把几个允许通过不同电流的变阻器串联使用时，应注意调节的先后次序。例如，减小电阻增加电流时，应先短路允许通过电流小的变阻器。

④ 改变转向。将电枢绕组或励磁绕组两端对调，重新启动，观察电动机旋转方向的改变。

5．实验报告

（1）画出并励直流电动机启动的实际的接线图。

（2）本次实验的心得体会。

任务 10.3　单相异步电动机实验

10.3.1　单相电阻启动异步电动机实验

1．实验目的

用实验方法测定单相电阻启动异步电动机的技术指标。

2．预习要点

（1）单相电阻启动异步电动机有哪些技术指标？
（2）这些技术指标怎样测定？

3．实验项目

（1）进行空载实验。
（2）进行短路实验。
（3）进行负载实验。

4．实验说明

被测试电机为单相电阻启动异步电动机。

5．空载实验

（1）实验准备。

① 测量仪表的选择：选用 0.5 级或 1 级量程合适的交流电压表，交流电流表和低功率因数功率表。

② 安装电机：使电机和测功机脱离，旋紧固定螺钉。

③ 实验接线图如图 10.2 所示。

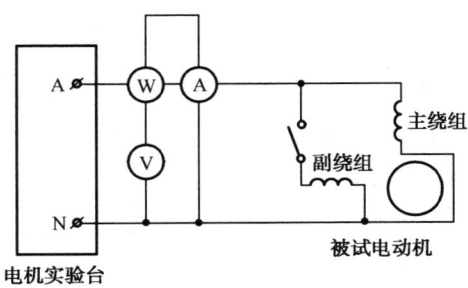

图 10.2　单相电阻启动异步电动机接线图

（2）试验步骤。
① 调节调压器使交流异步电动机降压空载启动。

② 使交流异步电动机在额定电压下空载运转 15min，以使机械损耗达到稳定值。

③ 使定子电压从 $1.1U_n$ 开始逐步降低到可能达到的最低电压值，即功率和电流开始回升时为止。

④ 测量电压 U_0、电流 I_0 和功率 P_0。

⑤ 共测取 7～9 组数据，记录于表 10.1 中。

表 10.1　单相电阻启动异步电动机空载实验

U_0/V								
I_0/A								
P_0/W								

6. 短路实验

（1）实验准备。

① 调整绕组连接，使电机转向符合测功机要求。

② 把电流表、功率表电流线圈短接。

③ 使电机和测功机同轴连接，旋紧固定螺钉，用销钉把测功机的定子和转子销住。

（2）实验步骤。

① 使定子电压升高至 $0.5U_n$。

② 逐步降低定子电压至短路电流接近 I_n 为止。

③ 测量电压 U_k、电流 I_k 和转矩 T_k。

④ 测量每组读数时，通电持续时间不应超过 5s，以避免绕组过热及热继电器过流动作。

⑤ 共测取 5～7 组数据，记录于表 10.2 中。

表 10.2　单相电阻启动异步电动机短路实验

U_k/V						
I_k/A						
P_k/W						
$T_k/(\text{N}\cdot\text{m})$						

7. 负载实验

（1）实验准备。

① 拔出测功机定、转子之间的销钉。

② 将测功机选择开关扳到手动位置(向上)。

③ 使功率表处于正常测量状态。

（2）实验步骤。

① 接通副绕组。

② 空载启动交流异步电动机，并保持定子电压 $U=U_n=220\text{V}$。

③ 调节测功机励磁，使交流异步电动机输出功率 P_2 在 1.1～0.25P_n 范围内，测量异步电动机定子电流 I、输入功率 P_1、转速 n 及测功机转矩 T_2。

④ 共测取 6～8 组数据，记录于表 12.3 中。

表 10.3 单相电阻启动异步电动机负载实验

I / A						
P_1 / W						
$T_2 / (N \cdot m)$						
$n / (r \cdot min^{-1})$						
P_2 / W						

8．实验报告

（1）根据负载实验数据，绘制电动机工作特性曲线。

（2）根据实验数据，归纳单相电阻启动异步电动机的启动特性，指出该启动方式的应用范围。

10.3.2　单相电容启动异步电动机实验

根据单相电阻启动异步电动机实验进行单相电容启动异步电动机的空载实验、短路实验和负载实验。

1．实验准备

（1）测量仪表和设备的选择：选用量程合适的交流电压表、交流电流表、低功率因数功率表、可变电容器。

（2）实验接线图如图 12.3 所示。

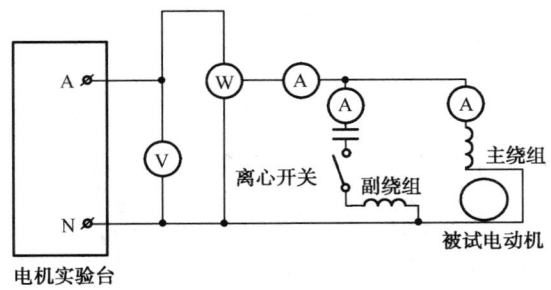

图 10.3　单向电容启动异步电动机实验接线图

2．空载实验

实验步骤和测量项目同 10.3.1 节的空载实验。

实验数据记录表同表 10.1。

3．短路实验

（1）实验准备同 10.3.1 节的短路实验。

（2）实验步骤：

① 作短路实验时，定于电压可升至 $0.95\sim1.05U_n$。

② 逐次降低定子电压至短路电流接近额定电流 I_n 为止。

③ 测量电压 U_k、电流 I_k、转矩 T_k 等数据。

④ 共测取 5～7 组数据，记录表同表 10.2。

4．负载实验

实验步骤和测量项目同第 10.3.1 的负载实验。实验数据记录表同表 10.3。

5．实验报告

（1）根据负载实验数据，绘制电动机工作特性曲线。

（2）根据实验数据，归纳单相电容启动异步电动机的启动特性，指出该启动方式的适用范围。

（3）将实验数据与 10.3.1 节的实验数据进行比较，总结两种启动方式的优缺点。

10.3.3 单相电容运转异步电动机实验

根据单相电阻启动异步电动机实验进行单相电容运转异步电动机的空载实验、短路实验和负载实验。

1．实验准备

（1）测量仪表和设备的选择：选用量程合适的交流电压表、交流电流表、低功率因数功率表及开关。

（2）实验接线图如图 10.4 所示。

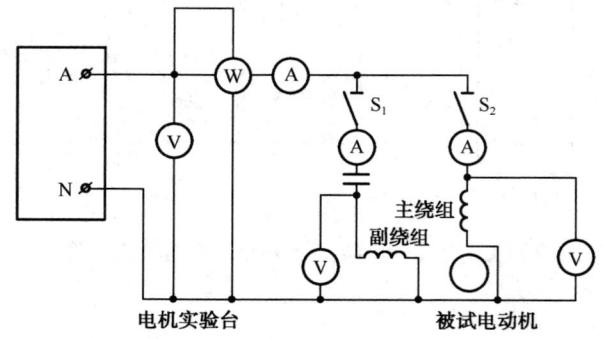

图 10.4　单相电容运转异步电动机实验接线图

2．空载实验

① 降压空载启动。

② 将开关 S_1 断开，使副绕组开路。

③ 闭合开关 S_2，并对主绕组施加额定电压 U_n，使电动机空载运转 15 min，以使机械损

耗达到稳定值。

④ 使定子电压从 1.1～1.2 倍额定电压开始逐步降低到可能达到的最低电压值，即功率和电流开始回升时为止。

⑤ 测量电压 U_0、电流 I_0、功率 P_0，共测取 7～9 组数据，记录同表 10-1。

3．短路实验

（1）实验准备同 10.3.1 节的短路实验。

（2）实验步骤：

① 电动机转子被制动。

② 将电动机定子电压升至 0.95～1.05U_n。

③ 将定子电压逐次降至短路电流接近额定电流为止。

④ 测量电压 U_k、电流 I_k、转矩 T_k 等数据，共测取 5～7 组数据，记录表同表 10.2。

4．负载实验

实验步骤及测量项目同 10.3.1 节的负载实验。实验数据记录表同表 10.3。

5．实验报告

（1）根据负载实验数据，绘制电机工作特性曲线。

（2）根据实验数据，归纳单相电容运转异步电动机的启动特性，指出该启动方式的适用范围。

任务 10.4 双桶洗衣机控制线路实验

1．实验目的

熟悉洗衣机的控制线路构成方式，掌握洗衣机控制线路的特点。了解控制元器件的工作原理和控制特点。

2．预习要点

（1）复习双桶洗衣机控制原理部分的相关内容。

（2）思考洗涤电动机的启动方式，分析其特点。

（3）洗衣机电动机的突出特点，它所使用的工作条件。

（4）洗衣机是如何控制强洗、中洗、弱洗的。

3．实验设备

准备洗衣机电动机和脱水电动机，三联开关（带自锁按钮）1 个，单刀双掷开关 2 个，延时开关 2 个，单刀单掷开关 1 个，电容器 2 个，两相插头 1 个；万用表 1 块，测速表 1 块，电工工具 1 套，导线若干。

4．实验说明

（1）将实验设备合理摆放在实验台上。

（2）观察实验中所用元器件的规格型号，并记录在实验报告中。

（3）按图 10.5 给出的线路图接线。

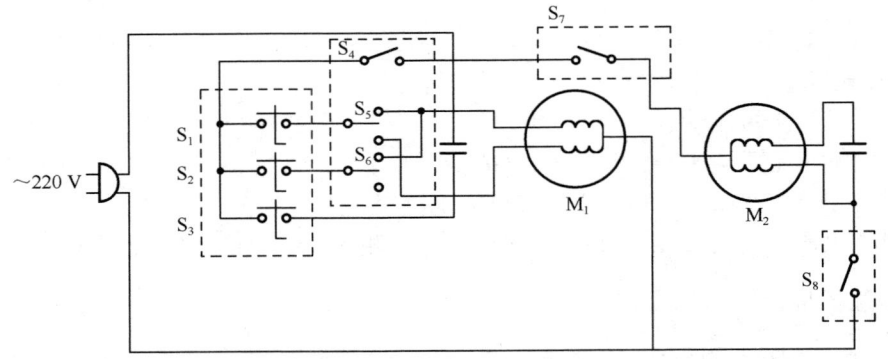

1—洗涤电动机；2—脱水电动机；S_1、S_2、S_3—水流强度选择开关；S_4—洗涤定时开关；

S_5、S_6—控制电动机正反转开关；S_7—脱水定时开关；S_8—盖开关

图 10.5　波轮式双桶洗衣机典型电路图

（4）模仿洗衣程序设定定时器的时间，再分别接通不同开关实现洗衣机不同水流强度时的正反转洗涤、脱水运转及制动。观察电动机的运行情况，在不同运转情况下分别测得电动机转速。在表 10.4 中记录当不同运转情况的时间段时，各开关的状态及电动机的转向和转速。

表 10.4　洗衣机不同运转情况时间段各开关的状态及电动机的转向和转速

元器件状态	强　洗		中　洗		弱　洗		脱　水	制　动
	正转	反转	正转	反转	正转	反转		
S_1								
S_2								
S_3								
S_4								
S_5								
S_6								
S_7								
S_8								
n_1/（r/min）								
n_2/（r/min）								

5．实验报告

（1）按要求记录实验数据。
（2）回答预习要点中提出的问题。
（3）分析实验过程中出现问题的原因。
（4）本次实验的心得体会和对实验线路的改进意见。

任务 10.5 台扇实验

1．实验目的

掌握台扇的典型控制方法，熟悉实际应用中的控制线路及元器件。

2．预习要点

（1）复习有关定时器、调速开关、电抗器结构和使用方法的内容。
（2）考虑台扇电动机可采用的启动方法。

3．实验设备

准备风扇电动机、定时器、调速开关、电抗器、电容器、指示灯、插头各 1 个；万用表 1 块，测速表 1 块，电工工具 1 套，导线若干。

4．实验说明

（1）将实验设备合理摆放在实验台上。
（2）观察实验中所用元器件的规格型号，并记录在实验报告中。
（3）按图 6.38 所给出的线路图接线。
（4）转动定时器旋钮到 3 个不同位置，然后再分别接通调速开关的不同抽头，观察电动机的运行情况。同时在每种情况下分别测得电动机转速，记录在实验报告表 10.5 中。

表 10.5　台扇电动机的运行情况

不同状态时的电动机转速/（r/min）	定时器时间段 / min		
	1 组	2 组	3 组
闭合开关 1			
闭合开关 2			
闭合开关 3			

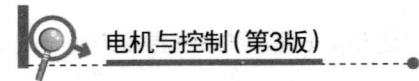

5．实验报告

（1）写出电抗器调速型台扇的电路工作原理。

（2）分析在电抗器的不同抽头下，风扇电机有不同工作状态的原因。

（3）总结风扇电机的启动方式，考虑其优缺点。

任务 10.6　电冰箱电气控制系统的观测实验

1．实验目的

（1）通过对电冰箱电气控制系统的观察，了解电气控制系统的组成及各元器件的连接情况，掌握直冷式电冰箱电动机的原理图。

（2）通过实验，进一步理解各电气元件的结构，掌握电气元件好坏的判断方法。

（3）通过实验，掌握测量启动电流、运行电流、电动机绕组阻值的方法。

2．实验器材

直冷式电冰箱 1 台、万用表 1 只、摇表 1 只、钳形电流表 1 只、十字形和一字形螺丝刀等。

3．实验步骤

（1）观察实验用的电冰箱，了解电冰箱电气控制系统各组成部分及各元器件的连接情况，看懂电冰箱的电原理图。

（2）打开压缩机接线盒，拆下启动继电器，观察其结构，熟悉其动作原理。用万用表测量电流线圈是否为通路，触点通断是否正常。如果继电器是 PTC 元件，用万用表测量其冷态电阻阻值。

（3）拆下过载保护器。观察其结构，熟悉其动作原理，用万用表测量其是否为通路。

（4）用万用表测量压缩机外壳接线座上 3 根接线柱间的电阻，找出启动绕组、运行绕组和它们的公共接线端。

（5）用摇表测量压缩机 3 个接线端对地的电阻值。

（6）从冰箱冷藏室内拆下温控器，观察温控器的型号和结构，用万用表测量常温下各接线柱的电阻值、熟悉其工作原理。

（7）若压缩机电动机良好，绝缘电阻符合要求，连接好电路系统，接通电源，用钳形电流表测量启动电流和运行电流。

（8）在表 10.6 中填写实验报告。

表 10.6 实验报告——对电冰箱电器控制系统的观察

班　级		组　别			同　组　人			摇表型号	
姓　名		实验机号			实验机型			万用表型号	
电气控制系统观测情况	启动继电器	主要组成部分： 易出现何故障？怎样排除？							
	过载保护器	主要组成部分： 易出现何故障？怎样排除？							
	温控器	主要组成部分： 易出现何故障？怎样排除？							
	门灯								
	压缩电动机	电阻值 / Ω				拆装前的电流值/A			
		启动绕组		运行绕组	对地电阻	启动电流		运行电流	
		易出现何故障？怎样排除？							
	完成时间					共用课时			
	动手能力					分析能力			

画出实验电冰箱电路图，简述其工作过程。

实验总成绩		评语：		实验教师	

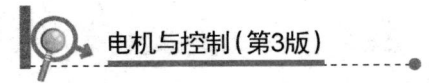

任务 10.7　窗式空调器控制电路的实验

1．实验目的

掌握窗式空调器的典型控制方法，熟悉实际应用中的控制线路及元器件。

2．预习要点

（1）复习有关温度控制器、多触点开关、过载保护器结构和使用方法的内容。
（2）考虑压缩机电动机可采用的启动方法和工作方式。

3．实验设备

准备风扇电动机，压缩机电动机，温度控制器，多触点开关，过载保护器,电吹风各 1 个，电容器 3 个，插头 1 个；万用表 1 块，电工工具 1 套，导线若干。

4．实验内容

（1）将实验设备合理摆放在实验台上。
（2）观察实验中所用元器件的规格型号，并记录在实验报告中。
（3）按图 6.51 所给出的线路图接线。
（4）合上主控开关，用电吹风给温度控制器加热,观察风扇电动机及压缩机电动机的运行情况，记录在表 10.7 中。
（5）将多触点主控开关合到不同位置，然后用电吹风给温度控制器加热,观察风扇电动机及压缩机电动机的运行情况，记录在表 10.7 中。

5．实验报告

（1）写出窗式空调器电路的工作原理。
（2）分析在将多触点主控开关合到不同位置，用电吹风给温度控制器加热，压缩机电动机和风扇电动机有不同工作状态的原因。
（3）总结电机的启动方式，考虑其优缺点。

表 10.7　窗式空调器风扇电动机及压缩机电动机的运行情况

开　关	状　态				
1					
2					
3					
WK					
RJ					
M_1					
M_2					

反侵权盗版声明

电子工业出版社依法对本作品享有专有出版权。任何未经权利人书面许可，复制、销售或通过信息网络传播本作品的行为；歪曲、篡改、剽窃本作品的行为，均违反《中华人民共和国著作权法》，其行为人应承担相应的民事责任和行政责任，构成犯罪的，将被依法追究刑事责任。

为了维护市场秩序，保护权利人的合法权益，我社将依法查处和打击侵权盗版的单位和个人。欢迎社会各界人士积极举报侵权盗版行为，本社将奖励举报有功人员，并保证举报人的信息不被泄露。

举报电话：（010）88254396；（010）88258888

传　　真：（010）88254397

E-mail：　dbqq@phei.com.cn

通信地址：北京市万寿路 173 信箱

　　　　　电子工业出版社总编办公室

邮　　编：100036